高 等 学 校 计 算 机 专 业 系 列 教 材

R语言大数据分析

董东　高峰　编著

U0285901

清华大学出版社
北京

内 容 简 介

大数据分析包括查询型分析、描述性分析、探索性分析、挖掘型分析等。本书介绍基于 R 语言的大数据分析解决方案。全书分 3 篇共 18 章。第 1 篇 R 语言,包括第 1～10 章,分别为 R 语言概览、表达式、字符串与正规表达式、函数、向量、矩阵、数据框、列表、面向对象程序设计、数据存储;第 2 篇可视化,包括第 11、12 章,分别为统计绘图、图形文法 ggplot2;第 3 篇数据分析,包括第 13～18 章,分别为数据分析基础、查询型分析与数据表、描述性统计与探索性分析、挖掘型分析、离群点检测、文本挖掘。

本书力求通俗易懂、简单实用,示例丰富,可供大数据领域工程技术人员、计算机类专业高年级本科学生和硕士研究生使用。

图书在版编目(CIP)数据

R 语言大数据分析 / 董东,高峰编著. --北京:清华大学出版社,2024.12.
(高等学校计算机专业系列教材). -- ISBN 978-7-302-67701-7

Ⅰ. TP274

中国国家版本馆 CIP 数据核字第 2024TJ2563 号

责任编辑: 龙启铭　　王玉梅
封面设计: 何凤霞
责任校对: 王勤勤
责任印制: 曹婉颖

出版发行: 清华大学出版社
　　　　　　网　　　址:https://www.tup.com.cn,https://www.wqxuetang.com
　　　　　　地　　　址:北京清华大学学研大厦 A 座　　　　　　邮　　编:100084
　　　　　　社 总 机:010-83470000　　　　　　　　　　　　邮　　购:010-62786544
　　　　　　投稿与读者服务:010-62776969,c-service@tup.tsinghua.edu.cn
　　　　　　质量反馈:010-62772015,zhiliang@tup.tsinghua.edu.cn
　　　　　　课件下载:https://www.tup.com.cn,010-83470236
印 装 者: 北京嘉实印刷有限公司
经　　销: 全国新华书店
开　　本: 185mm×260mm　　　　　**印　　张:** 25.25　　　　　**字　　数:** 613 千字
版　　次: 2024 年 12 月第 1 版　　　　　　　　　　　**印　　次:** 2024 年 12 月第 1 次印刷
定　　价: 79.00 元

产品编号:099785-01

前言

大数据(big data)由极其宽泛的数据形成,体量大、流量大、多种多样、变化不定,需要可伸缩的体系结构以实现高效存储、操作和分析。简单来说,大数据就是体量超出了内存容量,甚至超出了本地磁盘容量的数据。

一个大数据分析项目由四个阶段组成:数据收集(collection)、数据预处理(preparation)、数据分析(analysis)和行动(action)。数据收集是从数据源汇集数据的过程;数据预处理包括清洗、变换等;数据分析就是洞察数据,发现类别、规则、关联、相关、因果等知识;行动就是应用分析的结果为社会创造价值。

"分而治之"是解决复杂问题的基本策略。大数据分析是一个复杂问题。把大规模数据分解成 N 个小规模数据,得到 N 个分析结果,然后再把 N 个分析结果约简为一个综合的结果是大数据分析的一种范式。Hadoop 生态系统实现了这种范式,提供了基于分布式文件系统的解决方案,并且算力能够无限线性叠加。但是,对于超出了内存限制但未超出磁盘容量限制的数据来说,需要更为廉价、方便、可移动的大数据分析解决方案。

同质并且成批收集的数据,称为"成块"(chunked)数据。大数据分析通常在一定的时间间隔(每年、每月、每天等)内按单独的数据文件从不同数据源收集数据,其累积的数据文件作为大数据分析的输入。

本书讨论面向成块数据的大数据分析解决方案,应用共享磁盘存储和虚拟内存技术解决数据"体量大"的问题,应用可扩展的 R 语言实现全生命周期的大数据分析。R 是统计学专家和计算机科学与技术专家喜爱的计算机语言,也是一个开源免费的数据分析平台,其最大的优势在于可扩展性。几乎每天都有新的 R 扩展包加入 R 语言,这使得 R 语言途径的大数据分析成为众多的大数据分析解决方案之一。

本书受到教育部教育考试院"十四五"规划支撑专项课题"互联网+"环境中机考平台的设计与应用(批准号:NEEA2021064)的支持;并受到河北省教育厅教育发展专项"数字化背景下河北省青少年学生体质健康促进研究"(课题号:WTZX202421)的支持。

河北师范大学高峰博士参与了例题设计;河北师范大学刘志华教授审阅了第 15 章并提出了修改意见;河北师范大学 2020 级计算机技术专业硕士杨文浩、刘俊成、王志超等通读了全文并提出了修改意见。在此一并表示感谢。同时感谢我的家人对我的理解和支持。

董 东

2024 年 5 月于河北师范大学

目录

第1篇 R 语 言

第3篇　数　据　分　析

第 13 章　数据分析基础　　/229

第 14 章　查询型分析与数据表　　/247

第1篇

R 语 言

第1章

R 语言概览

R 是通用公共许可证(General Public Licence,GNU)协议下面向数据预处理、描述性分析、探索性分析和可视化的开源、免费、可扩展的软件环境,是面向数据统计分析和大数据分析的语言。R 语言已经被广泛应用于统计学、语言学、心理学、大数据和计算机科学等学科。R 软件环境中不仅包括 R 语言的解释系统,还包括用于数据导入导出、统计运算、向量运算、矩阵运算、图形可视化、与其他语言(如 Java、C++ 、Python)的接口、与数据库系统的接口等内置程序包或扩展程序包。R 的特色在于其可扩展性,任何贡献者都可以把自己开发的用于某一功能的 API 以程序包(package)的形式提交到 R 仓库(repository)服务器,如 CRAN(http://cran.r-project.org);任何使用者都可以从 R 仓库中免费下载自己需要的包并安装到本地 R 环境中使用。熟练应用 R 语言解决实际问题,需要具备高等数学、线性代数、离散数学、概率统计、关系数据库、数据结构与算法、数据挖掘、大数据等基本知识。

R 把向量、函数、表达式都看作对象。对象的属性有名字(name)、维度(dimension)、维度名字(dimname)、类(class)以及其他用户定义的属性。对象本身的“类型”称为“类”。类是对一组具有相同属性和行为特征的对象的抽象。R 中的类主要有:

- 向量(vector):具有相同类型的元素构成的序列。向量是 R 中最基本的数据对象,面向向量的程序设计是 R 不同于其他语言的程序设计范型。
- 因子(factor):分为无序(unordered)因子和有序(ordered)因子两种,分别实现统计学中的定类数据、定序数据。
- 矩阵(matrix):向量按行或按列排放即可形成矩阵。
- 阵列(array):矩阵是 2 维的阵列,3 维的阵列称为立方体(cube);4 维及 4 维以上的阵列称为张量(tensor)。
- 数据框(data frame):类型不同但长度相同的若干向量构成的对象。矩阵要求列向量的类型相同,但在数据框中列向量的类型可以不同。
- 列表(list):任意类型的元素序列。向量是相同类型元素的列表。

随着大数据的出现,对大数据的处理成为当前的研究热点。用于快速操作大表的 data.table 包,用于多核并行计算的 parallel 包,把对象存储在磁盘上实现虚拟存储的 SOAR 包,对大文本文件分块读写的 chunked 包,可视化数据的 ggplot2 包等显著提升了 R 的大数据处理能力。

1.1　下载和安装 R

在浏览器中打开网址 http://cran.r-project.org/mirrors.html，选择最近的 CRAN (Comprehensive R Archive Network) 镜像站点，比如 https://mirror.lzu.edu.cn/CRAN/。CRAN 是拥有 R 的发布版本、包、文档和源代码的 Web 站点网络。可依据自己的计算机硬件和操作系统的配置，选择合适的最新版本，Windows 平台的用户选择"Download R for Windows"。单击 base 子文件夹，再单击"Download R-x.x.x for Windows"(x.x.x 是版本号)超链接即可下载可执行文件 R-x.x.x-win.exe，下载到本地计算机后，双击该文件进行安装。安装时可取消勾选"Message translations"复选框，以保持使用英文报错以便搜索解决方案。

安装之后，在 Windows 开始菜单中选择 R 应用程序，打开 R 图形用户界面(RGui)和 R 控制台(R Console)，如图 1-1 所示。

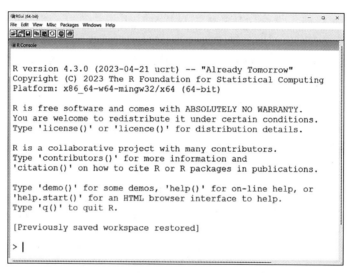

图 1-1　R 控制台

如果进入 R 后希望显示的是英文界面而不是默认的中文界面，那么在 Windows 桌面上右击 R 的快捷方式，如图 1-2 所示。

图 1-2　R 的快捷方式

在弹出菜单中选择"属性"，在快捷方式的属性对话框中的"目标(T)"输入框末尾输入：

```
language=english
```

注意：使用空格与前面的内容隔开，如图 1-3 所示。修改完毕后单击"确定"按钮。再次双击 R 的快捷方式，则进入了英文界面。

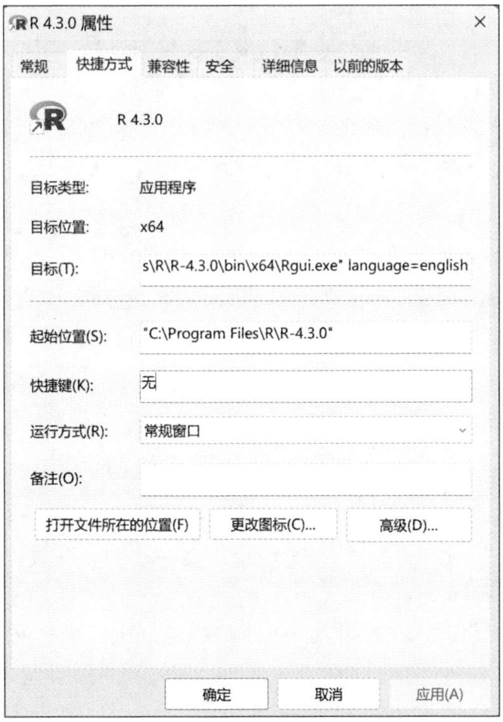

图 1-3　设置界面语言

R 以交互方式执行用户输入的表达式。例如,在控制台提示符"＞"后面输入表达式
sessionInfo(),然后按 Enter 键,就可以看到结果:

```
> sessionInfo()
R version 4.3.0 (2023-04-21 ucrt)
Platform: x86_64-w64-mingw32/x64 (64-bit)
Running under: Windows 11 x64 (build 22621)
Matrix products: default
locale:
[1] LC_COLLATE=Chinese (Simplified)_China.utf8
[2] LC_CTYPE=Chinese (Simplified)_China.utf8
[3] LC_MONETARY=Chinese (Simplified)_China.utf8
[4] LC_NUMERIC=C
[5] LC_TIME=Chinese (Simplified)_China.utf8
time zone: Asia/Shanghai
tzcode source: internal
attached base packages:
[1] stats     graphics  grDevices utils     datasets  methods   base
loaded via a namespace (and not attached):
[1] compiler_4.3.0
```

sessionInfo()是一个函数调用表达式,返回会话信息。注意,R 语言大小写敏感,不要
把其中的大写的 I 输入为小写的 i。

也可以选择菜单命令 File|New script 新建脚本,在脚本中输入和运行表达式。一般把
脚本保存为以.R 为扩展名的文本文件,该文本文件可被 R 读取并解释执行。

1.2　安装和加载 R 程序包

包中包括 R 程序、注释文档、实例、测试数据等。R 的特点之一就是允许全世界的研究人员贡献自己的程序。这些程序以"包"的形式存放在 CRAN 站点上并且一直在不断增长和更新。

使用包需要两个预备步骤：安装(install)和加载(load)。安装是从镜像站点下载包并放置在本地库(library)中的过程。本地计算机中存放包的文件夹称为"库"。安装 R 后在目标文件夹中的 library 文件夹中默认安装包有 base、boot、class、cluster、codetools、compiler、datasets、foreign、graphics、grDevices、grid、KernSmooth、lattice、MASS、Matrix、methods、mgcv、nlme、nnet、parallel、rpart、spatial、splines、stats、stats4、survival、tcltk、tools、translations、utils 等 30 个。非默认安装包需要使用函数 install.packages 进行安装。例如，从 CRAN 上安装用于文本挖掘的 tm 程序包：install.packages("tm")。也可以在 R 控制台使用菜单命令 Packages|install packages(s)...进行安装。Windows 环境变量 R_LIBS 用于设置这些包的目标安装文件夹。

安装包之后，需要加载包才能使用其中的函数和数据。加载就是把 R 包装入 R 内存的过程。例如，函数调用 library("tm") 加载 tm 包。一旦加载了包，那么该包就一直保留在 R 的工作空间中，直到关闭 R 或者该包被分离(detach())。包只需安装一次。但每次启动 R 都需要重新加载所需要的包。无参数的函数 library() 列出所有可以加载的包。

对包进行操作的相关函数的说明如下。

（1）列出包所在的库文件夹：

```
.libPaths()
[1] "D:/S/R/RLibs430"                    "C:/Program Files/R/R-4.3.0/library"
```

（2）安装包。例如，安装用于数据诊断和探索性分析的 dlookr 包：

```
install.packages("dlookr")
```

（3）更新版本。例如，更新所有包：

```
update.packages()
```

（4）查看包中的函数帮助文档：

```
help(package="dlookr")
```

（5）查看用户库中的包：

```
library()
```

（6）查看已安装的包：

```
installed.packages()
```

（7）查看所有可用的包：

```
packages(all.available=TRUE)
```

（8）查找某个包的安装路径。例如，查找包 data.table 的安装路径：

```
find.package("data.table", quiet=TRUE, verbose=TRUE)
[1] "D:/Rworkspace/R/win-library/4.0/data.table"
```

（9）卸载包。例如，卸载 dlookr：

```
remove.package("dlookr")
```

（10）分离包是加载包的逆操作。例如，函数调用分离 dlookr 包：

```
detach(package:dlookr)
```

（11）学习包的用法。例如，查看 dlookr 的帮助文档：

```
??dlookr
```

可以让 R 在启动时自动加载某些包。例如，让 R 启动时自动加载 dlookr 包，那么在 R 的当前工作文件夹下的.Rprofile 文件中声明启动函数.First()：

```
.First <- function() {
    library(dlookr)
    cat("\nWelcome at ", date(), "\n")
}
```

打开网址 https://mirror.lzu.edu.cn/CRAN/web/packages/index.html，即可看到完整的按日期排序和按名字排序的 R 包列表（该列表实时更新）。

在 Windows 下升级 R，可先卸载当前版本的 R，把环境变量 R_LIBS 修改为新的文件夹，然后从镜像站点下载最新版本安装，最后安装需要的包。如果不想重装包，则可以先卸载 R，再安装新版本 R，然后使用 update.packages()函数或者菜单命令 Packages|update packages...更新包。

1.3　R 的基本使用

R 是一种表达式语言（expression language），用户输入表达式，R 对表达式计值（evaluate），计值结果输出给用户。

使用 R 有两种方式：交互方式或者脚本方式。交互方式指在 shell 中对表达式计值。当启动 R 出现控制台后，窗口中会显示提示符">"，此时用户输入表达式，R 对表达式计值，输出结果。下面是以交互方式使用 R 的例子。

创建两个向量 x 和 y，分别存放 6 个被测对象的左眼视力和右眼视力：

```
> x <- c(4.5,4.3,4.7,5.2,4.7,4.6)
> y <- c(4.4,4.9,4.3,5.3,4.8,4.6)
```

使用二维散点图观察 x 与 y 的关系：

```
> plot(x,y)
```

结果如图 1-4 所示。

通过上箭头键"↑"可以在提示行重现上次输入的表达式，下箭头键"↓"则在历史记录中导航到下一个表达式。按 Enter 键重新执行或者修改后执行该表达式。在 Windows 中

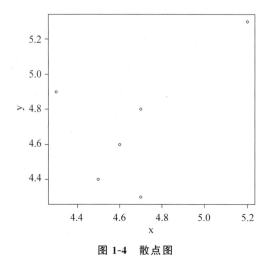

图 1-4　散点图

按 Esc 键终止表达式的计值。

空格、制表符、换页符、回车符和换行符统称为"空白符"（whitespace），常作为词元（token）的分割符。词元是 R 表达式中被空白符分割的字符序列。这些字符序列可能是标识符、字面量、分隔符、运算符、注释符等。换行符还是表达式的终结符。在命令提示符下，如果一个表达式太长，需要写在两行上，则通过行首的"＋"进行连接。例如：

```
> x <- c("aaa","bbb","ccc",
+ "ddd","eee")
> x
[1] "aaa""bbb""ccc""ddd""eee"
```

同一行中多个表达式使用分号（;）分隔。例如：

```
> x <- 1; y <- 2;
> x
[1] 1
> y
[1] 2
```

为了提高可读性，一般约定分隔符后面、二元运算符前后必须有一个空格。例如，是 c(2,3) 而不是 c(2,3)，是 y<-2 而不是 y<-2。

如果所要解决的问题比较复杂，需要几十个甚至上百个 R 表达式，而且需要控制流语句，则应使用 File|New script 命令新建一个"脚本"文件，在打开的 R 编辑器（R Editor）窗口中逐行输入表达式，如图 1-5 所示。然后单击快捷按钮 执行光标所在的行或者被选择的行。

一般把脚本保存到磁盘文件中。例如，把图 1-5 所示的脚本保存为 R 工作文件夹下的文本文件 test.R。

如果需要执行整个脚本文件而不是其中部分行，则可使用函数调用 source()。例如，函数调用 source('test.R') 执行脚本 test.R。设置函数 source() 的参数 echo 为真，即函数调用 source('test.R', echo＝TRUE) 可以让脚本执行时回显。

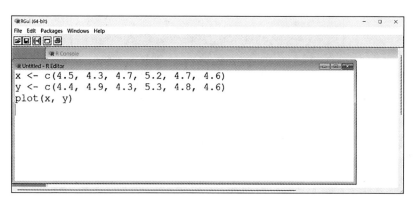

图 1-5　编辑脚本

如果需要把脚本在运行时刻的输出保存在文件中,则使用函数调用 sink()。例如,sink("out.txt")把程序的输出定向到文本文件 out.txt,而不是控制台窗口。该函数会把所有 R 后续执行脚本的输出结果从控制台重定向到外部文件 out.txt 中,此时控制台中看不到命令输出的结果。使用无参数 sink()函数可以让输出流重新定向到控制台。

R 脚本中从 ♯ 开始到行尾部分都是注释。注释的开始符号(♯)后面也有一个空格以提高可读性。注释会被 R 解释器忽略。

使用函数 q()退出 R。

help()或?从装入的包里查找并打开帮助页面,例如,help("ls")或者?ls 都会在默认浏览器中打开本地帮助页面 http://127.0.0.1:29977/library/base/html/ls.html。ls 是函数的名字,若函数来自扩展包,则需要事先加载包。函数的帮助文档包括如下内容:

- 描述。
- 语法。
- 参数说明。
- 返回值。
- 示例。

??从所有已安装的包中搜索单词或短语,例如,??"weighted mean";help.search() 在帮助文档中搜索单词或短语,比如 help.search("weighted mean");apropos()从装入的包里近似查找;RSiteSearch()根据关键词在官网的包、帮助页和手册里搜索,例如,RSiteSearch("PCA");help.start()打开帮助首页 http://127.0.0.1:29977/doc/html/index.html。

可以通过控制台中的菜单命令 Edit|GUI preferences...定做控制台使用的文本、字体、颜色等个人偏好,如图 1-6 所示。可以把设置的结果保存在环境变量 HOME 设置的文件夹下的 Rconsole 文件中,这样每次启动 R 就会自动按照配置文件打开界面。

R 为固定大小和可变大小的对象分别使用单独的存储区域管理:前者称为 Ncells;后者称为 Vcells。如果 R 的内存不够,R 会显示如下消息:

```
Error: vector memory exhausted (limit reached?)
```

对于 64 位 R,默认可用内存是计算机 RAM 的总量。可以使用 R 环境变量 R_MAX_MEM_SIZE 设置。

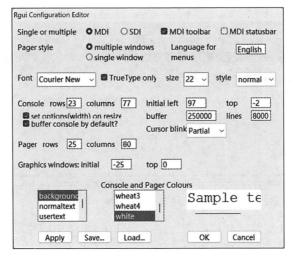

图 1-6 设置 GUI 偏好

【例 1-1】 设置可用内存为 2GB。

在 R 命令行窗口设置 R 环境变量 R_MAX_MEM_SIZE：

```
> Sys.setenv('R_MAX_MEM_SIZE'=2 * 1000 * 1000 * 1000)
```

这样 R 应用程序就会从 Windows 系统申请使用 2GB 内存。

如果出现没有足够内存分配向量的错误，则可在 R 命令行使用函数调用设置环境变量 R_MAX_VSIZE 为向量申请更多的空间。

【例 1-2】 设置 1GB 的向量内存区域。

```
> Sys.setenv('R_MAX_VSIZE'=1000 * 1000 * 1000)
```

函数调用 gc() 返回这两个内存区域的消耗情况。例如：

```
> gc()
          used   (MB)  gc trigger  (MB) max used   (MB)
Ncells  2015631 107.7    3013984 161.0  3013984 161.0
Vcells 33465762 255.4   54351557 414.7 54351557 414.7
```

其中，第 1 列 used 和第 2 列 (MB) 分别表示已经使用的内存区域单元数量和字节数。例如 Vcells 行第 2 列的值 255.4 表示已经使用了 255.4MB Vcells 内存区域。

1.4 工作文件夹与工作空间

当前的工作文件夹（working directory）是 R 用来读取文件和保存结果的默认文件夹。可以使用函数 getwd() 来查看当前的工作文件夹，使用函数 setwd() 设定当前的工作文件夹。例如：

获取当前工作文件夹：

```
>getwd()
[1] "D:/S/R"
```

设定工作文件夹为 F:/Rworkspace/myproject：

```
>setwd("F:/Rworkspace/myproject")
```

setwd()命令的路径以斜杠(/)作为分隔符,因为反斜杠(\)在 R 中是转义符。如果指定的路径不存在,函数 setwd()不会自动创建它。此时可使用函数 dir.create()来创建。

如果想看看当前工作文件夹中有哪些文件,则使用函数 list.files()。例如,查看有哪些文本文件:

```
list.files(pattern = ".txt")
```

也可以通过桌面快捷方式的"起始位置"属性设置工作文件夹,例如,把工作文件夹设置为 C:\S\R,如图 1-7 所示。在"快捷方式"选项卡中设置了工作文件夹就避免了每次启动 R 后使用 setwd()函数设置工作文件夹。

图 1-7　设置工作文件夹

R 把用户自定义的对象(向量、矩阵、函数、数据框、列表等)的集合称为工作空间(workspace)。当退出 R 时,R 会提示用户是否保存工作空间。如果用户选择保存,就把当时的工作空间保存到当前工作文件夹下的.RData 文件中。在下次启动 R 时自动装入当前工作文件夹下的工作空间映像.RData。这样,用户可以继续访问上次退出 R 前的数据对象而不必重新从磁盘读入。

在交互方式下可以随时保存整个工作空间,函数 save.image()把当前工作空间保存到工作文件夹下的.RData 文件。也可以把工作空间保存到其他文件中。例如,函数调用 save.image("mydata.RData")把工作空间保存到了 mydata.RData 中。

函数调用 load()从.RData 文件装入保存的对象,例如,函数调用 load("mydata.

RData")把在文件 mydata.RData 中保存的工作空间装入内存,作为 R 的工作空间。

对工作空间中的对象进行的操作有:

(1) 把任意对象保存到文件中。例如,函数调用 save(myDF,file="myDF.RData") 把数据对象 myDF 保存到文件 myDF.RData 中。

(2) 列出当前工作空间里的所有对象 ls()。

(3) 从工作空间中清除对象。例如,函数调用 rm(x)删除 x 与 R 对象的绑定;函数调用 rm(x,y) 删除 x、y 与 R 对象的绑定;rm(list=ls(all=TRUE))或者 rm(list=ls())删除所有 R 对象的绑定。

把 R 对象与一个名字绑定称为对象的引用。一个 R 对象有 0 个、1 个或多个引用。R 的垃圾收集器会定期自动清除有 0 个引用的对象。函数调用 rm(x)只是删除绑定,并不会马上清除 x 绑定的对象。垃圾收集器是在 R 应用程序要求分配新的对象空间时自动运行的,直接调用函数 gc()则立即运行垃圾收集器。

1.5　数　据　集

客观世界中抽象的或具体的、可视的或不可视的实体的可度量特征称为变量(variable),例如,鸢尾花花瓣的长度。测量(measurement)是按照明确的构思或者规则对事物的特征或属性赋值的过程。测量时实体在某特征上的状态称为值(value),例如,在某次测量中,某朵鸢尾花花瓣的长度为 1.4 厘米。在相似条件下对实体若干特征的测量结果称为观测(observation)。例如,对某朵鸢尾花花萼长度和宽度、花瓣长度和宽度的度量分别是 5.1、3.5、1.4、0.2,单位是厘米,那么元组(5.1,3.5,1.4,0.2) 称为一个观测。一个观测也可称为一个数据点(data point)、一个数据对象(data object)、一条记录(record)、一个事例(case)、一个样本(sample)等。若干观测的集合称为数据集(data set)。如果数据集中的每个值都与某个观测的某个变量关联,则称为表格数据(tabular data)。从数学角度看,一个观测是由若干变量的值组成的元组。如果每个值不可再分,每个观测作为一行,每个变量形成一列,则称为"规整(tidy)数据",在关系模型中称为满足"第一范式"。在关系数据库的概念模型中,变量也称为属性(attribute);在数据库的表中,变量称为"列",观测则称为"行";在机器学习的模型中,变量称为特征(feature);在操作系统文件中,变量称为记录的域(field)。

R 自动加载 datasets 包,其中有百余个数据集。函数调用 data()列出所有可用的数据集;函数调用 data(package=)装入指定包中的数据集。例如,data(package="ggplot2")装入 ggplot2 包中的数据集。函数调用 data(package="ggplot2","diamonds")则装入 ggplot2 包中的 diamonds 数据集。

鸢尾花数据集 iris 包含了对 150 朵鸢尾花的观测,每个鸢尾花的属性有花萼长度(Sepal.Length)和花萼宽度(Sepal.Width)、花瓣长度(Petal.Length)和花瓣宽度(Petal.Width),单位是厘米,以及这朵鸢尾花所属的具体品种(species)。数据集中有三个品种,分别是山鸢尾花、变色鸢尾花和弗吉尼亚鸢尾花。每个品种有 50 朵鸢尾花。通过函数调用 help()查看数据集的详细情况,例如,通过函数调用 help("iris")(或?iris)查看数据集 iris 的帮助文档。

ggplot2 包中有 diamonds、mpg 和 economics 三个数据集。diamonds 是一个钻石数据

集,包括 53 940 颗钻石的质量、价格等 10 个变量,其中有三个是类别变量,分别描述钻石的切工(cut)、颜色(color)和净度(clarity);还有描述钻石的质量特征的连续变量克拉数(carat,单位:克拉);还有一个为整数类型的变量价格(price,单位:美元)。描述钻石几何特征的连续变量包括亭深比(depth)、钻石顶部相对于最宽点的宽度百分比(台宽比,table),以及钻石宽度 x(单位:毫米)、钻石长度 y(单位:毫米)和钻石深度 z(单位:毫米)。钻石的几何度量如图 1-8 所示。

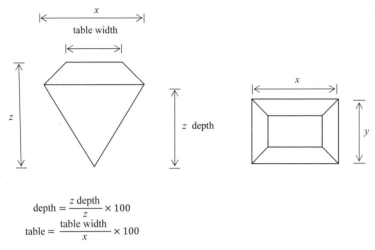

$$depth = \frac{z\ depth}{z} \times 100$$
$$table = \frac{table\ width}{x} \times 100$$

图 1-8　钻石的几何度量

切工的取值有一般(fair)、好(good)、非常好(very good)、优质(premium)、理想(ideal)。按行业标准,从无色到浅黄色颜色变化划分为 23 个颜色级别,由高到低用英文字母 D、E、F、G、H、I、J、K、L、M、N、O、P、Q、R、S、T、U、V、W、X、Y、Z 代表不同的色级。数据集中颜色的取值有 D(最好)、E、F、G、H、I、J(最差)。钻石的净度就是用标准 10 倍放大镜观察钻石内部特征跟外部特征的差异程度。钻石的净度分为 11 个等级:无瑕级(FL)、内无瑕级(IF)、极轻微内含级(VVS1 和 VVS2)、轻微内含级(VS1 和 VS2)、微内含级(SI1 和 SI2)、内含级(I1、I2 和 I3)。数据集中净度的取值有 YI1(最差)、SI2、SI1、VS2、VS1、VVS2、VVS1、IF(最好)。

克拉数取值范围为[0.2, 5.01],价格范围为[326, 18 823],亭深比范围为[43, 79],台宽比范围为[43, 95],x 范围为[0, 10.74],y 范围为[0, 58.9],z 范围为[0, 31.8]。

mtcars 数据集是 1974 年美国《汽车趋势》杂志收集的 1973—1974 年 32 款汽车油耗数据集。变量有:

- mpg:miles/gallon,每加仑英里数。
- cyl:number of cylinders,发动机汽缸数。
- disp:displacement,发动机排量。
- hp:gross horsepower,总马力。
- drat:rear axle ratio,传动比。
- wt:weight,质量。
- qsec:1/4 mile time,从静止到 1/4 英里里程所需要的时间(秒)。
- vs:engine(0 = V-shaped,1 = straight),引擎形状。

- am：transmission(0 = automatic,1 = manual),变速器类型(自动挡/手动挡)。
- gear：number of forward gears 变速器前向齿轮数。
- carb：number of carburetors,化油器数。

mtcars 的前 5 行数据是:

```
                    mpg  cyl disp  hp  drat  wt    qsec  vs  am  gear carb
Mazda RX4           21.0 6   160   110 3.90  2.620 16.46 0   1   4    4
Mazda RX4 Wag       21.0 6   160   110 3.90  2.875 17.02 0   1   4    4
Datsun 710          22.8 4   108   93  3.85  2.320 18.61 1   1   4    1
Hornet 4 Drive      21.4 6   258   110 3.08  3.215 19.44 1   0   3    1
Hornet Sportabout   18.7 8   360   175 3.15  3.440 17.02 0   0   3    2
Valiant             18.1 6   225   105 2.76  3.460 20.22 1   0   3    1
```

mpg 是由美国环境保护署收集的 1999—2008 年 38 个流行车型的燃油经济性数据 (http://fueleconomy.gov)。其中的变量有:

- manufacturer：制造商。
- model：车型。
- displ：发动机排量(升)。
- year：生产年份。
- cyl：汽缸数。
- trans：变速器类型。
- drv：传动系(前轮、后轮或四轮)。
- cty：市区道路每加仑英里数。
- hwy：高速公路每加仑英里数。
- fl：燃油类型。
- class：分类(两座、SUV、紧凑等)。

mpg 的前 6 行数据是:

```
#A tibble: 6×11
  manufacturer model displ year  cyl   trans     drv  cty  hwy  fl  class
  <chr>        <chr><dbl><int> <int><chr>     <chr><int><int><chr><chr>
1 audi         a4   1.8   1999  4     auto(l5)  f    18   29   p   compact
2 audi         a4   1.8   1999  4     manual(m5)f    21   29   p   compact
3 audi         a4   2     2008  4     manual(m6)f    20   31   p   compact
4 audi         a4   2     2008  4     auto(av)  f    21   30   p   compact
5 audi         a4   2.8   1999  6     auto(l5)  f    16   26   p   compact
6 audi         a4   2.8   1999  6     manual(m5)f    18   26   p   compact
```

economics 是通过个人消费支出等度量、描述经济状态的数据集。economics 有 254 个观测,6 个变量。每个变量的含义是:

- date：数据收集日期。
- pce：personal consumption expenditures,个人消费支出(单位:十亿美元)。
- pop：total population,总人口(单位:千人)。
- psavert：personal savings rate,个人储蓄率。
- uempmed：median duration of unemployment,失业持续时间中位数。
- unemploy：number of unemployed,失业人数(单位:千人)。

economics 的前 6 行数据是：

```
#A tibble: 6×6
  date         pce   pop    psavert uempmed unemploy
1 1967-07-01  507. 198712  12.6    4.5     2944
2 1967-08-01  510. 198911  12.6    4.7     2945
3 1967-09-01  516. 199113  11.9    4.6     2958
4 1967-10-01  512. 199311  12.9    4.9     3143
5 1967-11-01  517. 199498  12.8    4.7     3066
6 1967-12-01  525. 199657  11.8    4.8     3018
```

天气（weather）是一个经典的用于学习分类算法的数据集。其中有 14 个观测，4 个属性：天气概况（outlook）、温度（temperature）、湿度（humidity）、风力（wind）以及一个类别标签是否出门玩耍（play）。下面以字符串字面量把数据集导入数据框中：

```
> weather <- read.table(sep = ' ', header = TRUE, row.names = NULL,
+ stringsAsFactors = TRUE, text = "
outlook temperature humidity wind play
Sunny Hot High Weak No
Sunny Hot High Strong No
Overcast Hot High Weak Yes
Sunny Mild High Weak Yes
Rainy Cool Normal Weak Yes
Rainy Cool Normal Strong No
Overcast Cool Normal Strong Yes
Sunny Mild High Weak No
Sunny Cool Normal Weak Yes
Rainy Mild Normal Weak Yes
Sunny Mild Normal Strong Yes
Overcast Mild High Strong Yes
Overcast Hot Normal Weak Yes
Rainy Mild High Strong No
")
> ls()
[1] "weather"
> weather
     outlook temperature humidity  wind   play
1      Sunny   Hot         High     Weak   No
2      Sunny   Hot         High     Strong No
3   Overcast   Hot         High     Weak   Yes
4      Sunny   Mild        High     Weak   Yes
5      Rainy   Cool        Normal   Weak   Yes
6      Rainy   Cool        Normal   Strong No
7   Overcast   Cool        Normal   Strong Yes
8      Sunny   Mild        High     Weak   No
9      Sunny   Cool        Normal   Weak   Yes
10     Rainy   Mild        Normal   Weak   Yes
11     Sunny   Mild        Normal   Strong Yes
12  Overcast   Mild        High     Strong Yes
13  Overcast   Hot         Normal   Weak   Yes
14     Rainy   Mild        High     Strong No
```

查看 weather 数据集中各个变量的分布：

```
> summary(weather)
    outlook    temperature   humidity      wind       play
Overcast:4   Cool:4        High: 7      Strong: 6   No: 5
Rainy  :4    Hot :4        Normal:7     Weak: 8     Yes: 9
Sunny  :6    Mild:6
```

查看 weather 数据集的结构：

```
> str(weather)
'data.frame':   14 obs. of  5 variables:
$ outlook    : Factor w/ 3 levels "Overcast","Rainy",..: 3 3 1 3 2 2 1 3 2 ...
$ temperature: Factor w/ 3 levels "Cool","Hot","Mild": 2 2 2 3 1 1 1 3 1 3 ...
$ humidity   : Factor w/ 2 levels "High","Normal": 1 1 1 1 2 2 2 1 2 2 ...
$ wind       : Factor w/ 2 levels "Strong","Weak": 2 1 2 2 2 1 1 2 2 2 ...
$ play       : Factor w/ 2 levels "No","Yes": 1 1 2 2 2 1 2 1 2 2 ...
```

下面是 weather 数据集的连续数值版本，称为 weatherc。其中温度和湿度的值是连续值而不是离散值。

```
weatherc <- read.table(sep = " ", header = TRUE, row.names = NULL, text = "
outlook temperature humidity wind play
sunny 27 80 weak no
sunny 28 65 strong no
overcast 29 90 weak yes
rainy 21 75 weak yes
rainy 17 40 weak yes
rainy 15 25 strong no
overcast 19 50 strong yes
sunny 22 95 weak no
sunny 18 45 weak yes
rainy 23 30 weak yes
sunny 24 55 strong yes
overcast 25 70 strong yes
overcast 30 35 weak yes
rainy 26 85 strong no
")

> weatherc
     outlook   temperature   humidity   wind    play
1    sunny         27          80       weak     no
2    sunny         28          65       strong   no
3    overcast      29          90       weak     yes
4    rainy         21          75       weak     yes
5    rainy         17          40       weak     yes
6    rainy         15          25       strong   no
7    overcast      19          50       strong   yes
8    sunny         22          95       weak     no
9    sunny         18          45       weak     yes
10   rainy         23          30       weak     yes
11   sunny         24          55       strong   yes
12   overcast      25          70       strong   yes
13   overcast      30          35       weak     yes
14   rainy         26          85       strong   no
```

```
> summary(weatherc)
    outlook            temperature          humidity          wind
 Length:14          Min.   :15.00      Min.   :25.00      Length:14
 Class :character   1st Qu.:19.50      1st Qu.:41.25      Class :character
 Mode  :character   Median :23.50      Median :60.00      Mode  :character
                    Mean   :23.14      Mean   :60.00
                    3rd Qu.:26.75      3rd Qu.:78.75
                    Max.   :30.00      Max.   :95.00
     play
 Length:14
 Class :character
 Mode  :character
> str(weatherc)
'data.frame' :    14 obs. of  5 variables:
 $ outlook    :    chr "sunny" "sunny" "overcast" "rainy" ...
 $ temperature:    int 27 28 29 21 17 15 19 22 18 23 ...
 $ humidity   :    int 80 65 90 75 40 25 50 95 45 30 ...
 $ wind       :    chr "weak" "strong" "weak" "weak" ...
 $ play       :    chr "no" "no" "yes" "yes" ...
```

第2章

表 达 式

表达式是通过运算符、操作数连接成的短语,是一种具有递归结构的 R 对象。操作数具有类型,从而表达式也有类型。类型定义了值的集合以及集合上的一组运算。参与 R 运算的实体称为对象(object),例如,一个整数向量。R 对象有 6 种类型:整数(integer)、实数(double)、字符(character)、逻辑(logical)、复数(complex)和原始(raw)。其中,整数和实数合称为数值(numeric)。函数 typeof()返回表达式的类型。所有 R 对象都具有类(class)属性。函数 class()返回对象的类属性。

R 是"动态类型"语言,赋值实际上是"绑定"(bind),即将一个存储单元与一个变量名联系在一起,同一个存储单元可以有多个变量名与其联系。

2.1 字 面 量

在脚本中表示值的词法元素称为"字面量"。逻辑字面量要么是 TRUE 要么是 FALSE。实数字面量形如:

```
<整数部分>.<小数部分>e<指数部分>
```

<整数部分>由若干数字构成。后面是由小数点与数字构成的<小数部分>、由 E 或 e 标识的<指数部分>。如 1、10、0.1、.2、1e−7、1.2e+7 都是实数字面量。十六进制实数字面量以 0x 打头。

R 中的数值字面量默认是 double 类型,使用双精度浮点数存储。如果需要显式指定整数字面量,则需要在数值字面量后面添加后缀 L。例如,10L 的类型是整数,而 10 的类型是实数:

```
> typeof(10L)
[1] "integer"
> typeof(10)
[1] "double"
```

字符串字面量是通过一对单引号(')或双引号(")引起来的字符序列,如'abc'、"abc"。如果字符串字面量里又含有单引号、双引号或者其他不可显示的字符,则用转义序列(escape sequence)表示,常见的转义序列如表 2-1 所示。

raw 类型的值是数据对象的二进制存储映像。

NULL、NA、NaN 和 Inf 是 R 中内置的字面量。字面量 NULL 表示"没有"和"无"。而 NULL 不是"值"。如果某个名字与 NULL 绑定,则表示该名字没有与任何数据对象绑定。 NA 表示不可得、不知道(读作 Not Available),称为"缺失值"。缺失值也是"值",也有类型(integer、double、logical、character 等)。例如,在线考试中某试题分值为 9 分,学生提交的作

表 2-1　转义序列

转 义 序 列	含　　义
\'	单引号
\"	双引号
\n	换行
\r	回车
\t	制表
\b	退格
\a	响铃
\f	进纸
\v	垂直制表
\\	反斜线
0x## 或 0X##	十六进制数字字符
\u#### 或\U####	4 位十六进制数表示的 Unicode 字符。例如"\u0041"就是字符 A,"\U820D" 就是汉字"舍"

答得分默认值应该为 NA,表示"尚未评判,不知道得分";如果默认值设置为 0,则表示"经评判,得分 0"。空字符串是长度为 0 的字符串,但不是 NA。NaN 则表示一个在 IEEE 浮点计算中不能表示的值(读作 Not a Number)。Inf 表示无穷大(读作 Infinite),表示数学中的 ∞。例如,1/0 的结果为 Inf;0/0 的结果为 NaN;1/Inf 的结果为 0。NaN 也是缺失值,但 Inf 和-Inf 不是缺失值。

一组以 is 为前缀的函数用来判断类型,如 is.integer(x)、is.double(x)、is.numeric(x)、is.logical(x),is.character(x)、is.complex(x)、is.raw(x)。其中 is.numeric(x)对 integer 和 double 类型都返回真值。is.finite()判断是否是有限值。NA、Inf、-Inf 和 NaN 都不是有限值;is.infinite()判断是否是 Inf 或-Inf;is.na()判断是否是 NA 或 NaN;is.nan()判断是否是 NaN。is.null()判断是否是 NULL。

一组以 as 开头的函数用来改变字面量或者变量的数据类型,如 as.integer()、as.numeric()、as.character()、as.logical()、as.POSIXct()、as.POSIXlt()和 as.Date()。例如:

```
> as.integer(" 3.14 ")
[1] 3
> as.logical(x = 0)
[1] FALSE
> as.logical(x = 2)
[1] TRUE
```

R 在进行表达式计值时会自动进行类型转换,例如:

```
> 2 + TRUE
[1] 3
> sum(TRUE, FALSE, TRUE)
[1] 2
> "A" > 3
[1] TRUE
```

默认的转换次序是逻辑类型、整数类型、实数类型和字符类型。R 认为 0 或者 0L 是 FALSE；而其他数字都是 TRUE。当把逻辑类型转换为整数类型时，TRUE 和 FALSE 分别转换为 1 和 0。

2.2 运算符和表达式

R 脚本是由 R 表达式形成的序列。一个字面量或变量就是一个表达式，使用运算符连接表达式又形成新的表达式。例如，使用运算符加号连接字面量 1 和 2 就得到算术表达式，对表达式计值，就得到表达式的值 3：

```
> 1 + 2
[1] 3
```

在表达式中，括号用来改变运算符的优先级。表达式中可以含有函数调用，表达式的计值结果还可以与一个名字绑定。例如，表达式：

```
y <- 2 * (3 + log10(100))
```

使用括号表示先计算加法，表达式中使用实参 100 调用了以 10 为底的对数函数 log10()。

对表达式计值结果的绑定不会产生任何输出：

```
> x <- 2
```

如果期望在绑定后输出，则使用圆括号：

```
> (x <- 2)
[1] 2
```

每个表达式被计值后，其结果自动输出：

```
> 2 + 3
[1] 5
```

使用 print() 函数显式输出：

```
> print(x)
[1] 2
```

如果表达式的计值结果是向量，则在输出中每行使用[i]表示该行行首元素的索引位置，例如，[1]2 表示行首元素 2 是第一个元素。

绑定运算符"<-"由小于号"<"和减号"-"两个字符组成，指向名字，把名字和数据对象绑定在一起。虽然很多情况下可以改用等于号(=)，但不建议使用等于号，因为其含义容易和比较运算符混淆。等于号一般用于函数调用时标记形式参数，或者用于函数定义时设定默认值。函数 assign() 也能绑定名字和数据对象。例如：

```
> assign("x", 1 + 2)
```

运算符"<-"是函数 assign() 的速记形式。

R 语言部分运算符及其含义如表 2-2 所示。

表2-2　运算符

运 算 符	含 义	举 例
＋	加,两个向量相加	c(1,2,3)＋c(4,5,6)
－	减,两个向量相减	c(4,5,6)－c(1,2,3)
＊	乘,两个向量相乘	c(4,5,6)＊c(1,2,3)
/	除,两个向量相除	c(4,5,6)/c(1,2,3)
％％	求模,两个向量相除,取余数	c(4,5,6)％％c(1,2,3)
％/％	整除,两个向量相除,取整数	c(4,5,6)％/％c(1,2,3)
^	幂,以第一个向量为底数,第二个向量为指数,右结合	c(4,5,6)^c(1,2,3)
＜	小于,比较两个向量对应的元素	c(4,5,6)＜c(1,2,3)
＞	大于,比较两个向量对应的元素	c(4,5,6)＞c(1,2,3)
＝＝	等于,比较两个向量对应的元素	c(4,5,6)＝＝c(1,2,3)
＞＝	大于或等于,比较两个向量对应的元素	c(4,5,6)＞＝c(1,2,3)
＜＝	小于或等于,比较两个向量对应的元素	c(4,5,6)＜＝c(1,2,3)
!＝	不等于,比较两个向量对应的元素	c(4,5,6)!＝c(1,2,3)
&.	与,两个向量对应的元素逻辑与运算	c(T,T,F)&c(F,T,F)
&.&.	与,操作数为单个逻辑值的逻辑与运算	x＞＝0&&x＜＝5
|	或,两个向量的对应元素逻辑或运算	c(T,T,F)|c(F,T,F)
||	或,操作数为单个逻辑值的逻辑或运算	x＞＝0||y＞＝0
!	逻辑否	!c(T,T,F)
<-	绑定	x<-c(1,2,3)
->	右赋值,右结合	c(1,2,3)->y
:	序列,产生一个步长为1的序列	1:3
％in％	属于,是否属于(在)一个向量	2 ％in％ c(1,2,3)
~	自变量与因变量间映射,用于模型公式	x~y
?	帮助	?summary
$	根据名字访问成员	
[]和[[]]	根据索引号访问成员	

其中,幂运算符(^)和右赋值运算符(->)右结合,其他运算符左结合。因此 2^2^3 和 2^8 相等,而不是 4^3。

运算符具有优先级。例如,表达式 0:n-1 不会生成从 0 到 n-1 的数列:

```
> n <-10
> 0:n-1
[1]-1 0 1 2 3 4 5 6 7 8 9
```

而是先运算 0:n,得到

```
[1] 0 1 2 3 4 5 6 7 8 9 10
```

然后与1相减。这是因为运算符":"的优先级高于减法运算符的优先级。R运算符的优先

级从高到低依次如下：[、[[，$，^，:，%%、%/%，*、/、＋、－、==、!=、<、>、<=、>=，!、&、&&、|、||、~、->、=、<-、?。

NA 参与算术、逻辑和关系运算的计值结果如下所示。

```
> 2 + NA
[1] NA
> 2 > NA
[1] NA
> TRUE & NA
[1] NA
> FALSE & NA
[1] FALSE
> TRUE | NA
[1] TRUE
```

以两个百分号(%)为首尾的运算符(%…%)是一类二元运算符。预定义的二元运算符有%%、%/%、%*%、%in%等。通过%…%可定义新的二元运算符。此类运算符都具有相同的优先级且优先级高于乘运算和除运算的运算符，例如：

```
> `%plus%` = function(a, b){a + b}
> 2%plus%3
> 5
```

一对%为首尾的运算符，如模运算和整除运算的运算符 %% 和 %/%，优先级高于乘法和除法。

一对反引号`表示把被引起来的字符串作为标识符。标识符是以字母开头的，若干字母、数字、点号(.)和下画线组成的字符串，不能是保留字。字符串%plus%不是合乎语法的标识符，但通过使用反引号可以强制作为标识符。这称为"非语法名字"。

运算符"<-"为名字和对象建立了绑定关系，例如：

```
> _abc <- 2
```

一对反引号引起来的字符序列也可以作为名字：

```
> `a=b` <- 3
> `:)` <- "smile"
> ls()
[1] ":)"              "a=b"
```

函数 expression 用于构造一个不被求值的表达式对象，需要使用函数 eval()对创建的表达式对象求值。例如：

```
> e <- expression(2 * (3 + log10(100)))
> e
expression(2 * (3 + log10(100)))
> eval(e)
[1] 10
```

R 从 4.1 版本开始支持管道运算符"|>"。管道默认将数据传递给下一个函数的第一个参数，且它可以省略。例如，下面的表达式把向量传递给函数 mean()并作为第一个实际参数：

```
> c(1, 2, 3, 4, 5, NA) |> mean(, na.rm = TRUE)
[1] 3
```

也可以省略第一个参数，写为

```
c(1, 2, 3, 4, 5, NA) |> mean(na.rm = TRUE)
```

管道运算符使得表达式呈现出数据流/数据加工的特征：从数据源开始，依次用函数对数据施加一系列的加工（变换数据），各个函数只关心非数据参数，让数据自己沿管道向前"流动"。

2.3　日　期　时　间

日期时间是一种 R 对象。R 中有两种日期：Date 和 POSIXct。Date 日期是从 1970 年 1 月 1 日以来的天数，单位是"天"；POSIXct 是从 1970 年 1 月 1 日以来的秒数，如果是负数，则表示 1970 年以前的日期，单位是"秒"。POSIXct 类型的日期具有年、月、日、时、分、秒等分量，并具有时区属性，例如：

```
> mydate <- as.POSIXct('2023-6-29 7:01:00')
> mydate
[1] "2023-06-29 07:01:00 CST"
> attributes(mydate)
$class
[1] "POSIXct" "POSIXt"

$tzone
[1] ""
> unclass(mydate)
[1] 1687993260
attr(,"tzone")
[1] ""
```

在日期时间的输出中，日期部分的分隔符默认是"-"；时间部分则以"："进行分隔。输入日期时间的标准格式为"日期 时间"（日期与时间中间有空隔隔开）。对于 POSIXct 类型的数值，可以用 as.numeric() 直接转换成秒。如果输入的格式不是标准格式，则需要使用 as.Date() 函数，利用 format 来设置格式。

从数据库服务器 SQL Server 中直接读取时间类型数据到 R 中，或从 CSV 等本地文本文件中读入时间类型数据到 R 中，数据都会自动转换为 POSIXct 对象。POSIXlt 则按日期时间分量存储而不是按秒存储。例如，把 mydate 转换为 POSIXlt 对象：

```
> t <- as.POSIXlt(mydate); t
[1] "2023-06-29 07:01:00 CST"
```

查看存储结构：

```
> unclass(t)
$sec
[1] 0
```

```
$min
[1] 1
$hour
[1] 7
$mday
[1] 29
$mon
[1] 5
$year
[1] 123
$wday
[1] 4
$yday
[1] 179
$isdst
[1] 0
$zone
[1] "CST"
$gmtoff
[1] 28800
attr(,"tzone")
[1] ""    "CST" "CDT"
attr(,"balanced")
[1] TRUE
```

Sys.Date()返回当前日期：

```
> Sys.Date()
[1] "2023-06-12"
>as.numeric(as.Date("1970-01-01"))
[1] 0
> as.numeric(as.Date("1970-01-03"))
[1] 2
```

1970年1月1日距离1970年1月1日0天,1970年1月3日距离1970年1月1日2天,说明日期是从1970年1月1日以来的天数。

函数date()返回的是字符类型的日期：

```
> date()
[1] "Sat Jun 12 04:19:04 2021"
```

用as.Date()可以将一个字符串转换为日期对象,默认格式是yyyy-mm-dd或者yyyy/mm/dd。例如：

```
>as.Date("2022-9-1")
[1] "2022-09-01"
> class(as.Date("2022-9-1"))
[1] "Date"
```

可以把指定格式的日期字符串转换为日期型。例如：

```
> as.Date("2022.02.02",format = "%Y.%m.%d")
[1] "2022-02-02"
> as.Date("2022 年 02 月 02 日",format = "%Y 年%m 月%d 日")
[1] "2022-02-02"
```

其中,formate 参数中约定的格式符号及其含义如表 2-3 所示。

表 2-3　formate 参数

格　式	意　　义	举　　例
%Y	年份,以四位数字表示	2022
%m	月份,以数字形式表示	从 01 到 12
%d	月份中的天数	从 01 到 31
%b	月份,缩写	Feb
%B	月份,完整的月份名	February
%y	年份,以两位数字表示	23

as.Date()也可以把数字转为日期格式。例如:

```
as.Date(16543,origin='1970-1-1')
```

使用日期时间对象的好处在于便于对日期进行计算。例如,计算两个日期之间间隔的天数:

```
> Sys.Date()
[1] "2022-09-03"
> Sys.Date() - as.Date("2022-09-01")
Time difference of 2 days
```

difftime()函数能够按照指定日期分量或时间分量计算,例如,给定开学日期,计算周数:

```
> difftime(Sys.Date() , as.Date("2022-08-26"), units = "weeks")
Time difference of 1.142857 weeks
```

参数 units 的取值只能是"auto"、"secs"、"mins"、"hours"、"days"、"weeks"。

as.POSIXct()函数则把字符串字面量转换为 POSIXct 对象:

```
> as.POSIXct("2022-02-02 03:56:24 CST")
[1] "2022-02-02 03:56:24 CST"
> class(as.POSIXct("2022-02-02 03:56:24 CST"))
[1] "POSIXct" "POSIXt"
```

序列函数 seq()可用来生成有规律的日期序列,例如,按年生成日期序列:

```
> seq(as.Date("2018/6/1"), as.Date("2021/6/1"), "years")
[1] "2018-06-01" "2019-06-01" "2020-06-01" "2021-06-01"
```

按月生成日期序列:

```
> seq(as.Date("2021/1/2"), by = "month", length.out = 7)
[1] "2021-01-02" "2021-02-02" "2021-03-02" "2021-04-02" "2021-05-02"
[6] "2021-06-02" "2021-07-02"
```

按季节生成日期序列：

```
> seq(as.Date("2019/1/1"), as.Date("2020/7/1"), by = "quarter")
[1] "2019-01-01" "2019-04-01" "2019-07-01" "2019-10-01" "2020-01-01"
[6] "2020-04-01" "2020-07-01"
```

假设当天是 9 月 3 日，生成从 2021 年 12 月 1 日开始到当天所有月的 3 日：

```
> Sys.Date()
[1] "2022-09-03"
>  seq(Sys.Date(),  as.Date("2021-12-01"), by = "-1 month")
[1] "2022-09-03" "2022-08-03" "2022-07-03" "2022-06-03" "2022-05-03"
[6] "2022-04-03" "2022-03-03" "2022-02-03" "2022-01-03" "2021-12-03"
```

第3章

字符串与正规表达式

用单引号或者双引号引起来的字符序列称为"字符串"。查询字符串的长度、从字符串中查找子串等都是在字符串上的操作。正规表达式是描述字符串模式的语言,函数 grep()、grepl()、sub()、gsub()、strsplit 等可使用正规表达式作为参数。

3.1 字符串处理

R 的 base 包中与字符串处理有关的函数如表 3-1 所示。

表 3-1 字符串函数

函 数	功 能
nchar()	字符串中的字符个数
substr(x,start,stop)	截取字符串 x 中索引位置[start,stop]上的子串
strtrim(x,width)	截取字符串 x 长度为 width 的前缀
strwrap()	折行
strsplit(x,split,fixed=FALSE)	按照模式 split 拆分 x
paste(…,sep=" ",collapse=NULL)	按照分隔符 sep 连接字符串,默认使用空格分隔
paste0(…,collapse=NULL)	按照分隔符 sep 连接字符串,默认无分隔符,等价于 paste(…,sep="",collapse)
toupper()	转换为大写
tolower()	转换成小写
grep(pattern,x,fixed=FALSE)	在向量 x 中搜索包含 pattern 模式子串的元素,返回其索引
sub(pattern,replacement,x,fixed=FALSE)	在向量 x 中搜索包含 pattern 模式的子串的元素并将其首次出现替换为 replacement
gsub(pattern,replacement,x,fixed=FALSE)	在字符向量 x 中搜索所有包含 pattern 模式子串的元素并将子串替换为 replacement

后面将介绍这些函数的具体用法。

3.1.1 字符个数

nchar(x,type="chars",allowNA=FALSE)返回字符串中的字符个数,也就是字符串的长度。其中 type 表示测量单位,有三个选择:chars、bytes 和 width。字符的编码不同,可

能用一个字符对应的字节数也不同。width 应用于全角汉字的情形。例如,字符串 abcd 的
字符个数为

```
> nchar("abcd")
[1] 4
```

字符向量对应的字符个数向量为

```
> nchar(c("hello", "world"))
[1] 5 5
```

而向量中元素的个数则使用 length()函数,例如:

```
> length(c("hello", "world"))
[1] 2
> length("abcd")
[1] 1
```

虽然空字符串中字符个数为 0,但是它仍然是向量中的一个元素:

```
> length("")
[1] 1
```

3.1.2　子串

从 x 中取子串函数 substr(x, start, stop) 必须指定子串的起始位置 start 和结束位置
stop。例如从字符串 abcdef 中截取在索引位置[2,4]上的子串:

```
> substr("abcdef",2,4)
[1] "bcd"
```

已知字符向量:

```
> x <- c("Monday", "Tuesday", "Wendsday", "Thirsday", "Friday")
```

从向量截取每个字符串首部 3 个字符:

```
> substr(x, 1, 3)
[1] "Mon""Tue""Wen""Thi""Fri"
```

strtrim(x, width)从左端起截取字符串的特定长度子串,width 为要取的长度,如果
width 的值大于字符串 x 的长度,则默认取到 x 的结尾,不会增加空格。例如,分别截取字
符串 abcdef 左端 1 个、5 个和 10 个字符:

```
> strtrim(x,1)
[1] "M" "T" "W" "T" "F"
> strtrim(x,5)
[1] "Monda" "Tuesd" "Wends" "Thirs" "Frida"
> strtrim(x,10)
[1] "Monday" "Tuesday" "Wendsday" "Thirsday" "Friday"
```

函数 strwrap(x, width, indent = 0, exdent = 0, prefix = "", simplify = T, initial =
prefix)把字符串按照行宽折行,并可设置首行缩进、悬挂缩进等,形成段落格式。参数
width 是每一行的字符串中的字符数量。例如,给定字符串:

string <- "R is a system for statistical computation and graphics. It consists of a language plus a run-time environment with graphics, a debugger, access to certain system functions, and the ability to run programs stored in script files."

按默认行宽折行:

```
> strwrap(string)
[1] "R is a system for statistical computation and graphics. It"
[2] "consists of a language plus a run-time environment with graphics,"
[3] "a debugger, access to certain system functions, and the ability to"
[4] "run programs stored in script files."
```

以行宽 40 个字符、首行缩进 4 个字符折行:

```
> strwrap(string, width = 40, indent = 4)
[1] "    R is a system for statistical"
[2] "computation and graphics. It consists"
[3] "of a language plus a run-time"
[4] "environment with graphics, a debugger,"
[5] "access to certain system functions, and"
[6] "the ability to run programs stored in"
[7] "script files."
```

以行宽 40 个字符、每行前缀****折行:

```
> strwrap(string, width = 40, prefix = "****")
[1] "****R is a system for statistical"
[2] "****computation and graphics. It"
[3] "****consists of a language plus a"
[4] "****run-time environment with graphics,"
[5] "****a debugger, access to certain"
[6] "****system functions, and the ability"
[7] "****to run programs stored in script"
[8] "****files."
```

3.1.3 拆分

函数 strsplit(x, split, extended＝TRUE, fixed＝FALSE)按照拆分模式 split 拆分向量 x, fixed 默认为 FALSE, 表示按正规表达式匹配; 否则按普通文本匹配。例如, 以"."为分隔符拆分字符串 a.b.c, 可以把参数 fixed 设置为 TRUE, 表示按普通字符解释拆分模式".":

```
> strsplit("a.b.c", ".", fixed=TRUE)
[[1]]
[1] "a" "b" "c"
```

函数把字符串"a.b.c"拆分成了三个子串, 即"a"、"b"、"c", 这三个子串形成向量, 函数又把向量作为列表的第一个分量返回([[1]])。

或者使用默认的 fixed＝FALSE, 按照正规表达式解释拆分模式, 例如, 使用正规表达式"[.]", 要求按分隔符"."进行拆分:

```
>strsplit("a.b.c", "[.]")
[[1]]
[1] "a" "b" "c"
```

或者使用正规表达式"\.", 因为在正规表达式中, "."匹配任意字符, 所以需要对"."进行转义：

```
> strsplit("a.b.c", "\\.")
[[1]]
[1] "a" "b" "c"
```

可使用 unlist()函数把列表转换为向量：

```
> unlist(strsplit("a.b.c", ".",fixed=TRUE))
[1] "a""b""c"
```

若希望得到各个字母组成的字符向量,则使用空字符串作为分隔符：

```
unlist(strsplit("abc",""))
[1] "a""b""c"
```

可用回车符、换行符把字符串拆分为若干行。例如：

```
>x <- c("The first line.\nThe second line.\n")
>lines<- str_split(x, "\r?\n")[[1]]; lines
[1] "The first line."  "The second line." ""
```

3.1.4　连接

paste(…,sep＝"",collapse＝NULL)实现字符串连接,参数 sep 表示不同的字符串之间的分隔符,默认的分隔符为空格。下面是几个例子。

使用“.”连接 a、b 和 c：

```
> paste("a","b","c",sep=".")
[1] "a.b.c"
```

使用下画线分别把 A 与 1 到 6 连接：

```
> paste("A", 1:6, sep="_")
[1] "A_1" "A_2" "A_3" "A_4" "A_5" "A_6"
```

使用“-”连接小写字母 a 到 f 与相应位置索引：

```
> paste(letters[1:6],1:6,sep="-")
[1] "a-1" "b-2" "c-3" "d-4" "e-5" "f-6"
```

连接小写字母 a 到 f 与相应位置索引：

```
> paste(letters[1:6],1:6,sep="")
[1] "a1" "b2" "c3" "d4" "e5" "f6"
```

或者：

```
> paste0(letters[1:6],1:6)
[1] "a1" "b2" "c3" "d4" "e5" "f6"
```

在不指定分隔符的情况下,paste0()默认分隔符是空字符串""。

若将返回的所有字符串连成一个字符串,则需要用 collapse 参数来指定连接符。例如：

```
> paste(letters[1:6],1:6,sep="-",collapse=";")
[1] "a-1;b-2;c-3;d-4;e-5;f-6"
```

3.1.5　查找

函数 grep() 从字符向量中查找包含指定模式子串的元素,返回这些元素在向量中的索引位置。

查找在字符向量中,含"A"的元素的索引位置:

```
> grep(pattern = "A",x = c("AA","BB","A"))
[1] 1 3
```

结果显示字符向量中含"A"的元素有 2 个,索引位置分别是 1 和 3。

查找在字符向量中含有"AA"的元素:

```
> length(grep(pattern = "AA", x = c("AA","BB","A")))
[1] 1
```

grepl 可完成同样功能,但返回值为 TRUE 或 FALSE。例如:

```
[1] 1 3
> grepl(pattern = "A",x = c("AA","BB","A"))
[1] TRUE FALSE TRUE
```

grep 和 grepl 的区别在于 grep 返回满足条件的字符串在向量中的索引位置;而 grepl 返回是否满足条件的逻辑变量。

如果想要返回元素本身而不是其索引,则设置 grep 中的参数 value=TRUE。例如:

```
> grep(pattern = "H",x = c("Hello","Bye","Hi"),value = TRUE)
[1] "Hello" "Hi"
> grep(pattern = "H",x = c("Hello","Bye","Hi"),value = FALSE)
[1] 1 3
```

参数 invert 决定返回包含指定模式子串的元素还是不包含指定模式子串的元素。例如,查找不含"H"的元素:

```
> grep(pattern = "H",x = c("Hello","Bye","Hi"), value = TRUE, invert = TRUE)
[1] "Bye"
```

3.1.6　替换

gsub() 替换匹配指定模式的全部子串;而 sub() 仅替换与指定模式匹配的第一个子串。例如,将字符串 baby 中的小写字母 b 全部替换为大写字母 B:

```
> gsub(pattern = "b", replacement = "B", x = "baby")
[1] "BaBy"
```

把字符向量中每个元素中的小写字母 b 全部替换为大写字母 B:

```
> gsub(pattern = "b", replacement = "B", x = c("abcb", "boy", "baby"))
[1] "aBcB" "Boy"  "BaBy"
```

将字符串 baby 中的第一个 b 替换为 B:

```
> sub(pattern = "b", replacement = "B", x = "baby")
[1] "Baby"
```

把 sub()函数应用于向量：

```
> sub(pattern = "b", replacement = "B", x = c("abcb", "baby"))
[1] "aBcb" "Baby"
```

注意：如果参数中有 fixed＝TRUE，则表示 pattern 不是正规表达式而是普通字符串。

3.1.7 大小写转换

toupper()函数：将字符串统一转换为大写。
tolower()函数：将字符串统一转换为小写。
casefold()函数：根据参数转换大小写。
例如，把字符串 abc 转换为大写：

```
>toupper("abc")
[1]"ABC"
```

或者：

```
> casefold('abc', upper = TRUE)
[1] "ABC"
```

把字符串 ABC 转换为小写：

```
>tolower("ABC")
[1]"abc"
```

或者：

```
> casefold('ABC', upper = FALSE)
[1] "abC"
```

把字符向量转换为小写：

```
>x<-c("My","First","Trip")
>tolower(x)
[1] "my" "first" "trip"
```

3.1.8 格式化

字符串格式化函数 sprintf(format,…)按照指定格式输出字符串。参数 format 用来设置格式，后面是若干参数。例如，把圆周率按照小数点前 4 位、小数点后 5 位进行格式化：

```
> sprintf("The value of PI is:%9.5f", 3.1415926)
[1] "The value of PI is:   3.14159"    #前面有三个空格
> sprintf("The value of PI is:%-9.5f", 3.1415926)
[1] "The value of PI is:3.14159  "     #后面有两个空格
```

其中，"The value of PI is：%9.5f"称为格式串。格式串中的"The value of PI is："称为固定文本。格式串中的"%9.5f"称为格式说明符，用以指示按照此格式输出相应的参数。其中 f 表示按双精度定点数输出。"-"表示左对齐。格式串的组成如图 3-1 所示。

一般地，格式由可选的固定文本（fixed text）以及 1 个或多个格式说明符（format specifiers）组成。格式说明符有两个作用：一是作为其对应参数的占位符；二是说明参数的类型。格式说明符从百分号开始(%)。%后面是转换码(conversion code),指示如何格式化相应的参数。例如"%f"中的"f"即转换码,用以指示转换成浮点数。sprintf方法使用相应的参数值替换格式说明符。转换码 d 表示十进制整数,o 表示八进制整数,x 或者 X 表示十六进制整数;e 或者 E 表示使用科学记数法表示;g 或者 G 表示双精度浮点数;f 表示双精度定点数;s 表示字符串。

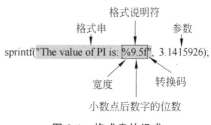

图 3-1　格式串的组成

　　在百分号和转换码之间可以指定数据的宽度和小数点后数字的位数。例如,格式说明符"%9.5f"的含义是:以小数点前 4 位,小数点后 5 位的格式输出双精度浮点类型的数据,如果含小数点不足 10 位,则右对齐,左侧补空格。"%-9.5f"的含义是:以小数点前 4 位,小数点后 5 位的格式输出,如果含小数点不足 10 位,则左对齐,右侧补空格。

3.2　正规表达式

　　有字母表 Σ,定义在 Σ 上的正规表达式和它表示的正规集的递归定义如下:
- ε 和 φ 都是 Σ 上的正规表达式,它们所表示的正规集分别为 $\{\varepsilon\}$ 和 Φ。
- 任何 $a\in\Sigma$,a 是 Σ 上的正规表达式,它所表示的正规集为 $\{a\}$。
- 假定 e_1 和 e_2 都是 Σ 上的正规表达式,它们所表示的正规集为 $L(e_1)$ 和 $L(e_2)$,则
  - $(e_1|e_2)$ 为正规表达式,它所表示的正规集为 $L(e_1)\bigcup L(e_2)$。
  - $(e_1 \cdot e_2)$ 为正规表达式,它所表示的正规集为 $L(e_1)L(e_2)$,连接运算符号一般省略。
  - $(e_1)*$ 为正规表达式,它所表示的正规集为 $(L(e_1))*$。

仅由有限次使用上述三步骤而定义的表达式才是 Σ 上的正规表达式,仅由这些正规表达式所表示的字集才是 Σ 上的正规集。

　　R 中的正规表达式是由字面字符(literal characters)或元字符(metacharacters)组成的字符串。字面字符与自身匹配。例如,字面字符字母"R"与给定的字符串中的字母 R 匹配。R 正规表达式中的元字符有.、\、|、( )、[ ]、-、[^]、{m,n}、*、+、?、^ $,这些运算符如表 3-2 所示。

表 3-2　正规表达式的运算符

运　算　符	含　义	举　例
.	连接运算符(一般省略)	ab 表示字符 b 连接在字符 a 后面
\	转义字符	\. 表示字符"."
|	逻辑"或"运算符	a|b 表示字符 a、字符 b
( )	分组	(ab)+表示至少一个字符串 ab
[ ]	逻辑"或"运算符	[abc]等价于 a|b|c
-	范围运算符	[a-zA-Z]表示所有英文字母
[^]	"补集"运算符	[^abc]表示除了 a、b 或 c 以外的字符

续表

运 算 符	含 义	举 例
{m,n}	重复至少 m 次,至多 n 次	{5,7}表示重复 5 次、6 次或 7 次 {5,}表示重复至少 5 次 {5}表示刚好重复 5 次
*	重复零次或多次	a * 表示 0 个或多个 a
+	重复一次或多次	a+表示至少一个 a
?	重复零次或一次	a?表示 0 个或 1 个 a
^	匹配行首	^a. * 表示以 a 为首的行
$	匹配行尾	. * b$表示以 b 为尾的行

连接运算符高于或运算符的优先级。所以"f|good"匹配"f"或"good"。若要匹配"food"或"good",则使用括号:(f|g)ood。

正闭包运算符+的优先级高于连接运算符。"ab+"表示字符 a 的后面是至少有一个字符 b:

```
> grep("ab+", c("ab","abb","abab"))
[1] 1 2 3
```

括号的优先级高于+。"(ab)+"表示由至少一个字符串 ab 组成:

```
> grep("(ab)+", c("a","ab","abab"))
[1] 2 3
```

而正规表达式"(ab|c)d"只能匹配 abd 或者 cd。

假设有以下四行:

```
12345
123456
12344
1234567
```

要求找出只有 5 个数字的行,则可以使用正规表达式"^\d{5}$",其中尖号表示行首,不匹配任何字符;$表示行尾。如果使用"\d{5}",则以上四行全部匹配。

尖号放在方括号中开头位置表示"非"的含义,也就是"不是后面表达式定义的字符串"。比如正规表达式[^0-9abc]表示除了所有数字以及字母 a、b 或 c 以外的字符序列。

```
> grep("[^0-9abc]", c("a","ad","37","307","a6","xyz"))
[1] 2 6
```

当正规表达式中包含 *、+或者{}时,通常匹配尽可能多的字符,称为贪心匹配。例如 a. * b 匹配最长的以 a 开始,以 b 结束的字符串。给定字符串 aabab,a. * b 匹配整个字符串 aabab 而不是 aab。如果希望匹配尽可能少的字符,则只需在 * 后面加上一个问号"?",例如 a. * ?b 匹配最短的,以 a 开始,以 b 结束的字符串。若给定字符串 aabab,则匹配 aab(前 3 个字符)和 ab(后 2 个字符)。+?、{m,n}?也表示匹配尽可能少的字符。

使用转义字符表示一些不可打印的符号,如制表符\t、回车符\r、换行符\n、换页符\f、垂直制表符\v 等。

为了更加简洁地表示字符串模式,正规表达式中预定义了一些具有相同特征的字符类,这些字符类的标识大多也使用转义符号,例如,\s 匹配任意的空白符,包括空格、制表符、换行符回车符、垂直制表符、换页符等,等价于[|\t|\r|\n|\v|\f];\w 匹配字母、数字、下画线、汉字等;\d 匹配数字,等价于[0-9];\w 匹配字母、数字或下画线,等价于[a-zA-Z0-9_];\s 匹配空白符,等价于[\f\n\r\t\v];\b 匹配单词的开始或结束。

\W 匹配非字母、数字、下画线、汉字的字符;\S 匹配非空白符的字符;\D 匹配非数字的字符;\B 匹配非单词开头或结束的位置;字符类“.”匹配除了换行符以外的任何字符。

在字符串字面量中需要对\s 等字符类中的反斜线再次转义("\\s"),降低了可读性。为了避免这个问题,可使用 POSIX 字符类。例如,字符类[:space:]也表示空白符。POSIX 字符类如表 3-3 所示。

表 3-3　POSIX 字符类

通 配 符	含 义
[:digit:]	数字：0 1 2 3 4 5 6 7 8 9
[:lower:]	小写字母
[:upper:]	大写字母
[:alpha:]	字母,[:lower:]和[:upper:]
[:alnum:]	大小写字母、数字。[[:alnum:]]同[0-9A-Za-z]
[:blank:]	空格、制表符 Tab
[:space:]	空白符,包括空格、制表符、换页符、换行符、回车符等
[:punct:]	标点符号：! " # $ % & ' ( ) * + ,-. / : ; < = > ? @ [\ ] ^ _ ` {
[:graph:]	大小写字母、数字、标点符号
[:print:]	大小写字母、数字、标点符号、空格
[:xdigit:]	十六进制字符：1 2 3 4 5 6 7 8 9 A B C D E F a b c d e f
[\u4e00-\u9fa5]	汉字字符

例如,判断字符串 abc123 中是否包含数字:

```
> grepl("[[:digit:]]", "abc123")
[1] TRUE
```

以及是否包含小写字母:

```
> grepl("[[:lower:]]", "abc123")
[1] TRUE
```

常用正规表达式如表 3-4 所示。

表 3-4　常用正规表达式

正规表达式	含 义
\S+	非空白符的字符串
^\d+$	只有数字的字符串
\d+	含至少一个数字的字符串

正规表达式	含　义
^0\d{2}-\d{8} | 0\d{3}-\d{7}$	两种形式的电话号码：一种是 2 位区号 8 位本地号；一种是 3 位区号 7 位本地号
^\d({1,3}\.){3}\d{1,3} $	点分十进制标识的 IP 地址。其中(\d{1,3}\.){3}匹配 1 到 3 位的数字加上一个英文句号，对括号中的内容（分组）重复 3 次；最后再加上一个 1 到 3 位的数字(\d{1,3})
^([01]\d|2[0-3]):[0-5]\d:[0-5]\d$	24 小时的时间(HH:mm:ss)
" +$"	匹配行尾含有若干空格的字符串
^\+?[1-9]\d * $	正整数
^(?:0|(?:-?[1-9]\d *))$	整数
^(-?[1-9]\d * \.\d+|-?0\.\d * [1-9])$	实数

可使用?regex 查看更多关于正规表达式的帮助文档。

第4章

函　　数

函数是 R 脚本的基本单元,若干相关的函数一般定义在一个包中。

4.1　函数声明和调用

函数是完成特定功能的一段命名的语句序列。函数需要先声明再调用,保留字 function 用来声明函数:

```
function(<参数清单>) <函数体>
```

<参数清单> 是以逗号分隔的若干形式参数(parameter)。一个形式参数可以仅仅是一个标识符,或者是表示任意一个参数的"...",也可以是<标识符>＝<表达式>的形式,其中<表达式>是形式参数的默认值。<函数体>是一对花括号{ }括起来的表达式序列。函数的形式参数定义了函数被调用时需要提供哪些值。

通过把函数绑定到一个标识符实现函数命名;没有与名字绑定的函数称为匿名函数。

函数调用 return(<表达式>)可实现从函数体的任意位置返回到调用者,圆括号中的<表达式>就是函数的返回值;如果没有 return(<表达式>),则使用函数体的最后一个表达式作为函数的返回值。当需要返回多个值时,一般用这些值构造一个列表返回。R 的统计建模函数的返回值大多数都是列表。

【例 4-1】　定义函数计算圆的面积,并将函数绑定到名字 area。函数以半径作为形式参数,返回面积。

```
area<- function(radius) {
    area <- 3.1415926 * radius ^ 2
    return (area)
}
```

【例 4-2】　定义函数计算圆的面积。函数以半径作为形式参数且半径默认值为 0。

```
area <- function(radius = 0) {
    area <- 3.1415926 * radius ^ 2
    return (area)
}
```

这样在调用函数时如果没有指定参数:

```
>area()
[1] 0
```

如果指定参数为 2:

```
> area(2)
[1] 12.56637
```

参数"…"表示任意数量的参数,称为"可变参数",存放在列表中。字符串串联函数 paste()的第一个形式参数就是"…",所以串联 2 个字符串的函数调用是 paste("a","b"),串联 3 个字符串的函数调用是 paste("a","b","c")。

【例 4-3】 定义对若干个数求和的函数。

```
my_sum <- function(...) {
    sum(...)
}
```

用一个参数调用函数:

```
my_sum(1)
[1] 1
```

用多个参数调用函数:

```
my_sum(1, 2, 3, 4, 5)
[1] 15
```

函数调用是让函数在指定参数上计值的过程。函数调用的一般语法是

```
<函数引用> (<参数 1>, <参数 2>, ... <参数 n> )
```

一般使用函数引用调用函数,与函数绑定的名字就是函数引用。圆括号中是以逗号分隔的实际参数(argument)。函数引用也可以计值成为一个函数对象的表达式。任何实际参数都可以使用等号绑定到形式参数(<形式参数>=<表达式>),也可以仅仅是一个简单的表达式,或者 NULL。例如,函数调用 nchar("abc",type="chars")把实际参数"abc"与第一个形式参数绑定,把实际参数"chars"与指定的形式参数 type 绑定。在函数调用 c(11,12,NULL,14)中,第三个参数为 NULL,表示"没有"。

使用实际参数 5 调用匿名函数 function(x) x+2 的表达式:

```
>(function(x) x+2)(5)
```

函数调用时发生的第一件事就是将形式参数与实际参数结合;函数调用时发生的第二件事是控制转移。形式参数与实际参数结合有三种情形。

(1) 精确结合。对于任何通过<形式参数>=<实际参数>形式指定两者对应的实际参数,则精确结合形式参数。形式参数和实际参数是一一对应的关系。

(2) 剩余结合。精确结合后剩余的实际参数将与剩余的形式参数进行结合。"…"参数结合所有剩余参数。

(3) 位置结合。任何没有结合的形式参数依次与没有指定对应形式参数的实际参数结合。

参数默认是值传递(call-by-value)。改变函数形式参数的值不会影响实际参数的值。

例如,定义形式参数为向量 v 的函数:

```
f<- function(v){v[1]<-9}
```

使用向量 w 调用函数:

```
w <- 1:9
f(w)
```

查看实际参数：

```
w
[1] 1 2 3 4 5 6 7 8 9
```

可以看到,实际参数所绑定的对象并未改变。

控制转移就是控制从调用处转移到函数体中执行,遇到 return 语句或者函数体结束,才返回到调用处继续执行。

一般地,如果在函数体中不修改实际参数绑定的对象,则并不制作实际参数的副本,而是直接使用实际参数绑定的对象。例如,假设有函数 g：

```
g <- function(x){
    cat(x, "\n")
}
```

那么函数调用：

```
a <- 1:3
g(a)
```

结果是 1 2 3；

```
a
```

结果也是 1 2 3。

函数 g 以 x 为形式参数,如果不修改实际参数 a,那么就不生成 a 的副本,a 和 x 绑定到同一对象。如果在函数体中修改实际参数,则复制实际参数。例如：

```
g <- function(x){
    x[1] <- 9
    cat(x, "\n")
}
```

那么函数调用：

```
a <- 1:3
g(a)
```

结果是：

```
9 2 3
```

所以,如果实际参数的存储量很大而且被修改后返回,则调用这个函数时就会造成运行速度缓慢。

如果实际参数 x 是一个有 5 个元素的列表,那么形式参数 y 和实际参数 x 结合时使得二者指向同一个列表对象。但是,列表对象的每个元素都是"名-值"绑定。如果修改 y 的某个元素,例如 y[[3]]<-8,那么首先复制列表 y,保持每个元素的绑定不变;然后把 y[[3]]重新绑定,指向 8;但 y 的其他元素指向的对象仍与 x 共用,列表的这种复制方法称为"浅复制"。在 R 的 3.1.0 版本之前使用的深复制方法,即复制列表时把各个元素保存的值也制作副本。

如果实际参数 x 是一个数据框,数据框的每一列都绑定到一个对象上,则当修改形式参数 y 的某一列时才会对 y 进行浅复制,然后仅复制该列并重新绑定,其他未修改的列仍与 x 共用值对象。如果修改数据框的一行,则复制整个数据框的所有列。

help()函数调用用来查看函数的帮助文档。例如,查看函数 grep 的详细说明:

```
help(grep)
```

或者:

```
?grep
```

4.2　环　　境

名字与值的绑定的集合称为环境。环境中每个名字都引用存储在内存中的一个对象。启动 R 后就进入了一个新的环境,用户定义的任何变量都在这个环境中。每次函数调用都会创建一个新的子环境,形成环境的嵌套。

4.2.1　环境的嵌套

前面介绍的函数 ls()其实是用来显示当前环境中与对象绑定的名字。函数 environment()用于查询当前环境。下面的脚本:

```
a <- 2
b <- 3
add <- function(x, y) return(x + y)
ls()
environment()
add(a, b)
```

输出为

```
[1] "a"   "add" "b"
<environment: R_GlobalEnv>
[1] 5
```

函数调用 ls()以字母升序列出了当前环境中的所有名字;而当前环境的名字是 R_GlobalEnv,即全局环境。函数声明中的参数 x 和 y 并没有出现在 ls()的输出中,说明 x 和 y 不属于当前环境。x 和 y 是函数 add 中的局部变量,函数 add 就是这两个局部变量的环境。由于函数 add 在全局环境中,因此 x 和 y 所属的环境就是全局环境中的子环境。子环境负责记忆自己的父环境(parent environment 或 enclosing environment),形成环境的嵌套。下面的脚本在当前环境中定义了函数 add,在函数 add 中又定义了函数 echo,形成嵌套:

```
a <- 2
b <- 3
add <- function(x, y) {
  echo <- function(t) {
    print(environment())
    print(ls())
```

```
    return(t)
  }

  print(environment())
  print(ls())
  echo(x)
  return(x + y)
}
add(a, b)
print(environment())
print(ls())
```

函数调用 add(a,b)的输出为

```
<environment: 0x000001fea01b9028>
[1] "echo" "x"    "y"
<environment: 0x000001fea01a84f0>
[1] "t"
[1] 5
```

脚本末尾两行的输出为

```
<environment: R_GlobalEnv>
[1] "a"   "add" "b"
```

从输出可以看到,函数调用 add()和函数调用 echo()分别创建了新的环境,因为二者函数体中函数调用 environment()的返回值不同;函数 add 属于全局环境。

再次运行 add(a,b),结果为

```
<environment: 0x000001fe9aaed5b0>
[1] "echo" "x"    "y"
<environment: 0x000001fea0918968>
[1] "t"
[1] 5
```

与第一次运行的输出比较,函数调用 environment()的返回值不同,说明每次函数调用都会创建新的环境。

在子环境中可以访问父环境中的名字,以及父环境的父环境中的名字;但是在父环境中不能访问子环境中的名字,如下面的脚本所示。

```
a <- 2
b <- 3
add <- function(x, y) {
  echo <- function(t) return(t)
  print(a)

  print(environment())
  print(ls())
  return(x + y)
}
add(a, b)
echo(a)
print(environment())
print(ls())
```

函数调用 add(a,b)的输出为

```
[1] 2                                       #print(a)的输出
<environment: 0x000001fea00a9ea0>          #print(environment())的输出
[1] "echo" "x"      "y"                     #print(ls())的输出
[1] 5                                       #add(a, b)的返回值
```

而函数调用 echo(a)失败：

```
Error in echo(a) : could not find function "echo"
```

脚本末尾 print(environment())的输出为

```
<environment: R_GlobalEnv>
```

脚本末尾 print(ls())的输出为

```
[1] "a"    "add" "b"
```

4.2.2　访问环境

每个环境都有父环境的引用,如果一个名字在一个环境中没有找到,R 就会到它的父环境中去找,直到找到或父环境为空(empty)环境。空环境是唯一没有父环境的环境,通过 emptyenv()查询。

R 默认的工作环境是全局环境,全局环境的父环境就是 library()或 require()添加的最后一个包。函数调用 globalenv()查询全局环境：

```
> globalenv()
<environment: R_GlobalEnv>
```

R 基础软件包的环境称为基础环境,其父环境为空,函数调用 baseenv()查询基础环境：

```
> baseenv()
<environment: base>
```

函数调用 search() 查询从全局环境.GlobalEnv 开始到基础环境 package:base 结束的路径,反映了包装入的先后次序：

```
>search()
 [1] ".GlobalEnv"         "package:R6"         "package:pryr"
 [4] "package:stats"      "package:graphics"   "package:grDevices"
 [7] "package:utils"      "package:datasets"   "package:methods"
[10] "Autoloads"          "package:base"
```

其中.GlobalEnv 的父环境是 package:R6,使用 parent.env()查看父环境：

```
> parent.env(environment())
<environment: package:R6>
```

package:R6 的父环境是 package:pryr,以此类推,形成路径。

函数调用 new.env()创建环境,使用 $ 运算符和名字访问环境中的对象：

```
>e <- new.env()
>e$c <- 4
>e$c
[1] 4
```

或者使用[]运算符和名字访问环境中的对象：

```
>e[["c"]]
[1] 4
```

或者使用 get()和名字访问指定环境中的对象：

```
>get("c", envir=e)
[1] 4
```

函数调用 rm()从环境中删除对象：

```
rm("c", envir=e)
```

函数 ls()列出环境中所有绑定：

```
>e <- new.env()
>ls(e)
character(0)
>parent.env(e)
<environment: R_GlobalEnv>
```

ls()默认只能列出非"."开始的名字：

```
> e$b <- 3
> e$.a <- 2
> ls(e)
[1] "b"
```

设置参数 all.names＝TRUE 来显示一个环境中的所有绑定：

```
> ls(e, all.names = TRUE)
[1] ".a" "b"
```

函数调用 ls.str()列出环境中的所有对象及其结构：

```
>ls.str(e)
b :   num 3
```

函数 exists()在指定环境中查找绑定是否存在，默认从指定环境的父环境中查找。如果不希望在父环境中查找，则使用参数 inherits。例如：

```
> parent.env(e)
<environment: R_GlobalEnv>
> ls()
[1] "a"   "add" "b"   "e"
> exists("a", envir=e)
[1] TRUE
> exists("a", envir=e, inherits=FALSE)
[1] FALSE
```

运算符"<-"总是在当前环境中创建一个变量；而运算符"<<-"用来访问父环境中已有的变量。name <<-value 等价于 assign("name",value,inherits＝TRUE)。例如，从函数 f 中访问父环境中的变量 x：

```
>x <- 0
>f <- function(){ x <<- 1}
>f()
>x
[1] 1
```

4.2.3　与函数相关的环境

大多数环境并不是通过 new.env()创建,而是由函数调用产生。和函数相关的环境有闭包、绑定环境、执行环境和调用环境四种。

(1) 声明函数的环境称为其闭包(closure)环境,每个函数有且仅有一个闭包环境,该闭包环境反映了静态的函数层次关系。函数 environment()返回函数的闭包环境。

(2) 使用绑定运算符<-把一个函数和一个名字进行绑定,就定义了绑定环境。如果闭包环境包含绑定,则闭包环境和绑定环境相同。

(3) 调用函数时创建一个临时的运行环境,用来存储运行期间创建的各种变量。每个执行环境都有两个父环境:调用环境和闭包环境。每个运行环境都与一个调用环境关联,说明函数在哪儿调用。调用环境反映了动态的调用关系。函数 parent.frame()查询调用环境。

例如,在命令行定义函数 add,其闭包环境就是全局环境:

```
>add <- function(x, y) return(x + y)
> ls()
[1] "a"   "add" "b"   "e"
> environment(add)
<environment: R_GlobalEnv>
```

每次调用函数时都会为其创建一个新的执行环境。函数执行结束,执行环境随之消失。假设在命令行执行定义函数 echo 的脚本:

```
echo <- function(s) {
  a <- 3
  print(ls(environment()))
  print(parent.frame())
  return(s + a)
}
```

在命令行执行函数调用:

```
>y <- echo(2); y
[1] "a" "s"
<environment: R_GlobalEnv>
[1] 5
```

可以看到函数调用 echo(2)的闭包环境和运行环境都是全局环境。

调用函数 y <-echo(2)时的执行环境如图 4-1 所示,其中尾端是开箭头的连线表示绑定。此时名字 echo 和函数对象绑定;名字 s 和 2 绑定。尾端是菱形的箭头连线表示对象的闭包环境引用。a 被赋值为 3 时的执行环境如图 4-2 所示。函数执行完毕后,返回结果 5,此时执行环境如图 4-3 所示。

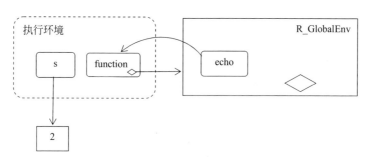

图 4-1 调用函数时的执行环境

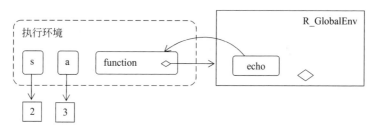

图 4-2 进入函数体时的执行环境

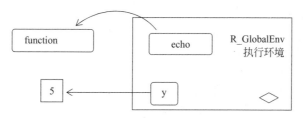

图 4-3 函数返回后的执行环境

下面的脚本定义了函数 f,并在函数体中定义了函数 g,然后在函数 g 中定义了函数 h。函数 h 中有表达式"x＋3"。当对该表达式计值时,需要查找名字 x,由于该函数的闭包环境中没有 x,则到上一层环境("h","x")查找名字 x,找到后将与其绑定的值 2 取来,所以结果为 5。

```
f <- function(){
  g <- function(){
    x <- 2
    h <- function(){
      print(ls(environment()))
      print(x + 3)
    }
    h()
    print(ls(environment()))
  }
  x <- 4
  g()
}
> f()
character(0)
[1] 5
[1] "h" "x"
```

在函数体内访问某个名字时,如果此名字没有在函数体内绑定,则到函数定义的上一层查找,上一层找不到,就继续向上层查找。即从函数的闭包环境及其父环境中查找名字,称为词法作用域(lexical scoping)规则。R采用词法作用域规则,即由定义决定名字的作用域。

再例如,函数sd()中调用了函数var(),即使有自定义的var()函数,sd()仍然调用原来的函数var():

```
> x <- 1:5
> sd(x)
[1] 1.581139

> var <- function(x) sum(x)
> var(x)
[1] 15
> sd(x)
[1] 1.581139
>
```

当在命令行调用函数var()时,R首先会在闭包环境(全局环境)中进行查找,所以会执行自定义的函数var()而不是内置的函数var();当输入sd()时,R先在闭包环境(全局环境)中查找,结果找不到;再到父环境package:stats中查找;找到后执行函数sd()。

函数运行时在找到某个名字绑定的值后,会使用当前的绑定值。这种规则称为动态查找(dynamic lookup)。例如,下面的脚本:

```
f <- function(){
  x <- 2
  g <- function(){
    x + 3
  }
  x <- 4
  g()
}
f()
```

输出为7而不是5,这是因为当前名字x的绑定值已经由2改为4。

4.3 控 制 结 构

在R函数体中使用控制结构控制表达式的执行流程。这些控制结构包括顺序结构、分支结构和循环结构。

默认情况下,R按照自上而下的书写顺序逐个执行语句。语句是分号或者换行符分开的表达式。分号总是标识语句的结束;而换行符则不一定。在交互方式中,不完整的语句则被以"+"提示继续输入。

```
> x<-2;x+3
[1] 5
> x<-2;x+3;
[1] 5
> x<-2;x+
+ 3
[1] 5
```

使用"{"和"}"括起来的语句称为"块"(block)。在交互方式下,只有当块以换行结束时才进行计值:

```
>{ x <- 0
+ x + 5        #前导的"+"提示块未结束
+ }
[1] 5
```

单个的语句和"块"语句均称为语句。

当需要根据条件有选择地执行某段语句时,则使用分支结构(if、else)。

当需要重复执行某段语句时,则使用循环结构(for、while、repeat)。其中:

- for 循环按照固定的次数执行某段语句。
- while 循环也称为"当型循环",先测试循环条件,然后执行循环体。
- repeat 循环是个无限循环(infinite loop),必须在循环体中设置终止条件,并使用控制流转移语句强制控制流结束 repeat 循环。

用于实现控制流转移的语句有 break、next、return 和 stop。

- break 立即终止循环体的执行,转去执行该循环语句的后续语句。
- next 停止当前的循环体的执行,跳过当前循环体中的后续语句,转去执行下次循环(skip an interation of a loop)。
- return 用于结束函数的执行,返回到函数调用处。
- stop 函数会直接终止当前执行语句,并返回一个错误信息。该函数通常接在 if 语句后面。

例如,在计算算术平方根的函数中,若输入参数不是数值或数值小于 0,则程序终止:

```
square.root <- function(x) {
  if (!is.numeric(x) | x < 0) stop("x 应为数值且为非负数")
  return(sqrt(x))
}
```

if 语句的语法:

```
if(<条件>) {
    <语句序列 1>
} else {
    <语句序列 2>
}
```

其中,<条件>的计值结果为逻辑向量或者数值向量。如果<条件>是一逻辑向量而且首个元素为 TRUE,则整个 if 语句的值就是<语句序列 1>的值;否则首个元素为 FALSE,则整个 if 语句的值就是<语句序列 2>的值。如果<条件>是一数值向量而且首个元素为非零值,则整个 if 语句的值就是<语句序列 1>的值;否则首个元素为 0,则整个 if 语句的值就是<语句序列 2>的值。

<语句序列 2>是可选的,即 if 语句可简化为

```
if(<条件>) {
    <语句序列>
}
```

例如,脚本:

```
x <- 5
if (x > 3) {
    y <- 10
} else {
    y <- 0
}
y
```

执行结果为 10。

if 语句中的<条件>只能计值为单个逻辑值；若不是逻辑值则报错；若为多个逻辑值构成的向量(逻辑向量),则只使用第一个元素。

向量化的 if 条件语句是 ifelse 函数,它支持<条件>为逻辑向量:

```
> x <- 5; y <- ifelse(x>3, 10, 0); y
[1] 10

> x <- c(2,5); y <- ifelse(x>3, 10, 0); y
[1]  0  10
```

for 语句的语法为

```
for (<元素> in <向量>) {
    <语句序列>
}
```

其中,圆括号中的表达式称为循环条件,花括号及其中的<语句序列>称为循环体。for 语句的含义是在<向量>(或列表)中的每个<元素>上执行一遍<语句序列>。例如,脚本:

```
for(i in 1:5) {
    print(i)
}
```

执行结果为

```
[1] 1
[1] 2
[1] 3
[1] 4
[1] 5
```

又例如,下面的脚本:

```
x <- c("a", "b", "c", "d")
for(letter in x) {
    print(letter)
}
```

输出为

```
[1] "a"
[1] "b"
[1] "c"
[1] "d"
```

while 语句的语法为

```
while (<条件>) {
    <语句序列>
}
```

执行该语句时首先对<条件>进行计值,如果为 TRUE,则执行 <语句序列>;当<语句序列>执行完毕时,再次回来重新对<条件>进行计值,继续判断和执行语句,直到<条件>为 FALSE,终止当前语句的执行,转去执行后续语句。

例如,下面的脚本:

```
count <- 0
while(count < 5) {
    print(count)
    count <- count + 1
}
```

输出结果为

```
[1] 0
[1] 1
[1] 2
[1] 3
[1] 4
```

repeat 语句的语法为

```
repeat {<语句序列>}
```

repeat 默认启动一个无限循环。通常在<语句序列>中使用 break 语句显式地终止循环。

例如,下面的脚本:

```
count <- 0
repeat {
    print(count)
    count <- count + 1
    if(count > 5) break
}
```

执行结果为

```
[1] 0
[1] 1
[1] 2
[1] 3
[1] 4
[1] 5
```

next 语句与 break 语句不同,它仅仅结束本次循环的执行,忽略其在循环体中后面的语句,转去执行下次循环。例如,下面的脚本:

```
count <- 0
while(count < 5) {
    count <- count + 1
    if (count == 3) next
    print(count)
}
```

输出结果为

```
[1] 1
[1] 2
[1] 4
[1] 5
```

大多数情况下,可以使用 apply()系列的函数代替循环。

第 5 章

向　量

　　向量是相同类型元素的序列。除了第一个元素之外，每个元素都有唯一前驱；除了最后一个元素外，每个元素都有唯一后继。因为元素之间有前驱后继关系，所以每个元素都具有唯一索引。在线性代数中，含 N 个元素的向量称为 N 维向量。在几何中，从原点穿过 N 维中给定点的定向射线称为 N 维向量。向量的长度为其含有的元素个数，可使用 R 函数 length 查询。标量是长度为 1 的向量。向量中元素的数据类型可使用 R 函数 typeof 查询。向量如果由数值类型的元素组成，则称为数值向量；如果由字符类型的元素组成，则称为字符向量，字符类型的元素就是一个字符串；由逻辑值 TRUE 或者 FALSE 组成的向量称为逻辑向量。

5.1　创 建 向 量

　　创建向量的方法有枚举法、描述法和数列法等。

5.1.1　枚举法

　　枚举法是把向量中的元素作为函数 c 的参数逐一列出来创建向量。函数调用 c( ) 的含义是"把参数组合(combine)成向量"。下面是使用枚举法创建向量的例子。

　　创建由两个实数 0.5、0.6 构成的向量：

```
>c(0.5, 0.6)
[1] 0.5 0.6
```

　　创建由逻辑值"真、假、真"组成的向量：

```
>c(TRUE, FALSE,TRUE)
[1]  TRUE FALSE  TRUE
```

　　创建由字符 a、b、c 组成的向量：

```
>c("a", "b", "c")
[1] "a""b""c"
```

　　如果以 NULL 为枚举元素创建向量，则 NULL 并不是向量的元素；而 NA、NaN、Inf 都可以作为向量的元素。例如：

```
>x <- c(2, NULL, 3); x
[1]  2  3
>x<- c(2,NA,3); x
[1]  2  NA  3
```

```
>x<- c(2,NaN,3); x
[1]  2    NaN   3
>x<- c(2,Inf,3); x
[1]  2    Inf   3
```

也就是说,c(2,NULL,3)等同于 c(2,3)。向量 c(2,NULL,3)的长度为 2:

```
> length(c(2, NULL, 3))
[1] 2
```

5.1.2   描述法

描述法是通过元素类型和长度两个参数来创建向量。该方法适合创建长向量。为向量预先分配空间然后修改向量中的元素要比动态增、删、改向量中的元素效率高些。

创建元素为逻辑类型、长度为 5 的向量:

```
> vector("logical", 5)
[1] FALSE FALSE FALSE FALSE FALSE
```

创建元素为整数类型、长度为 5 的向量:

```
> vector("integer", 5)
[1] 0 0 0 0 0
```

创建元素为实数类型、长度为 5 的向量:

```
> vector("double", 5)
[1] 0 0 0 0 0
```

创建元素为字符类型、长度为 5 的向量:

```
> vector("character", 5)
[1] "" "" "" "" ""
```

使用函数调用 logical()、numeric()、character()也能创建特定类型的向量。例如:

```
> logical(5)
[1] FALSE FALSE FALSE FALSE FALSE
> numeric(5)
[1] 0 0 0 0 0
> character(5)
[1] "" "" "" "" ""
> aNumber <- 12
> length(aNumber)
[1] 1
```

没有元素的向量称为空向量。空向量虽然长度为 0,但具有类型:

```
> vector()
logical(0)
> integer()
integer(0)
> character()
character(0)
```

函数调用 typeof() 查询向量中元素的类型。表 5-1 描述了 typeof() 可能的返回值以及它们的含义。typeof() 的返回值可能是 logical、integer、double、complex、character 或 raw 等。

表 5-1　typeof() 可能的返回值以及它们的含义

返 回 值	含 义	返 回 值	含 义
NULL	无	symbol	符号
logical	逻辑	closure	闭包(函数)
integer	整数	externalptr	外部指针
double	实数	weakref	弱引用
complex	复数	pairlist	成对列表
character	字符	environment	环境
list	列表	promise	承诺
raw	含字节值的向量	language	语言
...	任意数量的参数	special	不可针对参数求值的内置函数
any	任何类型	builtin	可针对参数求值的内置函数
expression	表达式		

5.1.3　数列法

数列法是通过设置首项、末项和公差等参数,函数调用 seq() 生成具有数列特征的向量。下面是使用数列法创建向量的例子。

把首项为 1、末项为 10,公差为 2 的数列创建为向量:

```
> seq(1,10,by = 2)
[1] 1 3 5 7 9
```

把首项为 1、末项为 11,长度为 3 的数列创建为向量:

```
> seq(1, 11, length = 3)
[1]  1  6 11
```

这种情况下,R 首先计算公差为 5,然后得出数列。首项和末项的参数名分别是 from 和 to,默认公差为 1:

```
>seq(from = 1, to = 10, by = 2)
```

如果把公差为 0 的等差数列创建为向量,则使用 rep() 函数调用,读作 repeat。例如,把 23 重复 5 次:

```
>rep(2:3, times = 5)
[1] 2 3 2 3 2 3 2 3 2 3
```

把 23 各自重复 5 次:

```
> rep(2:3, each = 5)
[1] 2 2 2 2 2 3 3 3 3 3
```

把整数序列 2 3 3 4 4 4 5 5 5 5 创建为向量。经观察,发现该序列把 2 重复 1 次、把 3 重复 2 次、把 4 重复 3 次、把 5 重复 4 次,所以使用参数 c(2,3,4,5)和 c(1,2,3,4)来调用 rep():

```
> rep(c(2,3,4,5), c(1,2,3,4))
[1] 2 3 3 4 4 4 5 5 5 5
```

R 中内置了两个向量,即 LETTERS 和 letters,分别是 26 个大写字母和小写字母:

```
> LETTERS
 [1] "A" "B" "C" "D" "E" "F" "G" "H" "I" "J" "K" "L" "M" "N" "O" "P" "Q" "R"
[19] "S" "T" "U" "V" "W" "X" "Y" "Z"
```

冒号运算符生成以操作数作为首项和末项,公差为 1 的等差数列:

```
> c <- 1:10
> c
 [1]  1  2  3  4  5  6  7  8  9 10
```

1:10 的结果与 seq(1,10)相同。

5.1.4 向量元素的命名

创建向量时可通过在实际参数前的"="命名向量中的元素。例如:

```
> c(FIRST=11, SECOND= 12, THIRD = 13)
 FIRST SECOND   THIRD
    11      12      13
```

创建向量后则通过 names()为向量中各个元素命名,例如:

```
> x <- c(11, 12, 13) ; x
[1] 11 12 13
> names(x)
NULL
> names(x) <- c("FIRST","SECOND","THIRD")
> x
 FIRST SECOND  THIRD
    11      12      13
```

如果向量元素的名字中含有空格、小数点,或者以数字打头,则要使用双引号引起来。例如:

```
>c(FIRST = 2, "D.D" = 3)
FIRST   D.D
    2      3
```

5.1.5 类型判断与类型转换

判断向量类型的函数和类型转换函数如表 5-2 所示。

表 5-2 判断函数和转换函数

判 断 函 数	转 换 函 数	判 断 函 数	转 换 函 数
is.numeric( )	as.numeric( )	is.data.frame( )	as.data.frame( )
is.character( )	as.character( )	is.factor( )	as.factor( )
is.vector( )	as.vector( )	is.logical( )	as.logical( )
is.matrix( )	as.matrix( )		

例如：

```
> a <- c(1,2,3);a
[1] 1 2 3
> is.numeric(a)
[1] TRUE
> is.vector(a)
[1] TRUE
```

将 a 转换为字符类型：

```
> a <- as.character(a);a
[1] "1""2""3"
> is.numeric(a)
[1] FALSE
> is.vector(a)
[1] TRUE
> is.character(a)
[1] TRUE
```

将逻辑类型数据转换为 0 与 1：

```
> b <- c(TRUE,FALSE) ;b
[1] TRUE FALSE
> b <- as.numeric(b); b
[1] 1 0
```

5.2 访 问 向 量

访问就是读或写，写操作包括增加、修改和删除。可通过元素的索引（index）或者名字以及成员访问运算符[]访问向量中的元素。索引号是一个正整数，表示访问向量中该索引位置上的元素；在索引号前面使用减号-表示访问除了该索引位置以外的元素。R 中向量元素的索引从 1 开始，这与通常的统计或数学软件一致；而 C 语言等计算机高级语言的数组索引则从 0 开始。例如，假设有向量 alpha：

```
>alpha<- c(42,7,64,9)
```

查询向量 alpha 中的第 2 个元素：

```
>alpha[2]
7
```

查询向量 alpha 中的第 1 和第 4 个元素：

```
>alpha[c(1,4)]
[1] 42 9
```

查询向量 alpha 中的第 2~4 个元素：

```
>alpha[2:4]
[1] 7 64 9
```

或者：

```
>alpha[c(2,3,4)]
[1] 7 64 9
```

查询向量 alpha 中除了第 2 个元素之外的其他元素：

```
>alpha[-2]
[1] 42 64 9
```

如果定义了元素的名字，可以通过名字访问向量而不使用索引：

```
>alpha <- c(FIRST = 2, "D.D" = 3)
FIRST   D.D
   2     3
>alpha["FIRST"]
FIRST
   2
```

向量上的关系运算的结果是一个逻辑向量。例如，判断向量中每个元素是否大于 10：

```
>alpha > 10
[1] TRUE  FALSE  TRUE  FALSE
```

而通过逻辑向量能够查询向量中对应逻辑为真的元素：

```
>alpha[c(TRUE, FALSE, TRUE, FALSE)]
[1] 42 64
```

这两个步骤可以合为一步，直接在[]中使用关系表达式：

```
>alpha[alpha>10]
[1] 42 64
```

通过组合已有向量和新元素可实现向量元素的添加。例如，把 55 添加到向量 alpha 中：

```
>alpha <- c(1,2,3)
>alpha <- c(alpha,55)
>alpha
[1] 1 2 3 55
```

组合两个向量 alpha 和 beta：

```
>alpha <- c(1, 2, 3)
>beta <- c(4, 5, 6)
>c(alpha,beta)
[1] 1 2 3 4 5 6
```

函数 append 用来在指定位置添加新的元素。例如,在向量 alpha 中的第 3 个元素后面
插入 10:

```
>alpha <- c(1,2,3,4,5,6)
> append(alpha,10,after=3)
[1]  1  2  3  10  4  5  6
```

通过重新绑定可实现对向量元素的修改。例如,把向量 alpha 中索引位置 2 上的元素
改为 9:

```
>alpha <- c(3,4,2); alpha
[1] 3 4 2
>alpha [2] <- 9
>alpha
[1] 3 9 2
```

把向量 alpha 中索引位置 7 上的元素绑定为 9:

```
>alpha  <- c(3,4,2); alpha
[1] 3 4 2
>alpha [7] <- 9; alpha
[1] 5 4 2 NA NA NA 9
```

修改前的向量长度为 3,而要求修改索引位置 7,那么索引位置 4、5、6 为 NA。

函数 replace 也可以修改指定索引位置上的元素。例如,把向量 alpha 中索引位置 7 和
8 上的元素都改为 0:

```
>alpha
[1]  1  7  3  4  5  6  NA  NA  7
> replace(alpha, list = c(7,8), 0)
[1]  1  7  3  4  5  6  0  0  7
>alpha
[1]  1  7  3  4  5  6  NA  NA  7
```

如果想删除某元素,那么使用负的索引查询该索引以外的元素,然后与一个新的名字绑
定即可。例如,从向量 alpha 中删除元素 3:

```
>alpha <- c(3,4,2); alpha
[1] 3 4 2
>beta <- alpha[-1]; beta
[1] 4 2
```

以向量为函数的参数,一般会对每个元素都应用函数。例如,计算向量的绝对值:

```
>abs(c(1, -4, 6,-25))
[1] 1 4 6 25
```

5.3 算 术 运 算

向量的算术运算符有加、减、乘、除、幂、取余数和取商等,如表 5-3 所示。

表 5-3　向量的算术运算符

运　算　符	描　　述	运　算　符	描　　述
+	加	^	幂
—	减	%%	整除,取余数
*	乘	%/%	整除,取商
/	除		

例如,两个向量 alpha 和 beta 相加:

```
>alpha<- c(2,3,2,3,2,3)
>beta <- c(2,3)
>gamma<- alpha + beta
>gamma
[1] 4 6 4 6 4 6
```

两个向量相减:

```
>gamma - beta
[1] 2 3 2 3 2 3
```

两个向量相乘:

```
>gamma <- alpha * beta; gamma
[1] 4 9 4 9 4 9
```

两个向量相除:

```
>gamma / beta
[1] 2 3 2 3 2 3
```

两个向量相除,取余数:

```
> c(3, 4, 5, 6, 7, 8) %% c(2, 3)
[1] 1 1 1 0 1 2
```

两个向量相除,取商:

```
> c(3, 4, 5, 6, 7, 8) %/% c(2, 3)
[1] 1 1 2 2 3 2
```

对向量取负:

```
> -alpha
[1] -2 -3 -2 -3 -2 -3
```

如果两个向量长度不同,那么将重复使用较短向量与较长向量进行运算,这称为向量运算中的循环法则。例如:

```
> alpha <- c(2, 3, 2, 3, 2, 3)
> beta <- c(2, 3)
>alpha+beta
[1] 4 6 4 6 4 6
```

在这个例子中,向量 alpha 的长度是 6,向量 beta 的长度是 2,那么根据循环法则,首先重复向量 beta 直到与 alpha 的长度一致,成为(2,3,2,3,2,3),然后再相加。

如果较短向量的长度不能整除较长向量的长度,则截断短向量,使得运算结果向量与较长向量的长度一致。例如:

```
>alpha <- c(2, 3, 2, 3, 2) ; beta <- c(2, 3)
> alpha + beta
[1] 4 6 4 6 4
```

在这个例子中,向量 alpha 的长度是 5,向量 beta 的长度是 2,向量 alpha 不是向量 beta 的整数倍,那么在循环向量 beta 两次后截断向量 beta,成为(2,3,2,3,2),然后再相加。

向量的内积(·),也称为数量积,或点乘,就是把两个向量对应元素相乘之后再相加,结果是一个标量。内积的 R 运算符是 *。

使用内积可计算两个向量的夹角余弦。一般地,设有 n 维向量:

$$\boldsymbol{\alpha} = \begin{pmatrix} a_1 \\ a_2 \\ \vdots \\ a_n \end{pmatrix}, \quad \boldsymbol{\beta} = \begin{pmatrix} b_1 \\ b_2 \\ \vdots \\ b_n \end{pmatrix}$$

向量 $\boldsymbol{\alpha}$ 和向量 $\boldsymbol{\beta}$ 的内积 $\boldsymbol{\alpha} \cdot \boldsymbol{\beta} = a_1 b_1 + a_2 b_2 + \cdots + a_n b_n$,有

$$\boldsymbol{\alpha} \cdot \boldsymbol{\beta} = |\boldsymbol{\alpha}| |\boldsymbol{\beta}| \cos\theta$$

其中,| | 表示向量的长度,θ 是两个向量的夹角。

设 $\boldsymbol{\alpha} = c(a_1, a_2)$,$\boldsymbol{\beta} = c(b_1, b_2)$,下面给出证明。

令 $\boldsymbol{\gamma} = \boldsymbol{\alpha} - \boldsymbol{\beta}$。根据三角形余弦定理:

$$\boldsymbol{\gamma}^2 = \boldsymbol{\alpha}^2 + \boldsymbol{\beta}^2 - 2|\boldsymbol{\alpha}| |\boldsymbol{\beta}| \cos\theta$$

代入 $\boldsymbol{\gamma} = \boldsymbol{\alpha} - \boldsymbol{\beta}$,得 $(\boldsymbol{\alpha} - \boldsymbol{\beta})^2 = \boldsymbol{\alpha}^2 + \boldsymbol{\beta}^2 - 2|\boldsymbol{\alpha}| |\boldsymbol{\beta}| \cos\theta$,展开:

$$(\boldsymbol{\alpha} - \boldsymbol{\beta})(\boldsymbol{\alpha} - \boldsymbol{\beta}) = \boldsymbol{\alpha}^2 + \boldsymbol{\beta}^2 - 2|\boldsymbol{\alpha}| |\boldsymbol{\beta}| \cos\theta$$

$$\boldsymbol{\alpha}^2 - 2\boldsymbol{\alpha}\boldsymbol{\beta} + \boldsymbol{\beta}^2 = \boldsymbol{\alpha}^2 + \boldsymbol{\beta}^2 - 2|\boldsymbol{\alpha}| |\boldsymbol{\beta}| \cos\theta$$

所以

$$-2\boldsymbol{\alpha}\boldsymbol{\beta} = -2|\boldsymbol{\alpha}| |\boldsymbol{\beta}| \cos\theta$$

$$\boldsymbol{\alpha}\boldsymbol{\beta} = |\boldsymbol{\alpha}| |\boldsymbol{\beta}| \cos\theta$$

这样,使用内积可计算两个向量的夹角余弦:

$$\cos\theta = \frac{\boldsymbol{\alpha} \cdot \boldsymbol{\beta}}{|\boldsymbol{\alpha}| |\boldsymbol{\beta}|}$$

向量 $\boldsymbol{\alpha}$、$\boldsymbol{\beta}$ 的长度都是可以计算的,从而 $\boldsymbol{\alpha}$ 和 $\boldsymbol{\beta}$ 间的夹角也可以从反三角函数计算得出。进而可以进一步判断两个向量是否为同一方向或正交(即垂直)等方向关系:

$\boldsymbol{\alpha} \cdot \boldsymbol{\beta} > 0$:夹角为 $0° \sim 90°$,同向。

$\boldsymbol{\alpha} \cdot \boldsymbol{\beta} = 0$:正交,相互垂直。

$\boldsymbol{\alpha} \cdot \boldsymbol{\beta} < 0$:夹角为 $90° \sim 180°$,异向。

向量的叉乘(×)也称为向量积、外积,使用运算符 %o% 实现。例如:

```
> c(1,2) %o% c(3,4)
     [,1] [,2]
[1,]    3    4
[2,]    6    8
```

```
> c(1,2,3) %o% c(3,4,5)
     [,1][,2][,3]
[1,]    3   4    5
[2,]    6   8   10
[3,]    9  12   15
```

一个向量乘以一个标量,就是线性代数中的矩阵的数乘运算。

```
x <- c(1, 10)
> x %o% 2
     [,1]
[1,]    2
[2,]   20
```

一般地,对于向量 $\boldsymbol{\alpha}$ 和向量 $\boldsymbol{\beta}$:

$$\boldsymbol{\alpha} = (a, b, c)$$
$$\boldsymbol{\beta} = (x, y, z)$$

叉乘 $\boldsymbol{\alpha} \times \boldsymbol{\beta}$ 为

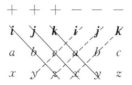

即

$$+ibz + jcx + kay - icy - jaz - kbx = i(bz - cy) + j(cx - az) + k(ay - yx)$$

其中,$\boldsymbol{i}$、$\boldsymbol{j}$、$\boldsymbol{k}$ 是基向量:

$$\boldsymbol{i} = (1, 0, 0)$$
$$\boldsymbol{j} = (0, 1, 0)$$
$$\boldsymbol{k} = (0, 0, 1)$$

代入公式得

$$\boldsymbol{\alpha} \times \boldsymbol{\beta} = (bz - yc, cx - az, ay - bx)$$

5.4 逻辑运算和关系运算

逻辑向量的元素只能为 TRUE、FALSE。TRUE、FALSE 可以分别简写为 T、F,但实际上 T 和 F 仅仅是值为 TRUE、FALSE 的变量。

逻辑运算和关系运算的结果是逻辑向量。逻辑运算符和关系运算符如表 5-4 和表 5-5 所示。

表 5-4 逻辑运算符

运 算 符	描 述
!	非
|	或
&	与

表 5-5　关系运算符

运　算　符	描　　　述	运　算　符	描　　　述
<	小于	>=	大于或等于
<=	小于或等于	==	等于
>	大于	!=	不等于

逻辑运算符的用法举例如下。

逻辑非的真值表：

```
> !T
[1] FALSE
> !F
[1] TRUE
```

逻辑与的真值表：

```
> T && T; T && F; F && T; F&&F
[1] TRUE
[1] FALSE
[1] FALSE
[1] FALSE
```

逻辑或的真值表：

```
> T || T; T || F; F || T; F || F
[1] TRUE
[1] TRUE
[1] TRUE
[1] FALSE
```

函数 xor 进行异或运算，即值不相等时为真，相等时为假。

&& 和 || 仅对两个标量进行运算，对向量的逻辑运算则使用 & 和 |。例如：

```
> c(T,T) & c(F,F)
[1] FALSE FALSE
> c(T,T) | c(F,F)
[1] TRUE TRUE
```

注意：NA 参与与逻辑运算的结果却不总是 NA。

```
> TRUE && NA
[1] NA
> TRUE || NA
[1] TRUE
> FALSE && NA
[1] FALSE
> FALSE || NA
[1] NA
> !NA
[1] NA
> NA == NA
[1] NA
```

关系运算符则用于向量比较。例如，比较两个向量对应元素是否相等：

```
>alpha<- c(11,12,13,14,15); alpha
[1] 11 12 13 14 15
>beta<- c(11,12,3,4,5); beta
>alpha == beta
[1]  TRUE TRUE FALSE FALSE FALSE
```

如果进行比较的两个向量的长度没有倍数关系,那么结果向量长度与较长向量长度相同:

```
>alpha <- c(11,12,13,14,15); beta<- c(11,12,3)
>alpha == beta
[1]  TRUE  TRUE FALSE FALSE FALSE
```

函数 all()判断结果向量中所有元素是否都是 TRUE:

```
> all(alpha == beta)
[1] FALSE
```

函数 any()判断结果向量中是否存在 TRUE:

```
> any(alpha == beta)
[1] TRUE
```

函数 ifelse 也是向量上的内置函数,例如,给定一组成绩,如果小于 60 输出 failed,否则输出 pass:

```
pass <- function(x){
  ifelse(x < 60, "failed", "pass")
}
>pass(c(90, 67, 45))
[1] "pass"   "pass"   "failed"
```

数学函数

$$f(x)=\begin{cases}1, & x \geq 0 \\ 0, & 其他\end{cases}$$

的 ifelse 实现是

```
f <- function(x) ifelse(x >= 0, 1, 0)
```

5.5 查　　询

向量上的查询就是从向量中查找期望的元素,这种查询称为条件查询;或者查询对向量中的元素进行聚合运算的结果,这种查询称为聚合查询。

5.5.1 条件查询

通过[]中的查询条件可查询满足条件的向量元素。有向量:

```
> alpha <- c(6, 2, 3, 2)
```

假如希望查询大于 2 的元素,则使用关系表达式:

```
> alpha > 2
[1]  TRUE FALSE  TRUE FALSE
```

结果向量中 TRUE 对应的元素满足条件；而 FALSE 对应的元素不满足条件。使用结果向量（即逻辑向量）查询，返回 TRUE 对应的元素：

```
> alpha[c(TRUE, FALSE, TRUE, FALSE)]
[1] 6 3
```

TRUE 表示"取"对应的元素（相同索引位置的元素）；FALSE 表示"舍"对应的元素。取来的元素形成一个新的向量。以上步骤综合起来，直接把查询条件（关系表达式）写在成员访问运算符[]中：

```
> alpha[alpha > 2]
[1] 6 3
```

函数调用 which()返回逻辑向量中 TRUE 对应的索引。假设从给定向量 c(6,2,3,2)中查询大于 2 的元素的索引。那么，首先把查询条件"大于 2 的元素"使用关系表达式 c(6,2,3,2) >2 表示，其结果是向量(TRUE,FALSE,TRUE,FALSE)，然后使用函数调用：

```
> which(c(TRUE, FALSE, TRUE, FALSE))
[1] 1 3
```

返回 TRUE 元素对应的索引向量(1,3)，所以查询结果是 1、3。

把这两个步骤合二为一：

```
> which(c(6, 2, 3, 2) > 2)
[1] 1 3
```

函数 which 返回满足条件的元素的索引，如果想查询索引元素，则把索引向量置于[]中：

```
>alpha <- c(6, 2, 3, 2)
>alpha[which(alpha>2)]
[1] 6 3
```

函数 which.max 和 which.min 用于返回数值向量中最大元素和最小元素的索引。例如：

```
>alpha <- c(1, 2, 3, 4)
>which.min(alpha)
[1] 1
>which.max(alpha)
[1] 4
```

如果元素有名字，则可以按名字查询向量元素。假设从向量 alpha 中查找名字为 first 的元素，则表达式为 alpha['first']。

5.5.2　聚合查询

以向量作为操作对象，可以进行计算累加和、计算累积等聚合查询。

已知向量 alpha：

```
>alpha<- 1:4; alpha
[1] 1 2 3 4
```

查询 alpha 中元素的累加和：

```
> sum(alpha)
[1] 10
```

查询 alpha 中元素的累乘：

```
> prod(alpha)
[1] 24
```

查询 alpha 中最大的元素：

```
> max(alpha)
[1] 4
```

查询 alpha 中最小的元素：

```
> min(alpha)
[1] 1
```

查询 alpha 的极差：

```
> range(alpha)
[1] 1 4
```

这与 c(min(alpha),max(alpha)) 的作用相同。

查询 alpha 的均值：

```
> mean(alpha)
[1] 2.5
```

查询 alpha 的中位数：

```
>median(alpha)
[1] 2.5
```

查询 alpha 的方差：

```
> var(alpha)
[1] 1.666667
```

查询 alpha 中元素的标准差：

```
> sd(alpha)
[1] 1.290994
```

从左向右计算逐项累加后的向量 $\left(b_i = \sum_1^i a_i\right)$。例如,对向量 (1,2,3,4) 逐项计算累加和：1,1+2,1+2+3,1+2+3+4：

```
> cumsum(alpha)
[1] 1 3 6 10
```

从左向右逐项计算累积 $b_i = \prod_1^i a_i$。例如,对向量 (1,2,3,4) 逐项计算累积：1,1×2,1×2×3,1×2×3×4：

```
>alpha<- 1:4
> cumprod(alpha)
[1] 1 2 6 24
```

两两比较两个向量中的元素,返回较小元素。结果向量的第 i 个元素是 alpha[i] 和 beta[i] 中的较小值:

```
> alpha <- c(1, 2, 33, 44)
>beta<- 11:14; beta
[1] 11 12 13 14
> pmin(alpha, beta)
[1]  1  2  13  14
```

两两比较两个向量中的元素,返回较大元素。结果向量的第 i 个元素是 alpha[i] 和 beta[i] 中的较大值:

```
> pmax(alpha, beta)
[1] 11 12 33 44
```

查询对向量 alpha 排序后的向量。若降序排序,则使用参数 decreasing=TRUE。

```
> alpha <- c(42,7,64,9); alpha
[1] 42  7 64  9
> sort(alpha)
[1] 7 9 42 64
```

查询向量 alpha 每个元素的排名。排名(rank)指向量中每个元素在升序排序中的次序。例如,向量(42,7,64,9)中每个元素在升序排序中的排名为第 3 名、第 1 名、第 4 名和第 2 名:

```
>alpha<- c(42,7,64,9); alpha
[1] 42  7  64  9
> rank(alpha)
[1] 3 1 4 2
```

查询向量 alpha 的升序排序中每个元素在向量 alpha 中的索引位置。例如,在向量(42,7,64,9)的升序排序(7,9,42,64)中,最小元素是 alpha[2],后面依次是 alpha[4]、alpha[1]和 alpha[3]。

```
> alpha
[1] 42  7  64  9
> order(alpha)
[1] 2 4 1 3
```

对于整数类型或者因子类型向量,查询向量中各个元素出现的频次,即重复元素的个数列表:

```
> table(c(1,2,3,4,4,4))
1 2 3 4
1 1 1 3
```

反转向量:

```
> rev(c(2,3,4))
[1] 4 3 2
```

5.6 面向集合的查询

A %in% B判断集合 A 中的每个元素是否属于集合 B。例如,集合$\{2,3\}$中的元素 2 不属于集合$\{3,4,5\}$;而集合$\{2,3\}$中的元素 3 属于集合$\{3,4,5\}$:

```
> c(2,3) %in% c(3,4,5)
[1] FALSE  TRUE
```

NA 不属于任何不含 NA 的集合,但属于含有 NA 的集合:

```
> c(NA,3) %in% c(3,4,5)
[1] FALSE  TRUE
> c(NA,3) %in% c(NA,3,4,5)
[1] TRUE TRUE
```

函数调用 match()返回集合 A 的元素在集合 B 中的索引,如果没有则返回 NA:

```
> match(c(2, 3), c(3, 4, 5))
[1] NA  1
```

上述函数调用的返回值是一个与 A 等长的向量。函数 match 的参数 nomatch 设置在不匹配情况下的返回值,默认返回 NA。所以结果向量(NA,1)表示集合$\{2,3\}$中的 2 与集合$\{3,4,5,3\}$中的任何元素都不匹配;而集合$\{2,3\}$中的 3 与集合$\{3,4,5,3\}$中索引为 1 的元素匹配。

如果希望与任何元素都不匹配时返回 0,而不是默认的 NA,那么设置 nomatch 参数为 0。例如:

```
>match(x,c(11,13),nomatch=0)
[1] 1 1 0 0 2 2 0 0
```

函数调用 duplicated()逐一判断向量中的每个元素是否与前面的元素重复。例如:

```
> duplicated(c(3, 4, 5, 3))
[1] FALSE FALSE FALSE TRUE
```

函数调用 unique()返回去重后的向量:

```
> unique(c(3, 4, 5, 3))
[1] 3 4 5
```

函数调用 intersect()返回交集。例如:

```
>intersect(c(5, 9), c(1, 5, 2, 5))
[1] 5
```

函数调用 union()返回并集。例如:

```
>union(c(5, 9), c(1, 5, 2, 5))
[1] 5 9 1 2
```

函数调用 setdiff()返回差集。例如:

```
>setdiff(c(5, 9), c(1, 5, 2, 5))
[1] 9
```

函数调用 setequal() 判断两个集合是否相等。例如：

```
> setequal(c(3,5,2), c(2,5, 3))
[1] TRUE
```

5.7　面向向量的程序设计

面向向量的程序设计范型就是以向量作为运算对象进行计算，包括把向量作为运算符的操作数、把向量作为函数参数和在向量上应用函数。向量是 R 中最基本的数据对象。base 包中的内置函数 sum、mean、max、min、median、cumsum、cummax、cummin、cumprod、any、all 都是在向量上的操作。"面向向量的程序设计"要比"面向过程的程序设计"节省时间。

【例 5-1】　给定向量 c(1,1,1,0,1,0,0,0,0,1)，计算 $\sum p \log_{10} p$，其中 p 为 1 或 0 的相对频数向量。

首先计算频数：

```
> table(c(1,1,1,0,1,0,1,0,0,1))
0 1
4 6
```

然后用频数向量除以向量长度，得到相对频数向量：

```
> p = table(c(1,1,1,0,1,0,1,0,0,1)) / length(c(1,1,1,0,1,0,1,0,0,1))
> p

 0   1
0.4  0.6
```

计算相对频数的对数：

```
> log10(p)
   0          1
 -0.3979400  -0.2218487
```

结果仍然是一个向量。向量乘以向量：

```
> p * log10(p)
   0          1
 -0.1591760   -0.1331092
```

最后计算累加和：

```
> sum(p * log10(p))
[1] -0.2922853
```

【例 5-2】　计算向量中每个元素的绝对值。

面向向量的程序设计不使用循环结构，而使用以向量为参数的函数，该函数对每个向量元素应用关系表达式 x<0，把逻辑真对应的元素取反。首先定义函数 abs.vector 以完成计算绝对值功能：

```
abs.vector <- function(x){
  ifelse(x<0, -x, x)
}
```

由于 x 是向量,因此表达式 x<0 的计值结果是一个逻辑向量,使用该逻辑向量查询−x 和 x 就可以得到函数的计值结果。调用该函数:

```
abs.vector (c(-2, -3, 4))
[1] 2 3 4
```

而面向过程的设计思路一般是使用循环控制结构遍历向量,逐一判断向量中的元素,如果为负数,则取反:

```
abs.loop <- function(x){
  for(i in 1:length(x)){
    if(x[i] < 0){ #一次只能针对一个元素进行判断
      x[i] <- -vec[i]
    }
  }
  vec
}
```

计算向量(−2,−3,4)的绝对值:

```
> abs.loop(c(-2, -3, 4))
[1] 2 3 4
```

【例 5-3】 给定若干张扑克牌,按照以下规则换牌。

红桃 5	红桃 K
红桃 6	红桃 A
红桃 7	大王
红桃 J	小王
红桃 Q	红桃 2
红桃 K	红桃 3

把换牌规则设计为向量的"名-值"对元素,通过名字向量进行查询即得替换后的向量:

```
swap.cards<- function(cards){
  mapping <- c("红桃 5" = "红桃 K", "红桃 6" = "红桃 A", "红桃 7" = "大王",
  "红桃 J" = "小王", "红桃 Q"="红桃 2", "红桃 K" = "红桃 3")
  unname(mapping[cards])
}
>swap.cards(c("红桃 J","红桃 Q","红桃 K"))
[1] "小王"  "红桃 2" "红桃 3"
```

如果保留 name 属性,即把函数定义为

```
swap.cards <- function(cards){
  mapping <- c("红桃 5" = "红桃 K",  "红桃 6" = "红桃 A",  "红桃 7" = "大王",
   "红桃 J" = "小王",  "红桃 Q"="红桃 2",  "红桃 K" = "红桃 3")
  mapping[cards]
}
```

则输出结果为

```
>swap.cards(c("红桃 J","红桃 Q","红桃 K"))
红桃 J   红桃 Q   红桃 K
"小王" "红桃 2" "红桃 3"
```

当处理很长的向量时,面向向量的程序设计将会显现出快速的优势。用函数 system.time 可返回某个表达式的计值时间。例如:

```
> system.time(abs.loop(c(-2, -3, 4)))
   user   system elapsed
      0        0       0
```

在返回结果中,elapsed 表示计值时间。

面向向量的程序设计减少了循环和分支控制结构,提高了运行效率。R 的 sin、sqrt、log 等函数实现都是面向向量的。

5.8　因　　子

因子是具有"水平"(level)约束的整型向量。向量中元素 i 是"水平"的索引 i,而不是"水平"本身。"水平"是变量所有可能的离散取值,所以因子可用于定类变量或定序变量。标签(label)是水平的字符串表示。

例如,设性别(gender)有两个离散取值:male 和 female。5 个性别形成一个向量,每个元素要么是 male,要么是 female,那么称因子 gender 具有两个水平:male、female。应用函数 factor 创建具有两个水平 male、female 的因子对象:

```
> x <- factor(c("male","female","male","male","female"))
> x
[1] male    female   male    male    female
Levels: female male
```

其中,第一行是元素向量(male,female,male,male,female);第二行是水平约束(Levels:female male)。水平 female 和 male 的索引号分别是 1 和 2,向量 x 中存储的就是该索引号。使用 str(x)查看存储结构:

```
> str(x)
Factor w/ 2 levels "female","male": 2 1 2 2 1
```

可以看到,factor(c("male","female","male","male","female"))从给定的向量("male","female","male","male","female")中识别出有两个可能的离散取值"female"和"male",并把这两个值按照字符串升序排序,分配索引号。从 str(x)的输出看到,因子中存储的 5 个元素是索引号而不是水平本身。

levels 参数用来指定水平以及各水平的顺序:

```
> x <- factor(c("male","female","male","male","female"), levels = c("male",
"female"))
> str(x)
Factor w/ 2 levels "male","female": 1 2 1 1 2
```

这个例子显示设置水平次序为 male、female,而不是默认的字母表顺序。

创建因子函数 factor(x, levels = sort(unique(x), na. last = TRUE), labels = levels, exclude=NA,ordered=is.ordered(x)) 中,参数 levels 用来指定因子可能的水平,默认值是向量 *x* 中的互异值;labels 用来指定水平的标签,默认是水平的字符串表示;exclude 表示从向量 *x* 中剔除的水平值;ordered 是一个逻辑类型选项,用来指定因子的水平是否有次序。如果因子的水平按字母顺序存储,或按指定的顺序存储,那么该因子就称为有序因子(ordered factor)。

下面的例子不是以默认的标签显示变量的水平,而是改为汉字"男""女"显示:

```
> x <- factor(c("male","female","male","male","female"), labels = c("女","男"))
> x
[1] 男 女 男 男 女
Levels: 女 男
> str(x)
Factor w/ 2 levels "女","男": 2 1 2 2 1
```

注意:参数 labels 和 levels 的长度和元素次序要一致。

函数 levels 返回水平:

```
> levels(x)
[1] "女" "男"
```

函数 nlevels 返回水平数量:

```
> nlevels(x)
[1] 2
```

参数 ordered 控制水平是否有序。例如,下面的例子设置各水平无序:

```
> x <- factor(c("male","female","male","male","female"), ordered = FALSE)
> x
[1] male   female male   male   female
Levels: female male
> str(x)
Factor w/ 2 levels "female","male": 2 1 2 2 1
```

函数 factor 可将向量转换为因子,例如,将字符向量转换为因子:

```
> a <- c("green","blue","green","yellow")
> a <- factor(a)
> a
[1] green  blue   green  yellow
Levels: blue green yellow
```

再如,将数值向量转换为因子:

```
> b <- c(1,2,3,1)
> b <- factor(b)
> b
[1] 1 2 3 1
Levels: 1 2 3
```

函数 as.factor 也可实现向量向因子的转换,例如,把字符向量转换为因子:

```
a <- c("green","blue","green","yellow")
> as.factor(a)
[1] green  blue   green  yellow
Levels: blue green yellow
```

函数 as.numeric 则把因子转换为水平的索引号表示的整型向量,向量中没有了水平:

```
> as.numeric(x)
[1] 2 1 2 2 1
```

如果把因子转换成数值类型时不用水平的索引号而用水平本身,则应通过先转换字符类型的办法进行转换:

```
as.numeric(as.character(<因子>))
```

例如:

```
>a<-factor(c(100,200,300,300,200,400,100))
> as.numeric(a)
[1] 1 2 3 3 2 4 1
> as.numeric(as.character(a))
[1] 100 200 300 300 200 400 100
```

函数 cut 用来根据水平设置把一个向量划分为因子。下面是一个应用该函数进行分组统计的例子。

【例 5-4】　要求以每 10 岁作为区间,统计 100 个 20～70 岁的成年人年龄在各个年龄段的人数。

随机生成 20～70 岁的 100 个年龄:

```
ages <- sample(20:70, 100, replace = TRUE)
```

按年龄段分组:

```
age_groups <- cut(ages, seq(20,70,10), include.lowest = TRUE)
```

统计各组中"年龄"的数量数:

```
age_counts <- table(age_groups); age_counts
age_groups
[20,30] (30,40] (40,50] (50,60] (60,70]
    19      19      23      23      16
str(age_groups)
Factor w/ 5 levels "[20,30]","(30,40]",...: 3 4 5 1 5 1 4 4 1 2 ...
```

第6章

矩　阵

矩阵是向量按行或按列组织成的数据对象。矩阵是二维的阵列(2-dimensional array)。

6.1　创 建 矩 阵

创建矩阵的方法：对向量指定行数和列数，为向量指定维属性，用函数 array 以及把向量捆绑成矩阵等。

函数 matrix 用对向量指定行数和列数的方法创建矩阵：

```
matrix(data = NA, nrow = 1, ncol = 1, byrow = FALSE, dimnames = NULL)
```

参数 byrow 表示数据给出的值是按列填充(默认值)还是按行填充(TRUE)，参数 dimnames 设置行列名字。

例如，基于向量(1,2,3,4,5,6)按列创建 2 行 3 列的矩阵(默认按列填充)：

```
> matrix(1:6, 2, 3)
     [,1] [,2] [,3]
[1,]    1    3    5
[2,]    2    4    6
```

基于向量(1,2,3,4,5,6)按行创建 2 行 3 列的矩阵：

```
> matrix(1:6, 2, 3, byrow=TRUE)
     [,1] [,2] [,3]
[1,]    1    2    3
[2,]    4    5    6
```

基于向量(1,2,3,4,5,6)按行创建 2 行 3 列的矩阵，指定行名和列名：

```
> matrix(1:6, 2, 3, byrow=TRUE, dimnames=list(c("row1","row2"), c("col1",
"col2", "col3")))
     col1 col2 col3
row1    1    2    3
row2    4    5    6
```

函数 dim 为向量指定维(dim)属性来创建矩阵。把向量(2,3,4,5,6,7,8,9)变换为 2 行 4 列的矩阵：

```
> x <- 2:9
> x
[1] 2 3 4 5 6 7 8 9
> dim(x)
```

```
NULL
> dim(x) <- c(2, 4)
> x
     [,1] [,2] [,3] [,4]
[1,] 2    4    6    8
[2,] 3    5    7    9
```

无参数的函数调用 dim() 返回矩阵的维属性：

```
> dim(x)
[1] 2 4
> attributes(x)
$dim
[1] 2 4
```

把向量 (2,3,4,5,6,7,8,9) 变换为 4 行 2 列的矩阵：

```
> dim(x) <- c(4,2)
> x
     [,1] [,2]
[1,]  2    6
[2,]  3    7
[3,]  4    8
[4,]  5    9
```

矩阵是二维的阵列。使用三维向量就可以创建三维阵列。例如：

```
>A<- array(1:12, dim = c(2,3,2))
> A
, , 1
     [,1] [,2] [,3]
[1,]  1    3    5
[2,]  2    4    6
, , 2
     [,1] [,2] [,3]
[1,]  7    9    11
[2,]  8   10    12
```

把阵列 **A** 中的元素展示在三维空间中，如图 6-1 所示。

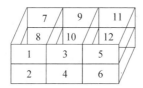

图 6-1　三维阵列

访问图 6-1 中的三维阵列：

```
> A[1, ,]
     [,1] [,2]
[1,]  1    7
[2,]  3    9
[3,]  5   11
> A[1, 1,]
```

```
[1] 17
> A[1, 1, 1]
[1] 1
```

函数 array 用来构造多维阵列,用法为

```
array(data=NA,dim=length(data),dimnames=NULL)
```

其中,data 是一个向量;dim 是阵列各维的长度;dimnames 是维的名字。例如,创建 4 行 5 列的二维阵列:

```
> x <- array(1:20,dim=c(4, 5))
> x
     [,1] [,2] [,3] [,4] [,5]
[1,]    1    5    9   13   17
[2,]    2    6   10   14   18
[3,]    3    7   11   15   19
[4,]    4    8   12   16   20
```

还有一种创建矩阵的方法是把向量捆绑成矩阵。例如,已知向量 alpha 和 beta:

```
>alpha<- 1:3
>beta<- 4:6
```

把这两个向量按行捆绑成矩阵:

```
> rbind(alpha, beta)
  [,1] [,2] [,3]
x    1    2    3
y    4    5    6
```

或把这两个向量按列捆绑成矩阵:

```
> cbind(alpha, beta)
     alpha beta
[1,]     1    4
[2,]     2    5
[3,]     3    6
```

假如还有一个向量 gamma:

```
>gamma<- 7:9
```

把向量 alpha、beta、gamma 按行捆绑成矩阵:

```
> rbind(alpha, beta, gamma)
      [,1] [,2] [,3]
alpha    1    2    3
beta     4    5    6
gamma    7    8    9
```

如果想要创建对角矩阵,则使用函数 diag。该函数生成以给定向量为对角线元素,其他位置元素为 0 的矩阵。例如,给定向量(1,2,3),创建以该向量为对角线的矩阵:

```
> diag(1:3)
     [,1] [,2] [,3]
[1,]    1    0    0
[2,]    0    2    0
[3,]    0    0    3
```

6.2　访问矩阵

访问矩阵就是读写矩阵。可通过行索引号、列索引号或者行名、列名来引用矩阵中的元素以实现访问。

函数 rownames 与 colnames 实现对矩阵行和列的命名和查询。假如创建了 2 行 3 列的矩阵 A：

```
> A <- matrix(c(1,2,3,4,5,6), nrow=2, byrow=TRUE)
> A
     [,1] [,2] [,3]
[1,]    1    2    3
[2,]    4    5    6
```

查询矩阵 A 的行数：

```
> nrow(A)
[1] 2
```

查询矩阵 A 的列数：

```
> ncol(A)
[1] 3
```

查询矩阵 A 的第 2 行第 3 列的元素：

```
>A[2,3]
[1] 6
```

查询矩阵 A 的第 1 列：

```
> A[,1]
[1] 1 4
```

查询矩阵 A 的第 1 行：

```
> A[1,]
[1] 1 2 3
```

查询矩阵 A 在第 2 列上的值大于 4 的所有行：

```
>A[A[,2]>4]
[1] 4 5 6
```

查询矩阵 A 的列名：

```
> colnames(A)
NULL
```

查询矩阵 A 的行名：

```
> rownames(A)
NULL
```

可见默认无行名和列名。为矩阵 A 的行命名：

```
> rownames(A) <- c("row_1","row_2")
```

为矩阵 **A** 的列命名:

```
> colnames(A)<-c("col_1","col_2","col_3")
> A
      col_1 col_2 col_3
row_1 1     2     3
row_2 4     5     6
```

按照行名和列名查询。例如,查询第 1 行第 1 列的元素:

```
A["row1", "col2"]
[1] 2
```

查询第 1 行:

```
A["row1",]
   col1 col2 col3
    1    2    3
```

查询第 2 列:

```
A[,"col2"]
   row1 row2
    2    5
```

假设有矩阵 **B**:

```
>B<-matrix(c(1,2,3,4,5,6,7,8,8),nrow=3);B
     [,1] [,2] [,3]
[1,] 1    4    7
[2,] 2    5    8
[3,] 3    6    8
```

查询矩阵 **B** 的第 3 行:

```
> B[3,]
[1] 3  6  8
```

查询矩阵 **B** 的第 3 列:

```
> B[,3]
[1] 7  8  8
```

查询矩阵 **B** 的第 3 列,按矩阵返回:

```
> A<-B[,3,drop=FALSE];A
     [,1]
[1,] 7
[2,] 8
[3,] 8
```

查询矩阵 **B** 除了第 1 列以外的其他列:

```
> B[,-1]
     [,1] [,2]
[1,] 4    7
[2,] 5    8
[3,] 6    8
```

查询矩阵 **B** 除了第 1 行以外的其他行：

```
> B[-1,]
     [,1] [,2] [,3]
[1,] 2    5    8
[2,] 3    6    8
```

查询矩阵 **B** 除了第 1、2 列以外的其他列：

```
> B[,-(1:2)]
[1] 7    8    8
```

查询矩阵 **B** 除了第 1、2 列以外的其他列，并且按矩阵返回：

```
> A <- B[,-(1:2),drop=FALSE];A
     [,1]
[1,] 7
[2,] 8
[3,] 8
```

查询矩阵 **B** 的对角线元素：

```
> diag(B)
[1] 1 5 8
```

6.3   矩 阵 运 算

矩阵上的运算有矩阵相加、矩阵相减、数乘、矩阵相乘、矩阵合并、转置、矩阵的逆、特征值与特征向量等。

假设 **A**、**B**、**C** 是矩阵。两个同型矩阵（行数和列数分别相等）相加定义为

$$A + B = [a_{ij}]_{m \times n} + [b_{ij}]_{m \times n} = [a_{ij} + b_{ij}]_{m \times n}$$

例如：

```
> A <- matrix(1:6,2,3,byrow = TRUE)
> A
     [,1] [,2] [,3]
[1,]  1    2    3
[2,]  4    5    6
> B <- matrix(seq(10,60,by=10),2,3,byrow = TRUE)
> B
     [,1] [,2] [,3]
[1,] 10   20   30
[2,] 40   50   60
> A + B
     [,1] [,2] [,3]
[1,] 11   22   33
[2,] 44   55   66
```

矩阵减法的定义为

$$B - A = B + (-A)$$

所以：

```
> B - A
     [,1] [,2] [,3]
[1,]    9   18   27
[2,]   36   45   54
```

矩阵的数乘就是把一个数与矩阵中各个元素相乘。例如：

```
> 2 * A
     [,1] [,2] [,3]
[1,]    2    4    6
[2,]    8   10   12
```

设 A 是一个 $m \times s$ 的矩阵，B 是一个 $s \times n$ 的矩阵（A 的列数＝B 的行数），则乘积 AB 是一个 $m \times n$ 的矩阵，记成 $C = AB = [c_{ij}]_{m \times n}$，其中 C 的第 i 行、第 j 列元素 c_{ij} 是 A 的第 i 行 s 个元素和 B 的第 j 列 s 个对应元素两两乘积之和，即

$$c_{ij} = \sum_{k=1}^{s} a_{ik} b_{kj} = a_{i1} b_{1j} + a_{i2} b_{2j} + \cdots + a_{is} b_{sj}$$

或者表示为

$$\begin{bmatrix} \cdots & \cdots & \cdots & \cdots \\ a_{i1} & a_{i2} & \cdots & a_{is} \\ \cdots & \cdots & \cdots & \cdots \end{bmatrix} \begin{bmatrix} \vdots & b_{1j} & \vdots \\ \vdots & b_{2j} & \vdots \\ \vdots & \vdots & \vdots \\ \vdots & b_{sj} & \vdots \end{bmatrix} = \begin{bmatrix} & \vdots & \\ \cdots & c_{ij} & \cdots \\ & \vdots & \end{bmatrix}$$

例如：

$$\begin{bmatrix} 1 \\ 2 \\ 3 \end{bmatrix} \times \begin{bmatrix} 1 & 2 & 3 \end{bmatrix} = \begin{bmatrix} 1 & 2 & 3 \\ 2 & 4 & 6 \\ 3 & 6 & 9 \end{bmatrix}$$

在 R 中使用％＊％实现矩阵乘法：

```
>X <- matrix(1:3, 3)
>Y <- matrix(1:3, 1)
>A %*% B
```

而 ＊ 实现同型矩阵对应元素相乘：

```
> A * B
     [,1] [,2] [,3]
[1,]   10   40   90
[2,]  160  250  360
```

有了 ＊ 运算符，就能够应用 ＊ 运算符查询矩阵的下三角：

```
> lower.tri(C)
      [,1]  [,2]  [,3]
[1,] FALSE FALSE FALSE
[2,]  TRUE FALSE FALSE
[3,]  TRUE  TRUE FALSE
> C * lower.tri(C)
     [,1] [,2] [,3]
[1,]    0    0    0
[2,]    2    0    0
[3,]    3    6    0
```

按行合并矩阵(A 和 B 列数必须相同):

```
> rbind(A,B)
     [,1] [,2] [,3]
[1,]   1    2    3
[2,]   4    5    6
[3,]  10   20   30
[4,]  40   50   60
```

按列合并矩阵(A 和 B 行数必须相同):

```
> cbind(A, B)
     [,1] [,2] [,3] [,4] [,5] [,6]
[1,]   1    2    3   10   20   30
[2,]   4    5    6   40   50   60
```

假设有矩阵 A:

```
> A <- matrix(c(1,2,3,4,5,6),nrow=2,byrow=TRUE)
> A
     [,1] [,2] [,3]
[1,]   1    2    3
[2,]   4    5    6
```

将 $m \times n$ 的矩阵 $A = [a_{ij}]_{m \times n}$ 的行列互换得到的 $n \times m$ 的矩阵 $[a_{ji}]_{n \times m}$ 称为 A 的转置矩阵,记为 A^{T},若

$$A = \begin{bmatrix} a_{11} & a_{12} & \cdots & a_{1n} \\ a_{21} & a_{22} & \cdots & a_{2n} \\ \vdots & \vdots & & \vdots \\ a_{m1} & a_{m2} & \cdots & a_{mn} \end{bmatrix}$$

则

$$A^{\mathrm{T}} = \begin{bmatrix} a_{11} & a_{21} & \cdots & a_{m1} \\ a_{12} & a_{22} & \cdots & a_{m2} \\ \vdots & \vdots & & \vdots \\ a_{1n} & a_{2n} & \cdots & a_{mn} \end{bmatrix}$$

函数 t 实现矩阵的转置。例如,矩阵 A 转置后为

```
> t(A)
     [,1] [,2]
[1,]   1    4
[2,]   2    5
[3,]   3    6
```

设 A 是 n 阶矩阵,如果存在 n 阶矩阵 B 使得 $AB = BA = E$ 成立,则称 A 是可逆矩阵,B 是 A 的逆矩阵,记成 $A^{-1} = B$。

函数 solve 可用来计算逆矩阵。例如,假设有矩阵 C:

```
> C <- matrix(c(2,2,3,1,-1,0,-1,2,1),nrow = 3, ncol = 3,byrow = TRUE)
> C
     [,1] [,2] [,3]
[1,]   2    2    3
[2,]   1   -1    0
[3,]  -1    2    1
```

计算 *C* 的逆矩阵：

```
> solve(C)
    [,1] [,2] [,3]
[1,]   1   -4   -3
[2,]   1   -5   -3
[3,]  -1    6    4
```

设 **A** 是 *n* 阶矩阵，如果存在一个数 λ 和非零的 *n* 维列向量 **α**，使得 **Aα**＝λ**α** 成立，则称 λ 是矩阵 **A** 的一个特征值，称非零向量 **α** 是矩阵 **A** 属于特征值 λ 的一个特征向量。

$$|\lambda E - A| = \begin{vmatrix} \lambda - a_{11} & -a_{12} & \cdots & -a_{1n} \\ -a_{21} & \lambda - a_{22} & \cdots & -a_{2n} \\ \vdots & \vdots & & \vdots \\ -a_{n1} & -a_{n2} & \cdots & \lambda - a_{nn} \end{vmatrix}$$

称为矩阵 **A** 的特征多项式，$|\lambda E - A| = 0$ 称为 **A** 的特征方程。

函数 eigen 求矩阵的特征值和特征向量。例如，求方阵：

$$\begin{pmatrix} 3 & -1 \\ -1 & 3 \end{pmatrix}$$

的特征值：

```
> eigen(matrix(c(3, -1, -1, 3), 2, 2))$values
[1] 4 2
```

n 阶行列式是所有取自不同行不同列的 *n* 个元素的乘积的代数和：

$$\begin{vmatrix} a_{11} & a_{12} & \cdots & a_{1n} \\ a_{21} & a_{22} & \cdots & a_{2n} \\ \vdots & \vdots & & \vdots \\ a_{n1} & a_{n2} & \cdots & a_{nn} \end{vmatrix} = \sum_{j_1 j_2 \cdots j_n} (-1)^{\tau(j_1 j_2 \cdots j_n)} a_{1j_1} a_{2j_2} \cdots a_{nj_n}$$

例如：

$$\begin{vmatrix} 1 & 3 \\ 2 & 4 \end{vmatrix} = 1 \times 4 - 3 \times 2 = 4 - 6 = -2$$

函数 det 求矩阵的行列式的值。例如：

```
> det(matrix(1:4,ncol=2));
[1] -2
```

第7章

数 据 框

数据框是把长度相同的向量作为列并排在一起形成的对象,各个向量的类型不要求相同。数据框的 names 属性是变量名向量,变量名是默认的列名。row.names 属性是数据框中的行名向量。每一行都包含了在各个变量上的取值。

7.1 创建数据框

函数 data.frame 创建数据框对象,其参数是若干任意类型(字符、数值、逻辑)向量,这些向量可作为数据框的列。例如,先创建向量 alpha 和 beta,然后用 alpha 和 beta 创建数据框:

```
>alpha<- 1:4; beta<- 10
> data.frame(alpha, beta)
  alpha beta
1   1   10
2   2   10
3   3   10
4   4   10
```

假如有向量 gamma:

```
>gamma<- 2:4
```

使用向量 alpha 和 gamma 创建数据框会出现错误(Error):

```
> data.frame(alpha, gamma)
Error in data.frame(alpha, gamma) :
  arguments imply differing number of rows: 4, 3
```

由于向量 alpha 和 gamma 的元素个数不同,即向量长度不同,不符合数据框定义,所以创建失败。

默认数据框的列名是与向量绑定的名字,可以在创建数据框时设置列名。例如,设置数据框的列名为 col1 和 col2,而不是默认的 alpha 和 beta:

```
>data.frame(col1=alpha, col2=beta)
  col1 col2
1  1   10
2  2   10
3  3   10
4  4   10
```

默认行的名字是自然数。可以使用参数 row.names 设置行名。行名向量必须是字符类型，而且长度等于这个数据框的行数。例如：

```
>df <- data.frame(col1=alpha, col2=beta, row.names=c("row1", "row2", "row3",
"row4")); df
    col1 col2
row1  1  10
row2  2  10
row3  3  10
row4  4  10
```

函数 attributes 返回数据框的属性：

```
> attributes(df)
$names
[1] "col1" "col2"

$class
[1] "data.frame"

$row.names
[1] "row1" "row2" "row3" "row4"
```

7.2 访问数据框

可通过行索引号、列索引号或者行名、列名访问数据框中的数据。行索引号简称行号，列索引号简称列号。

例如，假设先创建一个具有三列的数据框：

```
> obs <- data.frame(ID = 1:4,  X = c(42,7,64,9), Y = c("aa","bb","cc","dd")); obs
  ID  X  Y
1  1 42 aa
2  2  7 bb
3  3 64 cc
4  4  9 dd
```

查询第 1 行：

```
> obs[1,]
  ID  X  Y
1  1 42 aa
```

查询第 2 列，即查询所有行在第 2 列上的值，或称查询所有行在列 X 上的值：

```
> obs[,2]
[1] 42 7 64 9
```

查询第 1 行在第 2 列上的值：

```
> obs[1,2]
[1] 42
```

查询第 1 行在第 2 列和第 3 列上的值：

```
> obs[1,c(2,3)]
   X  Y
1 42 aa
```

除了使用行/列索引号访问数据框外,还可以使用列名访问数据框。

查询所有行在列 ID 和列 X 上的值:

```
> obs[c("ID","X")]
  ID  X
1  1 42
2  2  7
3  3 64
4  4  9
```

查询所有行在列 X 上的值:

```
> obs["X"]
    X
1  42
2   7
3  64
4   9
```

查询所有行在列 Y 和列 X 上的值:

```
> obs[,c("Y","X")]
   Y  X
1 aa 42
2 bb  7
3 cc 64
4 dd  9
```

除了使用[]访问数据框中的列,还可使用 $ 运算符访问数据框中的列。例如,查询所有行在列 X 上的值:

```
> obs$X
[1] 42  7  64  9
```

$运算符和[]运算符的不同之处在于:$运算符只能引用一列,而[]运算符可以通过向量引用多列。

运算符[]的参数 drop 控制以数据框返回结果还是以向量返回结果,默认使用向量。例如:

```
> obs[,"Y",drop=FALSE]
   Y
1 aa
2 bb
3 cc
4 dd
>obs[, "Y", drop=TRUE]
[1] "aa" "bb" "cc" "dd"
```

obs[,"Y",drop=TRUE]的查询结果与 obs$Y 相同:

```
> obs$Y
[1] "aa" "bb" "cc" "dd"
```

函数 head 显示数据框的前几行,例如:

```
> head(obs)
  ID X  Y
1  1 42 aa
2  2  7 bb
3  3 64 cc
4  4  9 dd
```

可通过在[]中指定关系表达式来实现条件查询。例如,有数据框:

```
obs <- data.frame(SN = 1:4, AGE = c(42,7,64,9),
NAME=c("aa","bb","cc","dd"), GENDER=c("M","F","M","F"))
>obs
  SN AGE NAME GENDER
1  1  42  aa     M
2  2   7  bb     F
3  3  64  cc     M
4  4   9  dd     F
```

查询性别为 M 的行:

```
> obs[obs$GENDER == "M",]
  SN AGE NAME GENDER
1  1  42  aa     M
3  3  64  cc     M
```

或者使用 which 函数查询:

```
> obs[which(obs$GENDER == "M"),]
  SN AGE NAME GENDER
1  1  42  aa     M
3  3  64  cc     M
```

在这个查询中,关系运算 obs$GENDER == "M"产生向量 c(FALSE,TRUE,FALSE,TRUE),函数 which(obs$GENDER == "M")则产生向量 c(2,4),其中的元素是满足条件的行索引号,所以原表达式就成了 obs[c(2,4),]。

使用逻辑运算符可以实现复杂的条件查询。例如,查询性别为男且年龄大于 8 的行:

```
> obs[which(obs$GENDER == "M" & obs$AGE > 8),]
  SN AGE NAME GENDER
1  1  42  aa     M
3  3  64  cc     M
```

subset 函数也能实现条件查询。例如:

```
> subset(obs,GENDER == "M")
  SN AGE NAME GENDER
1  1  42  aa     M
3  3  64  cc     M
```

如果想在查询结果中仅保留部分变量,则指定列索引号或者列名向量。例如:

```
> obs[which(obs$GENDER == 'M'), c(2,3)]
  AGE NAME
1  42  aa
3  64  cc
```

或者：

```
> obs[which(obs$GENDER == 'M'), c("AGE","GENDER")]
   AGE     GENDER
1  42         M
3  64         M
```

如果按照年龄 AGE 对数据框进行升序排序，那么首先对列 AGE 使用 order 函数以获取在年龄的升序排序(7,9,42,64)中各个年龄在数据框中的行号，比如 7 在第 2 行，9 在第 4 行，从而得到一个行号向量；再按这个行号向量查询数据框：

```
> order(obs$AGE)
[1] 2 4 1 3
> obs[order(obs$AGE),]
  SN AGE NAME GENDER
2  2   7  bb      F
4  4   9  dd      F
1  1  42  aa      M
3  3  64  cc      M
```

函数 rbind 可以把两个数据框按行并在一起，要求是这两个数据框必须有相同的列，但列顺序不要求相同。例如：

```
> obsA <- obs
> obsB <- obs
> rbind(obsA, obsB)
  SN AGE NAME GENDER
1  1  42  aa      M
2  2   7  bb      F
3  3  64  cc      M
4  4   9  dd      F
5  1  42  aa      M
6  2   7  bb      F
7  3  64  cc      M
8  4   9  dd      F
```

也可以使用 rbind 函数把向量追加到数据框中，实现追加一行。例如：

```
> rbind(obs, c(5, 23, "ee", "M"))
  SN AGE NAME GENDER
1  1  42  aa      M
2  2   7  bb      F
3  3  64  cc      M
4  4   9  dd      F
5  5  23  ee      M
```

函数 merge 按指定的列连接两个数据框。例如，按学号 SN 连接数据框 obsA 和 obsB：

```
> merge(obsA, obsB, by = "SN")
  SN AGE.x NAME.x GENDER.x AGE.y NAME.y GENDER.y
1  1    42     aa        M    42     aa        M
2  2     7     bb        F     7     bb        F
3  3    64     cc        M    64     cc        M
4  4     9     dd        F     9     dd        F
```

通过查询除了第 1 行和第 2 行以外的其他行可实现"删除第 1 行和第 2 行"的效果：

```
> obs[-c(1,2),]
  SN AGE NAME GENDER
3  3  64  cc     M
4  4   9  dd     F
```

通过查询除了第 4 列以外的其他列可实现"删除"第 4 列的效果：

```
> obs[,-4]
  SN AGE NAME
1  1 42  aa
2  2  7  bb
3  3 64  cc
4  4  9  dd
```

函数 names 查询数据框中的所有列名：

```
> names(obs)
[1] "SN"   "AGE"   "NAME"   "GENDER"
```

函数 row.names 查询数据框中的所有行名：

```
> row.names(obs)
[1] "1" "2" "3" "4"
```

通过函数 names 能够为数据框的列重新命名。例如：

```
> names(obs) <- c("学号","年龄","姓名","性别")
> obs
  学号 年龄 姓名 性别
1   1   42  aa   M
2   2    7  bb   F
3   3   64  cc   M
4   4    9  dd   F
```

通过向量元素的列索引号可修改某个列名。例如：

```
> names(obs)[4] <- "GENDER"
> obs
  学号 年龄 姓名 GENDER
1   1   42  aa    M
2   2    7  bb    F
3   3   64  cc    M
4   4    9  dd    F
```

函数 cbind 向数据框中增加一个新的列,新增向量的长度应与数据框行数相同。例如：

```
> cbind(obs, T=c(36, 35.6, 36.7, 36))
  学号 年龄 姓名 GENDER    T
1   1   42  aa    M      36.0
2   2    7  bb    F      35.6
3   3   64  cc    M      36.7
4   4    9  dd    F      36.0
```

通过绑定 NULL,可实现删除某列。例如：

```
> obs$GENDER <- NULL; obs
  学号  年龄  姓名      T
1   1   42   aa     36.0
2   2    7   bb     35.6
3   3   64   cc     36.7
4   4    9   dd     36.0
```

通过函数 row.names 能够为数据框的行号重新命名。例如：

```
> row.names(obs) <- c("first","second","third","fourth")
> obs
        SN AGE NAME GENDER
first    1  42   aa      M
second   2   7   bb      F
third    3  64   cc      M
fourth   4   9   dd      F
```

可使用 fix 函数对数据框进行交互编辑。fix 函数会弹出一个用来进行数据框编辑的交互窗口，在这个窗口中可以修改数据及行、列的名字。假设有数据框：

```
> obs <- data.frame(ID = 1:4,  X = c(42,7,64,9), Y = c("aa","bb","cc","dd"));
obs
  ID  X  Y
1  1 42 aa
2  2  7 bb
3  3 64 cc
4  4  9 dd
```

进入交互编辑方式，弹出如图 7-1 所示的窗口，在窗口中进行编辑操作：

```
> fix(obs)
```

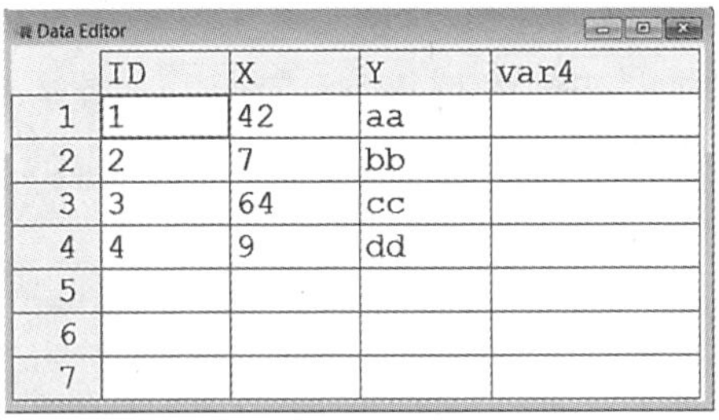

图 7-1　数据编辑器

```
> 
```

7.3　tibble 对象

数据框由长度相同的向量构成，各个向量的类型可以不同；而 tibble 对象则是由任意对象组成。tibble 定义了 7 种数据类型，即 int、dbl、chr、dttm、lgl、fctr 和 date，分别表示整数类型、实数类型、字符类型、日期时间类型、逻辑类型、因子类型和日期类型。

tibble 是在 CRAN 发布的标准库。首先安装 tibble：

```
> install.packages('tibble')
> library(tibble)
```

创建一个 tibble 对象,该 tibble 对象含有一个整型向量和一个字符向量:

```
> tb<-tibble(1:5,b=LETTERS[1:5]);tb
A tibble: 5 x 2
  `1:5` b
<int><chr>
1    1 A
2    2 B
3    3 C
4    4 D
5    5 E
```

查看 tb 的属性:

```
> attributes(tb)
$names
[1] "1:5" "b"

$row.names
[1] 1 2 3 4 5

$class
[1] "tbl_df"    "tbl"        "data.frame"
```

查看 tb 的结构:

```
> str(tb)
tibble [5 x 2] (S3: tbl_df/tbl/data.frame)
$ 1:5: int [1:5] 1 2 3 4 5
$ b  : chr [1:5] "A" "B" "C" "D" ...
```

tibble 对象可以与数据框、列表、矩阵进行相互转型操作。可以使用 as.data.frame()、as.list()把 tibble 对象转换为数据框或者列表。tibble 对象与向量是不能进行直接转型的,但可在转换为矩阵后再转换为向量。

按列访问 tibble 对象,成员运算符[ ]返回的结果还是 tibble,成员运算符[[ ]]或$返回的结果为向量。例如,查询第 2 列:

```
> tb[2]
A tibble: 5 x 1
  b
<chr>
1 A
2 B
3 C
4 D
5 E
> tb[[2]]
[1] "A" "B" "C" "D" "E"
```

查询第 2 行:

```
> tb[2,]
A tibble: 1 x 2
  `1:5` b
  <int><chr>
1    2 B
```

查询第 2、3 行在第 2 列的值：

```
> tb[2:3, 2]
A tibble: 2 x 1
  b
  <chr>
1 B
2 C
```

第 8 章

列　表

如果向量的元素是任意类型而不是同一类型,则称为列表。列表中的元素称为列表的分量(component),各个分量的长度不必相同,但具有顺序。列表的分量也可以是列表,形成嵌套列表。

8.1　创 建 列 表

使用函数 list 创建列表对象。例如,创建一个列表对象 student,其中有两个向量:一个是姓名(name),另一个是学号(studentNo)。姓名包含两个元素:姓(familyName)和名(givenName)。创建列表对象并与名字 student 绑定:

```
student <- list(
    name = c(familyName = "Li", givenName = "Ming" ),
    studentNo = "20211234"
)
```

查看列表对象:

```
> student
$name
familyName  givenName
    "Li"     "Ming"

$studentNo
[1] "20211234"
```

假如学生的成绩单(transcript)是个数据框对象:

```
obs <- data.frame(courses= c("Math","English","Programming","Algorithm"),
    marks = c("A","B","A","B") )
> obs
     courses marks
1        Math     A
2     English     B
3 Programming     A
4   Algorithm     B
```

那么可以把数据框对象作为列表的成员:

```
student <- list(
    name = c(familyName = "Li", givenName = "Ming" ),
    studentNo = "20211234",
    transcript = obs
)
```

```
> student
$name
familyName  givenName
      "Li"     "Ming"

$studentNo
[1] "20211234"

$transcript
      courses marks
1        Math     A
2     English     B
3 Programming     A
4   Algorithm     B
```

在函数调用 vector( )中使用参数 mode 可以创建分量均为空的列表。例如,创建含 4 个分量,但每个分量均为空的列表:

```
> vector(mode="list",length = 4)
[[1]]
NULL

[[2]]
NULL

[[3]]
NULL

[[4]]
NULL
```

8.2 访 问 列 表

在已有的列表对象上可以进行分量的查询、添加、删除、命名等访问操作。假设有如下两个分量的列表对象:

```
student<- list(
    names = list (familyName = "Li", givenName = "Ming" ),
    studentNo = "20211234"
)

> student
$names
$names$familyName
[1] "Li"

$names$givenName
[1] "Ming"

$studentNo
[1] "20211234"
```

每个分量都是一个名-值对。例如,studentNo 是名;"20211234"是值。名字前面的$提示使用$查询某个分量的值。例如,查询学生的学号 studentNo:

```
> student$studentNo
[1] "20211234"
```

如果分量是列表,则在查询结果中显示列表的各个分量的名和值。例如,查询列表 student 中的分量 names:

```
> student$names
$familyName
[1] "Li"

$givenName
[1] "Ming"
```

使用[]和列表分量的索引号也能实现对分量的查询。例如查询学号 studentNo:

```
> student[2]
$studentNo
[1] "20211234"
```

或者使用[]和分量名查询:

```
>student["studentNo"]
$studentNo
[1] "20211234"
```

student[2]或者 student["studentNo"]访问列表中的第二个分量,返回的结果仍为一个列表。当查询分量时,总是返回分量的名和值。如果只想返回分量的值,则使用[[ ]]运算符或者$运算符,返回的是向量,不再是列表,相当于把分量"拆开包装,取出内容":

```
> student[["studentNo"]]
[1] "20211234"
```

要想查询分量中的分量,例如查询 givenName,那么使用如下表达式:

```
> student[[c(1, 2)]]
[1] "Ming"
```

其中,向量 c(1,2)表示"第 1 个分量中的第 2 个分量"。

或者使用分量名字:

```
> student[[c("names", "givenName")]]
[1] "Ming"
```

意思是"分量 names 中的分量 givenName"。或者使用$运算符:

```
> student$names$givenName
[1] "Ming"
```

函数 names 列出列表里的分量的名字。例如:

```
> names(student)
[1] "names"       "studentNo"
```

创建列表对象后还可以修改分量的名字。例如把 names 和 studentNo 分别修改为

name 和 No：

```
> names(student) <- c("name","No")
```

使用当前列表的下个未用分量索引号向列表中添加新的分量：

```
> courses <- c("Math","English","Programming","Algorithm")
> student[[3]] <- courses
> student
$names
$names$familyName
[1] "Li"

$names$givenName
[1] "Ming"

$studentNo
[1] "20211234"

[[3]]
[1] "Math"         "English"       "Programming" "Algorithm"
```

如果在增加新的分量时需要指定分量的名字，则把名字放在[[]]中：

```
>student[["COURSES"]] <- courses
```

可通过把列表中的分量绑定到 NULL 来删除列表 L 里的分量。例如：

```
>student[[3]] <- NULL
```

查询列表对象中分量的个数：

```
> length(student)
[1] 2
```

去掉列表 student 里的分量名：

```
> unname(student)
```

函数 unlist 展平列表，把列表中各个分量的值取出并组合为向量：

```
> unlist(student)
names.familyName  names.givenName      studentNo
           "Li"            "Ming"     "20211234"
```

数据框是各个分量均为向量且长度相同的列表，所以对列表适用的函数对数据框也适用。

8.3 泛 函 数

以函数为参数的函数称为泛函数。例如，函数 apply 可把某函数应用在矩阵的行或列，结果以向量、矩阵或列表返回；函数 lapply(l 表示 list)遍历列表并在每个分量上都应用给定函数，把所有结果以列表对象返回；函数 sapply(s 表示 simple)基本与函数 lapply 相同，只是当每个元素的函数应用返回结果的长度都为 1 时，把整个返回结果简化为向量；若每个元素的函数应用返回结果都为相同长度(>1)的向量，则把整个返回结果简化为矩阵。函数

vapply 使用参数设置函数返回值类型,以改变函数 sapply 返回数据对象的不确定性。函数 tapply 可用于分组计算。

函数 apply 的用法为 apply(X,MARGIN,FUN,...)。其中参数 X 可以是矩阵、数据框、阵列等。X 不能是向量、列表。参数 MARGIN 表示维度。对于矩阵而言,MARGIN=1 表示以每行为函数 FUN 的第一个参数;MARGIN=2 表示以每列为函数 FUN 的第一个参数,MARGIN=c(1,2)表示以每个元素为函数 FUN 的第一个参数。MARGIN=n 表示以第 n 维为分组依据;MARGIN 为向量时,表示以多个维度为分组依据,如 MARGIN=c(2:4),表示以第 2、3、4 三个维度为联合分组依据。参数 FUN 本身也是个函数,...为函数 FUN 除第一个参数外的其他参数,在调用时一般要指明参数名称。当每组输出结果都不是单个数值或向量时并不推荐使用函数 apply。

下面通过几个例子说明这些函数的用法。

【例 8-1】　假设有矩阵:

```
>my.matrx <- matrix(c(1:9, 11:19, 21:29), nrow = 9, ncol = 3)
>my.matrx
     [,1] [,2] [,3]
[1,]    1   11   21
[2,]    2   12   22
[3,]    3   13   23
[4,]    4   14   24
[5,]    5   15   25
[6,]    6   16   26
[7,]    7   17   27
[8,]    8   18   28
[9,]    9   19   29
```

要求:

① 计算每行的和。

② 计算每行的累积和。

③ 计算每列的极差。

④ 计算矩阵每列的均值与中位数之差。

⑤ 把矩阵中每个元素都乘以 10。

(1)使用函数 apply 在每一行上都应用求和函数 sum,函数 apply 以向量返回每一行的和:

```
>apply(my.matrx, 1, sum)
[1] 33 36 39 42 45 48 51 54 57
```

其中参数 1 表示对矩阵中的"行"应用函数。

(2)通过在矩阵的行上应用函数 cumsum 来计算累积和:

```
> apply(my.matrix, 1, cumsum)
     [,1] [,2] [,3] [,4] [,5] [,6] [,7] [,8] [,9]
[1,]    1    2    3    4    5    6    7    8    9
[2,]   12   14   16   18   20   22   24   26   28
[3,]   33   36   39   42   45   48   51   54   57
```

因为共 9 行,每行的累积和有三个,所以结果是 3 行 9 列的矩阵。

（3）通过在矩阵的列上应用函数 range 计算每列的极差：

```
> apply(my.matrix, 2, range)
     [,1][,2][,3]
[1,]   1  11  21
[2,]   9  19  29
```

（4）以匿名函数作为参数来计算均值与中位数之差：

```
>apply(my.matrx, 2, function (x) mean(x)-median(x))
[1] 0  0  0
```

或者使用自定义函数来计算均值与中位数之差。首先显式定义函数：

```
diff <- function(x){
  mean(x) - median(x)
}
```

然后在函数 apply 中应用自定义函数：

```
>apply(my.matrx, 2, diff)
```

（5）把矩阵中每个元素都乘以 10：

```
my.matrx2 <- apply(my.matrx,1:2, function(x) x * 10)
```

参数 1:2 表示遍历矩阵中的每个元素。

函数 lapply 把某个函数应用于列表中的每个分量上。函数 lapply 有三个参数：列表 X、函数 FUN、其他参数(...)。函数 lapply 没有 MARGIN 参数，把列表的每个分量逐一作为函数 FUN 的参数；当 X 为数据框时，数据框的每个变量（即每列）都会被转换为列表的一个分量；当 X 为矩阵时，矩阵的每列都会被转换为列表的一个分量。

【例 8-2】　有一个两个分量的列表：

```
> x <- list(a = 1:10, b = rnorm(10))
> x
$a
[1]  1  2  3  4  5  6  7  8  9 10

$b
[1]  0.1968710 -0.5900928 -0.5312132  0.1555621  1.3745156 -2.1227460
[7] -0.1896381  0.5018244 -1.5742752 -0.6877891
```

对列表中的每个分量都求均值。

```
> lapply(x,mean)
$a
[1] 5.5

$b
[1] -0.3466981
```

或者：

```
> sapply(x,mean)
        a          b
 5.5000000 -0.3466981
```

函数 lapply 可以接受匿名（anonymous）函数。

【例 8-3】 已知分量为两个矩阵的列表，查询每个矩阵的第一列。

使用匿名函数 function(matrix)matrix[,1]作为函数 lappy 的参数：

```
> x <- list(a = matrix(1:4, 2, 2), b = matrix(1:6, 3, 2))
> x
$a
     [,1][,2]
[1,]  1   3
[2,]  2   4

$b
     [,1][,2]
[1,]  1   4
[2,]  2   5
[3,]  3   6
> lapply(x, function(matrix) matrix[,1])
$a
[1] 1 2

$b
[1] 1 2 3
```

【例 8-4】 假设有三个分量的 list 对象：

```
>my_list <- list(1:5,  letters[1:3], 789)
>my_list
[[1]]
[1] 1  2  3  4  5

[[2]]
[1] "a" "b" "c"

[[3]]
[1] 789
```

计算各个分量的长度。

可使用函数 lapply 在每个分量上应用函数 length 计算长度：

```
>lapply(my_list, length)
[[1]]
[1] 5

[[2]]
[1] 3

[[3]]
[1] 1
```

由于函数 lapply 的输出格式过于复杂，可使用函数 sapply 把输出简化为向量：

```
>sapply(my_list, length)
[1] 5 3 1
```

函数 sapply 的用法是 sapply(X，FUN，…，simplify＝TRUE，USE.NAMES＝TRUE)。

函数 sapply 对输入参数的要求与函数 lapply 完全一致；函数 sapply 根据返回的列表中每个元素的长度确定简化后的输出，如表 8-1 所示。当参数 simplify＝FASLE 时，sapply() 和 lapply() 功能完全相同。

表 8-1　函数 sapply 的输出

每个元素的长度	输　　出
＝1	向量
＞1 并且长度相同	矩阵
＞1 但是长度不同	列表

【例 8-5】　假设有数据：

```
data <- list(alpha = c(1, 2, 3, 4),
             beta = c(5, 6, 7, 8),
             gamma = c(9, 10, 11, 12))
```

计算 alpha、beta 和 gamma 的最小值。

```
> sapply(data, min)
alpha  beta gamma
    1     5     9
```

可以看到，由于向量的长度相同，因此结果为矩阵对象。

函数 vapply 在保持向量输出的简化形式的同时，还可显式指定输出的类型：

```
>vapply(my_list, length, integer(1))
[1] 5  3  1
```

当有一个数值向量，且该数值向量以另外一个因子向量分组时，函数 tapply 可用于分组计算。例如，对每组都求和：

```
>tapply(1:10, rep(letters[1:5], 2), sum)
a  b   c   d   e
7  9  11  13  15
```

也可以在数据框对象上应用函数。下面几个例子展示了 apply、sapply、lapply、vapply 和 mapply 的应用场景。

【例 8-6】　按照矩阵计算鸢尾花数据集中花萼长度和宽度、花瓣长度和宽度的中位数。

```
> apply(iris[,1:4], 2, median)
Sepal.Length  Sepal.Width Petal.Length  Petal.Width
        5.80         3.00         4.35         1.30
```

【例 8-7】　按照数据框计算鸢尾花数据集中花萼长度和宽度、花瓣长度和宽度的中位数。

```
> sapply(iris[,1:4], median)
Sepal.Length  Sepal.Width Petal.Length  Petal.Width
        5.80         3.00         4.35         1.30
```

【例 8-8】　查询鸢尾花数据集每一列的类型。

把类型函数 typeof 作为函数 lapply 的参数：

```
> lapply(iris, typeof)
$Sepal.Length
[1] "double"

$Sepal.Width
[1] "double"

$Petal.Length
[1] "double"

$Petal.Width
[1] "double"

$Species
[1] "integer"
```

函数 lapply 把结果放在列表中返回;而函数 sapply 返回向量:

```
> sapply(iris, typeof)
Sepal.Length  Sepal.Width Petal.Length  Petal.Width      Species
    "double"     "double"     "double"     "double"    "integer"
```

函数 vapply 则使用参数 FUN.VALUE 举例说明返回值类型,""表示长度为 1 的字符向量:

```
> vapply(iris, typeof, FUN.VALUE = "")
Sepal.Length  Sepal.Width Petal.Length  Petal.Width      Species
    "double"     "double"     "double"     "double"    "integer"
```

【例 8-9】 查询鸢尾花数据集中花萼长度和宽度、花瓣长度和宽度的分位数。

由于分位数函数 quantile 返回 5 个数:

```
> quantile(iris[,"Sepal.Length"])
 0%   25%   50%   75%  100%
 4.3   5.1   5.8   6.4   7.9
```

因此当把函数 quantile 作为函数 vapply 的参数时,需要指定该函数的返回值类型。假设是形如(1,2,3,4,5)的长度为 5 的数值向量:

```
> vapply(iris[,1:4], quantile, FUN.VALUE = c(1,2,3,4,5))
        Sepal.Length  Sepal.Width Petal.Length  Petal.Width
0%               4.3          2.0         1.00          0.1
25%              5.1          2.8         1.60          0.3
50%              5.8          3.0         4.35          1.3
75%              6.4          3.3         5.10          1.8
100%             7.9          4.4         6.90          2.5
```

函数 mapply 则可设置多个参数,是函数 sapply 的多变量版本。

【例 8-10】 应用函数 rep 把字母 A 重复 2 次、字母 B 重复 3 次、字母 C 重复 4 次。

因为函数 rep 有两个参数,所以当把 rep 作为参数时,后面指定了两个向量作为 rep 的参数:

```
> mapply(rep, c('A','B','C'), 2:4)
$A
[1] "A" "A"
$B
[1] "B" "B" "B"
$C
[1] "C" "C" "C" "C"
```

显式给出函数 rep 形式参数的名字更具有可读性：

```
> mapply(rep, x = c('A','B','C'), time = 2:4)
$A
[1] "A" "A"
$B
[1] "B" "B" "B"
$C
[1] "C" "C" "C" "C"
```

tapply()允许将观测分组，并对每个分组应用函数。

【例 8-11】　假设有类别标签 category 和相应的值 value：

```
category <- c("A", "A", "B", "B", "B")
value <- c(1, 2, 3, 4, 5)
```

计算每个类别的和。

```
>tapply(value, category, sum)
A  B
3  12
```

当返回多个值时，则使用列表对象。例如：

```
>tapply(value, category, function(x) c(min(x), max(x)))
$A
[1] 1 2
$B
[1] 3 5
```

R 语言鼓励使用泛函数以提高性能，同时鼓励为计算结果预先分配空间。预先分配指进入循环体前预先分配算法输出变量（output variable）的存储空间，创建数据对象并初始化。绝对避免在循环体中修改（包括增加、删除和替换）算法的输入变量。

【例 8-12】　给定 10 000 行 4 列的数据框，查找和大于 4 的行。

令 N 为 10 000，4 列分别由不同的分布产生，脚本如下：

```
N <- 10^4
df <- data.frame (A = runif(N, 0, 2), B = rnorm(N, 0, 2), C = rpois(N, 3), D = rchisq(N, 2))
#预分配用于结果的存储空间
result <- rep(0, N)
```

尽量在向量上应用函数，避免使用循环。参数为向量的函数相当于对该向量的一元运算：

```
output <- ifelse ((df$A + df$B + df$C + df$D) > 4, 1, 0)
df$output <- output
```

或者：

```
output[which(rowSums(df) > 4)] = 1
df$output <- output
```

如果使用循环，可使用 system.time() 函数调用查询用时情况：

```
result <- rep(0, N)
system.time({
  for (i in 1:N) {
    if ((df[i, 'A'] + df[i, 'B'] + df[i, 'C'] + df[i, 'D']) > 4) {
      result[i] <- 1
    }
  }
  #把结果向量添加到数据框中
  df$greater <- result
})
```

脚本用时情况为

```
user  system  elapsed
0.18   0.00    0.33
```

与在向量上直接使用函数相比，使用循环要慢得多。应用泛函数的性能低于直接在向量上应用函数，但是高于使用循环：

```
system.time({
  largerthan4 <- function(x) {
    if ((x['A'] + x['B'] + x['C'] + x['D']) > 4) {
      1
    } else {
      0
    }
  }
  output <- apply(df[, c(1:4)], 1, FUN=largerthan4)   #在每一行上应用函数 largerthan4
  df$larger <- output
})
```

用时情况为

```
user  system  elapsed
0.03   0.00   ·0.03
```

【例 8-13】 计算鸢尾花数据集中每个品种鸢尾花 Sepal.Width 的均值。

```
> tapply(iris$Sepal.Width, iris$Species, mean)
   setosa versicolor  virginica
    3.428     2.770      2.974
```

当被应用的函数有多个参数时，则直接把这些参数附在函数名字的后面。

【例 8-14】 假设有矩阵：

```
data <- matrix(c(1:15), nrow = 5, ncol = 3)
```

以及具有三个参数的函数：

```
fn = function(x, y, z){
    return(x+y+z)
}
```

按列应用该函数：

```
> apply(data, 2, fn, y = 2, z = 3)
     [,1] [,2] [,3]
[1,]    6   11   16
[2,]    7   12   17
[3,]    8   13   18
[4,]    9   14   19
[5,]   10   15   20
```

第9章
面向对象程序设计

面向对象程序设计是一种流行的程序设计范型。其思想是把现实世界的实体映射为虚拟世界的对象；现实世界实体间的协作完成业务活动映射为虚拟世界中对象间的消息传递完成业务功能。所以面向对象思想可以用下面的式子表达：

面向对象＝类＋对象＋消息＋继承

其中，类是具有共同属性和行为特征的对象的抽象；对象是类的实例；消息就是实例方法，发送消息就是对对象实例方法的调用；通过继承可实现对被继承类（父类）的共享。

面向对象的语言一般使用单独的堆存储空间存放对象并使用垃圾回收机制进行管理。而名字在运行时刻的当前环境中，从而使得面向对象的语言通过"引用"访问对象。R 包 R6 就实现了面向对象的范型。

9.1　类 的 定 义

包 R6 使用类的定义函数 R6Class 创建类，然后使用函数 new 实例化对象。类的成员的访问有两种：公共（public）和私有（private）。所有公共成员都放在列表 public 中；所有私有成员都放在列表 private 中。可通过函数的参数 classname 设置类的名字。

【例 9-1】　定义 Person 类，该类有公共的成员姓名（name）、函数 introduce，还有私有的成员性别（gender）、函数 getGender。创建名为"Zhang Bao"的 Person 对象，向该对象发送消息 introduce。

```
Person <- R6Class(classname = "Person",

  public=list(                          #公共成员
    name = NA,                          #姓名
    initialize = function(name, gender){ #构造方法
      self$name <- name
      private$gender <- gender          #访问私有成员变量
    },
    introduce = function(){
      paste0("Hello everyone, I am ",self$name, ", ", private$getGender())
    }
  ),

  private=list(                         #私有成员
    gender = NA,                        #私有成员变量
    getGender=function(){               #私有方法
      private$gender
```

```
        }
    )
)
```

使用该类创建姓名为"Zhang Bao"的对象；然后向该对象发送消息 introduce，即调用对象的方法 introduce：

```
zhangBao <- Person$new('Zhang Bao','Male')
zhangBao$introduce()
[1] "Hello everyone, I am Zhang Bao, Male"
```

Person$new('Zhang Bao','Male')中的方法 new 调用 Person 类中的方法 initialize 实现对象的初始化。

这个例子展示了面向对象的类、对象和消息的特征。下面的例子展示继承的特征。下面的脚本通过继承类 Person 创建类 Student：

```
Student <- R6Class(classname = "Student",
        inherit=Person
)
```

创建姓名为"Zhang Wei"的对象，并发送消息 introduce：

```
> zhangWei <- Student$new('Zhang Wei','Male')
> zhangWei$introduce()
[1] "Hello everyone, I am Zhang Wei, Male"
```

在子类 Student 中并没有定义函数 introduce，但是子类的实例 zhangWei 可以直接调用 introduce，这是因为子类 Student 通过继承(inherit＝Person)共享了父类的非私有成员。

子类可以定义自己的成员。例如，学生类 Student 增加了私有成员学位 degree，并且增加了自己的 introduce 函数，该函数覆盖了父类的 introduce 函数。另外，学生类 Student 定义了自己的 initialize 函数：

```
Student <- R6Class(classname = "Student",
        inherit = Person,
        public = list(
            initialize = function(name, gender, degree){
                self$name <- name
                private$gender <- gender
                private$degree <- degree
            },

            introduce = function(){
                paste0("Hello everyone, I am ",self$name, ", "
                , private$getGender(), ", "
                , private$degree )
            }
        ),
        private = list(degree = NULL)
)
```

创建一个姓名为 Zhang Wei，性别为男，学位为博士的学生对象：

```
> zhangWei <- Student$new('Zhang Wei','Male','Ph. D.')
```

给学生对象 zhangWei 发送消息 introduce：

```
> zhangWei$introduce()
[1] "Hello everyone, I am Zhang Wei, Male, Ph. D."
```

保留字 self 引用对象自己。private 对象则是 self 对象所在环境中的一个子环境，所以私有成员只能在当前类中被访问。

可通过保留字 super 访问父类的成员。下面版本的 Student 类的 initialize 函数有三个参数，前两个也用于父类的 initialize 函数，所以通过 super$initialize(name, gender) 调用父类的方法，可使子类的 initialize 函数更加简洁。另外，可通过 super$introduce() 调用父类的 introduce 函数：

```
Student <- R6Class(classname = "Student",
        inherit = Person,
        public = list(
            initialize = function(name, gender, degree){
                super$initialize(name, gender)
                private$degree <- degree
            },

            introduce = function(){
                paste0(super$introduce(), ", ", private$degree )
            }
        ),
        private = list(degree = NULL)
)
```

注意：函数体中最后一个表达式的计值可作为该函数的返回值。如果最后一个表达式显式调用 print 函数，则其计值既可作为返回值又可在控制台输出。

9.2　静态属性

如果 initialize 函数中有创建函数的表达式，那么每次使用 initialize() 函数调用都会创建新对象并将新对象存储在单独的环境空间中。例如，把姓名设计为具有姓（familyName）和名（givenName）两个成员的对象：

```
Name <- R6Class("Name",
            public = list(
                familyName = NULL,
                givenName = NULL,
                initialize = function(familyName, givenName){
                    self$familyName <- familyName
                    self$givenName <- givenName
                }
            )
)
```

那么，每创建一个 Person 对象，该 Person 对象就应具有自己的 Name 对象：

```
Person <- R6Class("Person",
  public = list(
    name = NULL,
    initialize = function(familyName, givenName){
      self$name <- Name$new(familyName, givenName)
    }
  )
)
```

创建姓名为 Zhang Bao 的对象：

```
zhangBao <- Person$new("Zhang", "Bao")
```

显示对象的名：

```
zhangBao$name$givenName
[1] "Bao"
```

创建姓名为 Zhang Wei 的对象：

```
zhangWei <- Person$new("Zhang", "Wei")
```

显示当前两个对象的名：

```
zhangBao$name$givenName
[1] "Bao"
zhangWei$name$givenName
[1] "Wei"
```

把 Zhang Bao 改名为 Zhang Hao：

```
zhangBao$name$givenName <- "Hao"
```

显示改名后两个对象的名，发现各自不影响：

```
zhangBao$name$givenName
[1] "Hao"
zhangWei$name$givenName
[1] "Wei"
```

当把对象的成员绑定到另一个 R6 对象时，成员中保存了对象的引用，而非对象实例本身。利用这个规则就可以实现对象的静态属性，也就是可以在多种不同的对象中共享对象的某个成员，类似于 Java 中的 static 属性。假设把地址 Address 设计为具有一个属性 city 的类，两个 Person 对象居住在同一个城市，则在 Person 类把地址属性在定义时初始化：

```
Address <- R6Class("Address",
          public=list(
            city = NULL,
            initialize = function(city){
              self$city <- city
            }
          )
)
Person <- R6Class("Person",
  public = list(
```

```
        name = NULL,
        address = Address$new("Beijing"),   #定义时初始化
        initialize = function(name){
          self$name <- name
        }
    )
)
```

创建两个对象 Zhang Bao 和 Zhang Wei,显示二者地址都是 Beijing:

```
> zhangBao <- Person$new("Zhang Bao")
> zhangBao$address
<Address>
  Public:
    city: Beijing
    clone: function (deep = FALSE)
    initialize: function (city)
> zhangWei <- Person$new("Zhang Wei")
> zhangWei$address
<Address>
  Public:
    city: Beijing
    clone: function (deep = FALSE)
    initialize: function (city)
```

把 Zhang Bao 的地址改为 Peking:

```
> zhangBao$address$city <- "Peking"
```

再次显示两个对象的地址,发现都是 Peking,这说明 address 是与对象的引用绑定,而不是与对象本身绑定:

```
> zhangWei$address
<Address>
  Public:
    city: Peking
    clone: function (deep = FALSE)
    initialize: function (city)
> zhangBao$address
<Address>
  Public:
    city: Peking
    clone: function (deep = FALSE)
    initialize: function (city)
```

由于 address 引用的对象内容发生变化,因此所有相关对象的地址都发生变化。如果不是修改地址对象的 city 属性值,而是改变引用的对象,则不会出现共同改变的情形:

```
> zhangBao$address <- Address$new("Peking")
> zhangBao$address
<Address>
  Public:
    city: Peking
    clone: function (deep = FALSE)
    initialize: function (city)
```

```
> zhangWei$address
<Address>
  Public:
    city: Beijing
    clone: function (deep = FALSE)
    initialize: function (city)
```

这是因为 zhangBao$address <- Address$new("Peking")改变了对象 Zhang Bao 的 address 绑定；但没用改变 Zhang Wei 的 address 绑定。

类似于 Java 中的 toString 函数，R6 提供了用于输出对象字符串表示的函数 print，输出对象时会调用这个默认的 print 函数。可以覆盖 print 函数，使用自定义字符串输出。

R6 包用函数 set 动态设置成员。假设已经有类 A，类 A 中已经定义了函数 getX：

```
A <- R6Class("A",
             public = list(
               x = 10,
               getX = function() { x }
)                          )
```

那么还可以通过函数 set 动态增加 getTripleX()方法：

```
A$set("public","getTripleX",function() self$x * 3)
```

创建类 A 的实例：

```
s <- A$new()
s$getTripleX()
[1] 30
```

函数 set 还用于修改属性值。例如，动态改变属性 x 的值为 20：

```
A$set("public", "x", 20, overwrite=TRUE)
s <- A$new()
s$x
[1] 20
>s$getTripleX()
[1] 60
```

9.3　面向对象的 R 脚本设计

包 R6 为应用面向对象的程序设计范式设计 R 脚本提供了基础。下面通过三个例子说明如何应用 R6Class 实现面向对象的脚本设计。

【例 9-2】假设图书（Book）有三个属性：书名（title）、价格（price）和作者（author）。可以把这三个属性设计为类的私有成员；并定义公共的函数 getPrice、getAuthor 访问私有成员，另外，还需要使用书名、价格和作者这三个参数创建图书对象。教材（TextBook）是学校用于课程的图书，所以教材是图书的子类。那么用 R6 创建 Book 类和 TextBook 类的脚本如下：

```
Book <- R6Class("Book",
                private = list(
                  title = NA,
```

```
                price= NA,
                author = NA
            ),
        public = list(
            initialize = function(title, price, author){
              private$title <- title
              private$price <- price
              private$author <- author
            },
            getPrice = function(){
              private$price
            },
            getAuthor = function(){
              private$author
            }
)              )

TextBook <- R6Class("TextBook",
            inherit=Book,
            public = list(
              getPrice = function(){
                cat("RMB",private$price,"\n")
              }
)              )
```

创建教材对象,该教材对象的书名为 Data mining with R、价格为 59、作者为 Zhang San。注意,作者是通过前文的 Person 类创建的对象:

```
t1 <- TextBook$new("Data mining with R ",
        59,
        Person$new('Zhang San', 'Male')
        )
```

查询教材的价格:

```
t1$getPrice()
RMB 59
```

查询教材的作者:

```
t1$getAuthor()
<Person>
  Public:
    clone: function (deep = FALSE)
    father: NA
    hello: function ()
    initialize: function (name, gender)
    name: Zhang San
  Private:
    gender: Male
    myGender: function ()
```

这个例子展示了如何使用 R6 包通过 R6Class 定义类、通过 private 列表定义私有成员、通过 public 列表定义公共成员、通过 initialize 方法实现构造方法、通过 inherit 定义继承关系。

【例 9-3】　设计队列类,实现入队 enqueue、出队 dequeue 操作。

首先定义队列类 Queue,可使用列表作为队列的存储结构,并将列表设为私有;而入队和出队函数则为公共函数,设计具有变长参数的 initialize 函数,通过逐一把参数入队实现队列初始化。入队就是把元素添加到当前列表的末尾。出队则要判断队列是否为空:是则返回 NULL;否则返回队首,并从列表中删除队首。用 R6 创建队列的脚本如下:

```r
Queue <- R6Class("Queue",
  public = list(
    initialize = function(...) {
      for (item in list(...)) {
        self$enqueue(item)
      }
    },
    enqueue = function(x) {
      private$queue <- c(private$queue, list(x))
      #返回当前队列,但不在控制台显示
      invisible(self)
    },
    dequeue = function() {
      if (private$length() == 0) return(NULL)
      head <- private$queue[[1]]
      private$queue <- private$queue[-1]
      return(head)
    }
  ),

  private = list(
    queue = list(),
    length = function() base::length(private$queue)
  )
)
```

创建一个队列 q,初始化三个元素:

```r
q <- Queue$new(2, 3:5, "abc")
```

查看队列 q:

```r
>q
<Queue>
  Public:
    clone: function (deep = FALSE)
    dequeue: function ()
    enqueue: function (x)
    initialize: function (...)
  Private:
    length: function ()
    queue: list
```

查看队列 q 的地址:

```r
>address(q)
[1] "0x2fab0950"
```

出队:

```
>q$dequeue()
[1] 2
```

查看出队后队列 q 的地址,发现没有发生变化,说明 R6 对象具有引用语义。出队仅仅改变了私有成员 queue 的绑定,但没有改变队列本身与名字 q 的绑定:

```
>address(q)
[1] "0x2fab0950"
```

入队:

```
> q$enqueue("xyz")
```

入队也没有改变队列与名字 q 的绑定:

```
>address(q)
[1] "0x2fab0950"
```

当队列为空时,再出队则返回 NULL:

```
> q$dequeue()
[1] 3 4 5
> q$dequeue()
[1] "abc"
> q$dequeue()
[1] "xyz"
> q$dequeue()
NULL
```

这个例子展示了 R6 对象具有引用语义:改变对象成员的绑定并不改变对象本身的绑定。

【例 9-4】 设计二叉排序树,实现对结点的添加和对二叉排序树的遍历。

首先定义二叉排序树中的结点(Node)类,一个结点有四个私有成员:值 value、对左子树的根结点的引用 left、对右子树的根结点的引用 right 以及以该结点为根的子树的结点总数 N。通过结点的值创建结点对象,并设计访问私有成员的公共函数 getter 和 setter。

Node 类,树由 Node 对象组成。

```
Node <- R6Class("Node",
  private = list(
    value = 0,          #值
    left = NULL,        #左子树
    right = NULL,       #右子树
    N = 0               #以该结点为根的子树的结点总数
  ),

  public = list(
    initialize = function(value) {
      private$value <- value
    },
    getValue = function() {
      private$value
    },
```

```
    getLeft = function() {
      private$left
    },
    getRight = function() {
      private$right
    },
    getN = function() {
      private$N
    },
    setValue = function(value) {
      private$value <- value
    },
    setLeft = function(child) {
      private$left <- child
    },
    setRight = function(child) {
      private$right <- child
    },
    setN = function(N) {
      private$N <- N
    },

    #override
    print = function(...) {
      cat("Node{value: ", self$getValue(), "; N:", self$getN(),"}\n", sep = "")
    }
  )
)
```

可通过覆盖 print 函数返回对象的字符串表示。使用表达式 x 显示 x 的值实际上是通过函数调用 print(x) 显示 x 的值。

再定义二叉排序树 BSD。一棵二叉排序树只需存储对树根的引用,所以设计公共成员 root 引用根结点,由根结点作为访问入口。设计公共的 append 函数向树中追加结点:如为空树,则创建根结点;否则,沿着根结点添加结点。设计变长参数的 initialize 函数,该函数调用 append 函数逐一把参数添加到树中。函数 traverse 中序遍历二叉排序树。脚本如下:

```
BST <- R6Class("BST",
  public = list(
    root = NULL,       #根

    initialize = function(...) {
      for (item in list(...)) {
        self$append(item)
      }
    },

    append = function(value){
      #如为空树,则创建根结点;否则,沿着根结点添加结点。
      if (is.null(self$root)) self$root <- private$insert(self$root,value)
      else private$insert(self$root,value)
    },
```

```
    traverse = function() {
        private$inOrderTraverse(self$root)
    }
 ),

 private = list(
   #递归地把 value 插入以 root 为根的二叉排序树中
   insert = function(root, value) {
         #如果在空结点插入,则创建结点作为根结点
       if( is.null(root) ) return( Node$new(value))
         #如果小于根结点的值,则插入左子树中
       else if (value < root$getValue()) root$setLeft(private$insert
       (root$getLeft(), value))
         #如果大于根结点的值,则插入右子树中
       else root$setRight(private$insert(root$getRight(), value))
   },

   inOrderTraverse = function(node) {
       if(!is.null(node)) {
           private$inOrderTraverse(node$getLeft())
           print(node$getValue())
           private$inOrderTraverse(node$getRight())
       }
   }
 )
)
```

下面的脚本演示对二叉排序树的添加结点和遍历操作。例如,把值 1、2、3 添加到二叉排序树中:

```
b <- BST$new(2,1,3)
```

遍历二叉排序树:

```
b$traverse()
[1] 1
[1] 2
[1] 3
```

查看根结点的值:

```
b$root$getValue()
[1] 2
```

查看左子树根结点的值:

```
b$root$getLeft()$getValue()
[1] 1
```

查看右子树根结点的值:

```
b$root$getRight()$getValue()
[1] 3
```

这个例子展示了如何通过 R6 对象引用建立"树"这样的数据结构。

第 10 章

数 据 存 储

数据通常保存在文本文件、Excel 文件中。文本文件指仅含字符不含样式的文件。有的文本文件按照二维表结构组织数据，称为 table；有的文本文件按逗号隔开的值组织数据，称为 CSV 文件；有的按行组织数据。R 中的数据对象，如向量、数据表，也可以保存在文件中，称为 R 数据文件。

批处理方式下的 R 数据对象很多，可能产生内存不足的问题。可以把 R 数据对象安排在虚拟内存中以解决内存不足的问题。虚拟内存技术就是把一部分磁盘空间与内存捆绑在一起，由底层软件把需要修改的数据对象导入内存，把近期无访问的数据对象导出内存。

10.1 导 入 导 出

数据从磁盘读入 R 工作空间称为"导入"；从 R 工作空间写入磁盘称为"导出"。R 的内置函数 read.table、read.csv、readLines 按照操作系统字符编码读取文本文件；内置函数 write.table、write.csv、writeLines 使用操作系统中设置的字符编码写入文本文件。中文 Windows 11 的字符编码可能是 GBK 或者 UTF-8。

函数 read.table 能够自动识别列的类型；函数 read.csv 则专门读取 CSV 文件；readxl 包等用来读取 Excel 文件。当读取大文件时，data.table 包的 fread 函数的读取速度要比其他函数快得多。如果需要按数据类型从文本文件中读取，则使用函数 scan。

10.1.1 函数 read.table 和 write.table

如果要把文本文件中的表格数据读取到数据框中，则使用函数 read.table。只要给出文件名，就可以把文件中用空白分隔的表格数据的每行读入为数据框的一行。例如，已知文件 d.txt 中内容（前面的行号不属于文本内容）如下：

```
1 Zhou  15.0  A
2 Wang  9.0   A
3 李明  10.2  B
4 Zhang 11.0  C
```

用 read.table 读入：

```
> x <- read.table('d.txt', stringAsFactors=FALSE)
> x
    V1    V2    V3
1  Zhou  15.0  A
2  Wang  9.0   A
3  李明  10.2  B
4  Zhang 11.0  C
```

　　读入结果为数据框,数据框中的变量名被命名为 V1、V2、V3,行名被命名为"1""2""3""4"。函数自动识别变量的数据类型,并在默认情况下把字符类型数据转换为因子(若参数 as.is＝TRUE,则保留字符类型,不转换)。可以用 col.names 参数指定一个字符向量作为数据框的变量名,用 row.names 参数指定一个字符向量作为数据框的行名。参数 stringAsFactors 默认值为 TRUE,即把字符类型的变量转换为因子类型。如果文本中含有注释,则使用参数 comment.char 指定注释符号,默认的注释符号是 ♯。使用参数 sep 设置行中各项间的分隔符。

　　如果文件带有表头,则使用参数 header＝TRUE 读入表头。例如,为了读入如下带有表头的逗号分隔文件 d2.txt:

```
姓名,　成绩1,成绩2
Zhou,  15,     A
Wang,  9,      A
李明,  10.2,   B
Zhang, 11,     C
```

则使用参数 header 设置含表头,参数 sep 指定行中各项的分隔符为逗号。使用如下表达式读入以逗号分隔的行:

```
> x<- read.table('d2.txt', header=TRUE, sep=',') ; x
    姓名  成绩1  成绩2
1   Zhou  15.0    A
2   Wang  9.0     A
3   李明  10.2    B
4   Zhang 11.0    C
```

　　函数 write.table 可把矩阵或者数据框对象 x 写入文本文件。例如,把矩阵 mydata 写入 mydata.txt 中:

```
>write.table(mydata, file="mydata.txt")
```

　　默认以空格作为分隔符,并输出列名和行名。如果矩阵没有列名和行名,则使用默认名称:列名 V1,V2,…,行名 1,2,3,…。如果不需要行名和列名,则使用参数 row.names 和 col.names 控制:

```
> write.table(mydata, file = "mydata1.txt", row.names=FALSE, col.names=FALSE)
```

　　如果希望改变分隔符,则使用 sep 参数指定:

```
> write.table(mydata,file = "mydata2.txt",row.names=F,col.names=F,sep=',')
```

　　该函数直接覆盖工作文件夹中已有的同名文件,没有任何提示。

10.1.2　函数 read.csv 和 write.csv

　　CSV 是 Comma Seperated Value(逗号分隔值)的缩写,CSV 文件通常是纯文本文件。使用 read.csv 读入 CSV 文件,常用的参数有

```
read.csv(file, header = TRUE, sep = ",", quote = "\"",row.names="name")
```

　　其中,参数 file 设置 CSV 文件名;参数 header 设置首行是否为表头;参数 sep 设置分隔符,默认是英文逗号;参数 row.names 设置行名。

参数 locale 设置区域语言环境(时区、编码方式、小数标记、日期格式),例如,locale =
locale(encoding = "GBK")把默认 UTF-8 编码改为 GBK 编码。

如果在文本文件中用其他符号(如 999)表示缺失值,则使用参数 na.strings 说明。
例如:

```
> read.table("mydata.tab", header = TRUE, na.strings = "999")
```

通常读入 CVS 文件后使用 names()、dim()和 summary()来验证。例如,读入 16 行 8
列带表头的 CSV 文件 mydata.csv 并验证读入的数据框对象:

```
> data <-read.csv("mydata.csv", header = TRUE)
```

查询数据框的维属性,验收是否是 16 行 8 列:

```
> dim(data)
[1] 16  8
```

查询第 1~10 行,抽样检查数据:

```
> data[1:10,]
```

查询变量名是否与文件中的表头一致:

```
> names(data)
[1] "V1""V2""V3"
```

通过每个变量的统计描述(最小值、第一四分位数、中位数、均值、第三四分位数和最大
值)验证导入的数据:

```
> summary(data)
```

【例 10-1】 复制如下带有表头的逗号分隔值文件 d3.csv,该文件使用 GBK 编码:

```
姓名,    成绩 1, 成绩 2
Zhou,  15,     A
Wang,  9,      A
李明,  10.2,   B
Zhang, 11,     C
```

首先读入:

```
> x <-read.csv("d3.csv", header = TRUE, fileEncoding="GBK");x
    姓名  成绩 1  成绩 2
1  Zhou  15.0    A
2  Wang  9.0     A
3  李明   10.2    B
4  Zhang 11.0    C
```

然后将其写入 copyofd3.csv 中:

```
> write.csv(x, file = "copyofd3.csv")
1 "","姓名","成绩 1","成绩 2"
2 "1","Zhou",15,"A"
3 "2","Wang",9,"A"
4 "3","李明",10.2,"B"
5 "4","Zhang",11,"C"
```

默认写入行号,并且在字符数据上添加双引号。下面的表达式去掉行号和双引号:

```
> write.csv(x, file = "copyofd3.csv", quote = FALSE, row.names = FALSE)
姓名,成绩1,成绩2
Zhou,15,A
Wang,9,A
李明,10.2,B
Zhang,11,C
```

包 readr 2.0 能够批量读取合并列名/列类型相同的 CSV 文件,例如 read_csv(list.files())。

10.1.3   函数 readLines 和 writeLines

如果需要把文本文件中的内容按行读入向量中,则使用 readLines()。readLines()函数把一整个文本文件读入一个字符向量,每个元素为一行,元素中不包含换行符。对这样的字符向量每个元素的处理就是对文本文件的逐行处理。假设文本文件 d.txt 中有 4 行,其中包含汉字,按 GBK 编码:

```
1 Zhou   15.0    A
2 Wang   9.0     A
3 李明    10.2    B
4 Zhang 11.0    C
```

下面的脚本按 GBK 编码读入 d.txt,按 UTF-8 编码写出:

```
fin <- file("d.txt", "rt", encoding="GBK")
fout <- file("copyofd.txt", "wt", encoding="UTF-8")
```

一次读入 8 行:

```
lines <- readLines(fin, n=8)
```

输出实际读取的行数:

```
cat("Read", length(lines), "lines.", "\n")
if(length(lines) != 0) {
  writeLines(lines, fout)
}
close(fout)
close(fin)
```

其中,函数 writeLines 批量把字符向量按每字符串一行写入文本文件。在函数调用 cat()中使用参数 file 可以把文本输出到磁盘文件中。

R 4.2 及以后版本默认数据文件编码为 UTF-8。在 read.csv() 和 read.table() 中设置参数 fileEncoding="GBK",在 readLines() 中设置参数 encoding="GBK",才能读取 GBK文件。使用一些文本编辑器,如 NotePad 3,也可以手工改变文件编码。函数 scan()通常用来读取文本字面量,默认以空白符为分隔符。例如,使用 scan(text="Mon Tue Thi")可以得到 3 个元素的向量。

10.1.4   读取 Excel 工作表

可以使用 readxl 包直接读取 Excel 文件,该包于 2019 年 3 月发布。例如,读取 t.xlsx

中 sheet1 上从 A1 到 B286 的区域：

```
sheet <- read_excel(path = "t.xlsx", sheet = 1, range="A1:B286")
```

2020 年 R 社区发布的 XLConnect 包提供了更加方便的 Excel 文件读写功能,不必考虑 32 位/64 位问题。例如,从 units.xls 中读取 ALL 工作表(从第 0～96 行):

```
library(XLConnect)
sheetALL <- readWorksheetFromFile("units.xls", sheet = "ALL",
 startRow = 0, endRow = 96, startCol = 0, endCol = 0)
```

把数据框 t(假设只有一列)写入 units.xls 中名为"sheet7"的工作表中:

```
writeWorksheetToFile("units.xls", data = t, sheet = "sheet7", startRow = 1,
startCol = 1)
```

使用该包还可以读写工作簿、读写区域(region),详见该包的帮助文档(??XLConnect)。

在 32 位 Office 下使用 RODBC 包的 odbcConnectExcel 函数也可读入 Excel 文件。例如,读入 t.xls:

```
install.packages("RODBC")
library(RODBC)
con <- odbcConnectExcel("t.xls",readOnly = TRUE)
t<-sqlFetch(con,"sheet1",stringsAsFactors = FALSE)
close(con)
```

但是函数 odbcConnectExcel 无法访问 64 位的 Office 文件,此时可使用函数 odbcConnectExcel2007 与 XLS 或 XLSX 文件建立连接,其他语句相同:

```
library(RODBC)
con <- odbcConnectExcel2007("test.xlsx",readOnly = TRUE)
t <- sqlFetch(con,"sheet1",stringsAsFactors = FALSE); t;
odbcClose(con)
```

RODBC 主要用来访问关系数据库,并可设计复杂查询语句,但是最多只能读取 255 列。

尽量把 Excel 工作表转为 CSV 格式再读取。

readtext 包用来把全部文本文件的内容读入数据框(每个文本文件都对应数据框中的一行)。readtext 包还支持读取 CSV、TAB、JSON、XML、HTML、PDF、DOC、DOCX、RTF、XLS、XLSX 等格式的文件。默认 doc_id 列为文档标识列,text 为文档内容列。

10.1.5　ODBC 数据源

一般通过 ODBC(Open Database Connect,开放数据库互联)导入 Microsoft Access、SQL Server、MySQL 等数据库中的表。ODBC 是 Microsoft 公司提出的用于访问不同数据库产品的标准接口。它的目的是避免在应用程序中直接使用与具体数据库产品相关的 API,从而提高数据库持久化设施的独立性。

假设通过 ODBC 导入一个名为 test.mdb 的 ACCESS 数据库(其中有 1 个表 T),则可通过三个大的步骤完成:第一步,建立访问 ACCESS 数据库(C:\data\test.mdb)的 ODBC 数据源;第二步,在 R 中加载 RODBC 包;第三步,进行导入。首先建立 ODBC 连接,然后打开连接,使用 SQL 语句进行数据查询等操作,最后关闭连接。数据流动示意图如图 10-1 所示。

图 10-1　通过 ODBC 导入 ACCESS 数据库

在 Windows 中建立 ODBC 数据源,步骤如下。

(1) 双击"控制面板"中的"数据源 ODBC",会看到"ODBC 数据源管理器"对话框,如图 10-2 所示。请注意,该对话框中当前显示的是"用户 DSN"(用户数据源名)选项卡。用户数据源仅对当前用户可见,而且仅能用于当前计算机。对系统级数据库来说,使用"系统 DSN"(系统数据源名)选项卡。系统数据源对当前计算机上的所有用户可见。对文件级数据源(从严格意义上说,它不是数据库),使用"文件 DSN"(文件数据源名)选项卡。文件数据源可以由安装了相同驱动程序的用户共享。

图 10-2　"ODBC 数据源管理器"对话框

对本地数据库来说,通常要在"用户 DSN"选项卡上创建一个项;对远程数据库来说,则在"系统 DSN"选项卡上创建一个项。任何情况下,都不能在"用户 DSN"和"系统 DSN"选项卡上创建同名的项。

(2) 在"用户 DSN"选项卡中单击"添加"按钮,会看到"创建新的数据源"对话框。

(3) 选择一个数据源的驱动程序。对本例来说,选择了 Microsoft Access Driver(*.mdb)。最后单击"完成"按钮。

(4) 在"数据源名"文本框内输入数据源名称。一定要选择意义明确但又不过于冗长的名称。本例输入"test"。

(5) 在"描述"文本框内输入一段说明性文字。可以让这个项比上一个项稍长一些,因为它描述数据库的用途。

(6) 单击"选择"按钮,会看到一个"选择数据库"对话框,可以在此对话框中选择一个现有的数据库,此例中选择"C:\data\test.mdb"。

(7) 单击"确定"按钮关闭 ODBC Microsoft Access 设置对话框,可以看到,新的设置项已经添加到"ODBC 数据源管理器"对话框中。如果今后要为数据库更改这些设置，只要选择它并单击"配置"按钮即可。删除数据库只要选择它并单击"删除"按钮即可。下面是从该数据源查询表 T 中所有行的脚本：

```
>library("RODBC")
>con=odbcConnect("test")
>result<- sqlQuery(con,"SELECT * FROM T")
>close(con)
```

10.2 持久化 R 数据对象

函数 dput 把某个 R 数据对象以 R 的数据格式保存到磁盘文件中；函数 dget 则从磁盘文件中恢复 R 数据对象。例如，把数据框对象 y 保存到磁盘文件 y.R 中：

```
> y <- data.frame(a = 1:4, b = 5:8)
> y
  a b
1 1 5
2 2 6
3 3 7
4 4 8
> dput(y,file="y.R")
```

从磁盘文件 y.R 中读入数据框：

```
> newY <- dget("y.R")
> newY
  a  b
1 1  5
2 2  6
3 3  7
4 4  8
```

当需要把多个 R 数据对象保存到一个磁盘文件中或从磁盘文件中恢复时，可使用函数 dump 和函数 source。例如，有两个数据框 x 和 y，把这两个数据框保存到文件 xy.R 中：

```
> x
    姓名    成绩1   成绩2
1   Zhou    15.0    A
2   Wang    9.0     A
3   李明    10.2    B
4   Zhang   11.0    C
> y
  a b
1 1 5
2 2 6
3 3 7
4 4 8
> dump(c("x","y"),file="xy.R")
```

从当前环境中删除数据框 x 和 y，然后从磁盘文件 xy.R 中读入数据框：

```
> rm(x,y)
> ls()
[1] "d""newY"
> source("xy.R")
> ls()
[1] "d""newY""x""y"
```

10.3   格式化输出

在交互运行时要显示某个对象的值只要输入其名字即可,例如:

```
> x <- 1:10
> x
[1]  1  2  3  4  5  6  7  8  9 10
```

交互方式下的表达式 x 实际上是函数调用 print(x)。在脚本中应显式使用函数调用 print() 来输出。函数 print 的参数 digits 设置有效数字位数;参数 quote 设置是否为字符串加引号;参数 print.gap 设置列的间距。

函数 cat 可以把多个参数连接起来再输出(具有函数 paste 的功能)。例如:

```
>i<- 2
>cat("i = ", i, "\n")
i =  2
```

函数 cat 把各参数转换为字符串,以空格为分隔符连接,然后输出。用参数 sep 设置分隔符,例如:

```
> cat(c("AB", "C"), c("E", "F"), "\n", sep="")
ABCDEF
```

参数 file 用来设置输出文件名。例如:

```
> cat("i = ", 2, "\n", file="result.txt")
```

如果指定的文件已经存在,则原文件被覆盖。设置参数 append 为 TRUE,可在文件末尾附加而不覆盖原文件。

函数 formatC 提供了类似 C 语言函数 printf 的格式化功能。函数 formatC 对输入向量的每个元素都单独进行格式转换。例如:

```
> formatC(c(2, 20000))
[1] "2"     "2e+04"
```

在函数 formatC 中可以用 format 设置 C 语言函数 printf 中的转换码,如 d 表示整数、f 表示含小数点的实数、s 表示字符串、e 或 E 表示科学记数法等。fg 与 f 一样也是含小数点的实数(此时参数 digits 表示有效数字位数)。参数 width 指定输出宽度,参数 digits 指定有效数字位数或小数点后位数。参数 flag 设置选项:-表示左对齐;0表示用 0 填充空白;+表示输出正负号等。例如,有 6 个实数:

```
> x <- 3.1415 * 10^(-2:3);x
[1] 3.1415e-02 3.1415e-01 3.1415e+00 3.1415e+01 3.1415e+02 3.1415e+03
```

按含小数点的实数格式输出,实数含 4 个有效数字,右对齐(默认):

```
> formatC(x, digits = 4)
[1] "0.03142" "0.3142"  "3.142"   "31.42"   "314.2"   " 3142"
> formatC(x, digits = 4, format = "fg")
[1] "0.03142" "0.3142"  "3.142"   "31.42"   "314.2"   " 3142"
```

按含小数点的实数格式输出,实数含 4 个有效数字,左右对齐:

```
> formatC(x, digits = 4, flag = "-")
[1] "0.03142" "0.3142"  "3.142"   "31.42"   "314.2"   "3142 "
```

按含小数点的实数格式输出,实数小数点后面含 8 位有效数字,不足 8 位有效数字则补 0:

```
> formatC(x, digits = 8, format = "f", flag = "0")
[1] "0.03141500"   "0.31415000"   "3.14150000"   "31.41500000"
[5] "314.15000000"  "3141.50000000"
```

再如,给定整数矩阵 **A**:

```
>A<- matrix(c(22,1,3, 22,11,9, 23,5,18),3,3,byrow=TRUE); A
     [,1] [,2] [,3]
[1,]  22    1    3
[2,]  22   11    9
[3,]  23    5   18
```

按 2 位整数格式输出,不足 2 位整数则前面补 0:

```
> formatC(A,format="d",width=2,flag="0")
     [,1] [,2] [,3]
[1,] "22" "01" "03"
[2,] "22" "11" "09"
[3,] "23" "05" "18"
```

10.4　虚　拟　内　存

当因为内存容量限制而无法容纳矩阵、数据框等对象时,可使用 SOAR 包把对象存储在磁盘上,但仍然能够与其在内存中一样对其进行访问,存储对象的磁盘缓冲区称为“虚拟内存”。

SOAR 包用于处理大数据对象。大数据对象指总字节数超出了内存限制,但是未超出虚拟地址空间限制的 R 数据对象。当内存中的数据对象超出了容量限制时,虽然可以通过 R 的 save 函数把内存中的对象保存为.RData 影像文件,然后用 rm 函数删除该对象;根据需要可从磁盘上使用 load 函数从该文件把对象加载到内存中,但这是完全的手工管理方式,容易出错。SOAR 包允许把内存对象从内存移动到磁盘上,但在内存对象列表中仍然显示该对象,如果访问该对象再自动将该对象装入内存,这称为惰性加载或者延迟加载。图 10-3 展示了 SOAR 包的存储架构:在磁盘上设置缓冲区作为虚拟内存;把虚拟内存与操作系统分配给 R 的物理内存关联在一起,使用户无须显式地从物理内存删除和装入数据对象。下面的例子展示了如何通过虚拟内存来访问数据框对象。

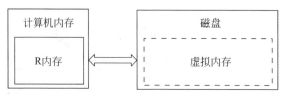

图 10-3　SOAR 包的存储架构

【例 10-2】 访问虚拟内存中的数据框对象。

```
install.packages("SOAR")
library(SOAR)
```

函数 getwd()返回的文件夹称为工作文件夹：

```
getwd()
```

设置工作文件夹：

```
setwd("D:/S/R/")
```

在 R 会话中设置存储 R 对象的虚拟内存环境变量的值为"D:/S/R/tmpsoar"(该值通常是工作文件夹的子文件夹)，也就是关联虚拟内存与物理内存：

```
Sys.setenv(R_LOCAL_CACHE = "tmpsoar")
```

创建一个数据框对象：

```
df <- data.frame(a = rnorm(20, 2, 1),b = rnorm(20, 3, 1))
```

列出虚拟内存中的数据对象：

```
>Ls()
```

或者：

```
> Objects()
character(0)
```

注意使用大写 L 和大写 O。此时没有任何数据对象。列出物理内存中的数据对象：

```
>ls()
```

或者：

```
> objects()
[1] "df"
```

把 df 对象移动到磁盘缓冲区，即使用虚拟内存管理数据对象。此时在 D:/S/R/tmpsoar 中出现一个 df@.RData 文件(注意首字母 S 大写)：

```
>Store(df)
```

再次查看物理内存，发现没有 df 数据框了，从而表明释放了物理内存：

```
>ls()
character(0)
```

对数据框 df 求均值，此处的脚本并没有感觉到 df 已经在外存中，物理内存中没有 df：

```
>mean(df[,1])
[1] 2.099794
>objects()
character(0)
```

向数据框 df 中增加一列 c：

```
>df$c = rnorm(10,4,2)
```

由于内容发生更新，因此 SOAR 包自动把 df 数据框读取（复制）到物理内存：

```
>ls()
[1] "df"
> Objects()
[1] "df"
```

把更新后的数据对象移动到虚拟内存中，以前的数据对象消失：

```
> Store(df)
> Objects()
[1] "df"
> objects()
character(0)
```

从磁盘上删除 df@.RData 文件：

```
>Remove(df)
> Objects()
character(0)
> objects()
[1] "df"
```

通过 .RData 文件不仅可以释放内存，还可以在不同的 R 会话之间，甚至不同的 R 项目之间共享 R 对象。函数 attach 用来把磁盘缓冲区中的对象附加到 R 环境中使之可访问；函数 Objects 用来列出磁盘缓冲区中的所有对象。函数调用 Store()、Objects() 和 Remove() 默认会自动调用 attach 函数。

函数 gc 的 Vcells 是 R 使用的物理内存大小。如果把创建数据框对象前使用的内存查询出来作为基数，那么根据创建数据框对象后的内存大小就能计算出数据框对象所使用的内存大小。下面的交互命令就是使用这个物理内存相对变化量跟踪数据框对象的每次操作，以展示 SOAR 的存储管理方法：

```
> vc <- gc(); vc ; vbase <- vc["Vcells", "used"]
         used  (Mb) gc trigger (Mb) max used (Mb)
Ncells 374978 20.1     644225 34.5   644225 34.5
Vcells 789678  6.1    8388608 64.0  5973369 45.6
```

定义查询物理内存使用量的函数：

```
>Vcells <- function() c(Vcells = gc()["Vcells", "used"])
```

计算物理内存使用量：

```
>Vcells() -vbase
Vcells
   21
```

查询创建数据框对象后的物理内存使用量：

```
> df <- data.frame(a = rnorm(20, 2, 1),b = rnorm(20, 3, 1))
> Vcells() - vbase
Vcells
122425
```

查询把数据框对象移动到虚拟内存后的物理内存使用量：

```
> Store(df)
> Vcells() - vbase
Vcells
122385
```

两个使用量相减就是数据框对象的大小：$122\,425-122\,385=40$。

计算均值后得物理内存使用量为 $122\,426$：

```
> mean(df[,1])
[1] 2.023767
> Vcells() - vbase
Vcells
122426
```

在数据框对象上增加列 c 后的物理内存使用量为 122 464，这是因为 R 先复制数据对象再修改：

```
> df$c = rnorm(10,4,2)
> Vcells() - vbase
Vcells
122464
```

把更新后的数据框对象移动到虚拟内存后，物理内存使用量恢复到 122 385：

```
> Store(df)
> Vcells() - vbase
Vcells
122385
```

特别需要注意的是，务必通过 SOAR 包的 API 访问磁盘缓冲区，切勿从操作系统直接访问。

尽早在代码中删除（用函数 rm）不再需要的对象，尤其是在进行冗长的循环操作之前要删除。推荐在每次迭代结束时调用垃圾收集函数 gc。

函数 Store 和函数 Remove 可以通过参数设置移入或移出的对象。移入或移出对象时可使用以下四种格式：

（1）直接使用数据对象的引用名，例如 df、X 等。

（2）使用以单引号、双引号、反引号引起来的字符串，例如"vbase"。

（3）使用计值结果为对象引用名字符向量的表达式，例如，objects(pattern = "^X")中的参数 pattern 设置了以 X 开头的所有对象引用名。

（4）使用对象引用名的字符向量。

例如，把全局环境中不以"."开头的对象移动到虚拟内存中：

```
> Store(objects())
```

或者：

```
> objs <- objects()
> Store(list = objs)
```

如果访问单个大文件，则可使用 readr 包。其函数 read_csv_chunked 支持分块读取，并可通过 callback 参数设置的回调函数在读完每块后做些处理，并在读完所有块后把所有处理结果合并。

【例 10-3】　从 mtcars.csv 中查询 3 个齿轮的汽车。

首先定义回调函数 f 以在给定数据集中查询 3 个齿轮的汽车：

```
>f <- function(x, pos) subset(x, gear == 3)
```

设置每 5 条记录组成一个块，读取每块后回调函数 f：

```
> read_csv_chunked(readr_example("mtcars.csv"), DataFrameCallback$new(f),
chunk_size = 5)
```

结果形如：

```
#A tibble: 15 × 11
    mpg    cyl    disp    hp     drat   wt     qsec   vs     am     gear   carb
    <dbl>  <dbl>  <dbl>   <dbl>  <dbl>  <dbl>  <dbl>  <dbl> <dbl> <dbl> <dbl>
1   21.4   6      258     110    3.08   3.22   19.4   1      0      3      1
...
```

10.5　操作文件和文件夹

R 提供了访问磁盘文件和文件夹的函数，例如，创建文件或文件夹、查看文件夹内容、删除文件、复制文件等。

通常在当前文件夹中对磁盘文件进行操作，所以在进行文件或者文件夹操作之前，首先明确当前文件夹（当前目录）。如果查看当前文件夹，则使用 getwd 函数：

```
> getwd()
[1] "D:/S/R"
```

如果设置当前文件夹，则使用 setwd 函数：

```
>setwd("D:/S")
```

在 R 的交互窗口，也可以使用菜单 File|Change Dir...设置当前文件夹。

应用 list.files 函数可查看文件夹中的项目（包括文件和文件夹）。list.files 函数与 dir 函数功能相同。例如，查看文件夹 D:/S/R 中的项目：

```
>list.files(path = "D:/S/R/text")
```

由于当前文件夹是 D:/S/R，也可以使用：

```
>list.files(path = "./text")
```

或者：

```
>list.files(path = "text")
```

或者：

```
>list.files("text")
```

查看文件夹中的项目。

应用 choose.dir 函数可以交互指定文件夹：

```
>list.files(path = choose.dir())
```

参数 recursive＝TRUE 用来实现递归遍历。例如，递归遍历当前文件夹及其子文件夹中的文件：

```
>list.files(recursive = TRUE)
```

参数 full.name＝TRUE 用来返回文件的绝对路径名，例如：

```
>list.files(full.name = TRUE)
```

下面的函数调用递归显示 D:\src 文件夹中所有文件的绝对路径名：

```
>list.files("D:/src", full.names = TRUE, recursive = TRUE)
```

参数 pattern 用来使用正规表达式设置文件名的模式，以过滤满足该模式的文件名。例如，如果在当前文件夹中仅列出 CSV 文件，那么可使用参数 pattern＝"[.]csv$"：

```
>list.files(pattern = "[.]csv$")
```

列出当前文件夹及其子文件夹中的 CSV 文件：

```
>list.files(pattern = "[.]csv", recursive = TRUE)
```

在所有文件上应用 read.csv 函数读取所有 CSV 文件：

```
all.csv<- lapply(list.files(pattern = "[.]csv$"), read.csv)
```

应用 file.exists 函数可查看文件是否存在。例如，查看当前文件夹中 data.csv 是否存在：

```
>file.exists("data.csv")
```

应用 is.file 函数可判断是否是文件；应用 is.dir 函数可判断是否是文件夹。

应用 file.create 函数可创建空文件，例如：

```
>file.create("new.txt")
>file.create("new.docx")
>file.create("new.csv")
```

创建 10 个文件，且文件名分别为 file1.csv,file2.csv,…,file10.csv：

```
>N=10
>sapply(paste0("file", 1:N, ".csv"), file.create)
```

应用 file_chmod 函数可设置文件的权限，应用 file_chown 函数可设置文件的所有者或者组。

应用 file.copy 函数可复制文件。例如，把文件 data.txt 从文件夹 D:\S 复制到文件夹 D:\S\R 中：

```
>file.copy("D:/S/data.txt", "D:/S/R/")
```

应用 basename 函数可返回文件的基本名,例如:

```
> basename("D:/S/R/weather.txt")
[1] "weather.txt"
```

应用 file.show 函数可显示文件内容,例如:

```
>file.show("D:/S/R/weather.txt")
```

应用 file.remove 函数可删除文件,若文件不存在,则返回警告信息,例如:

```
>file.remove("data.txt")
```

应用 list.dirs 函数可列出文件夹中的所有子文件夹,该函数默认 recursive＝TRUE。例如,列出当前文件夹中的所有子文件夹:

```
>list.dirs()
```

应用 dir.create 函数可创建文件夹。例如,在当前文件夹下创建文件夹:

```
>dir.create("test")
```

应用 dir.exist 函数可判断文件夹是否存在,若文件夹不存在,则返回 FALSE,例如:

```
dir.exists("test")
```

应用 file.choose 函数可弹出文件(夹)选择对话框。该函数不需要设置参数,应用该函数打开的对话框界面所显示的路径即为当前工作路径。用户选中文件并单击"打开"按钮后,程序会继续运行;如果单击"取消"按钮,则程序会中断。choose.files 函数则允许用户在弹出的文件(夹)选择对话框中按 Ctrl 键选中多个文件(夹)。该函数的参数有对话框标题 caption、是否允许多选 multi、文件过滤器 filters("文件类型"存储在数组变量 Filters 中),以及对话框刚打开时,"文件名"框内的默认文件名 default、默认文件类型 index。

【例 10-4】 新建三个文本文件 A.txt、B.txt 和 C.txt。其内容分别是 AAAA、BBBB 和 CCCC。把 C.txt 的内容分别追加到 A.txt 和 B.txt 中,然后把文件 C.txt 改名为 D.txt,并把 D.txt 重复添加到文件 A.txt 和 B.txt 中各 3 次。使得 A.txt 的内容为

```
AAAA
CCCC
CCCC
CCCC
CCCC
```

B.txt 内容为

```
BBBB
CCCC
CCCC
CCCC
CCCC
```

最后把 D.txt 复制到 C.txt。

cat 函数可用于创建文件并写入数据到文件。例如,把字符串"AAAA"写入 A.txt、"BBBB"写入 B.txt、"CCCC"写入 C.txt:

```
>cat("AAAA\n", file = "A.txt")
>cat("BBBB\n", file = "B.txt")
>cat("CCCC\n", file = "C.txt")
```

把 C.txt 的内容分别追加到 A.txt 和 B.txt 中：

```
>file.append(c("A.txt", "B.txt"), "C.txt")
```

把文件 C.txt 改名为 D.txt：

```
>file.rename("C.txt", "D.txt")
```

把 D.txt 重复添加到文件 A.txt 和 B.txt 中各 3 次：

```
>file.append(c("A.txt", "B.txt"), rep("D.txt", 6))
```

显示文件 A.txt 和 B.txt 的内容：

```
>file.show(c("A.txt", "B.txt"))
```

复制文件 D.txt 到 C.txt：

```
>file.copy("D.txt", "C.txt")
```

若 C.txt 已存在，则设置 overwrite＝TRUE 进行覆盖：

```
>file.copy("D.txt", "C.txt", overwrite = TRUE)
```

第 2 篇

可　视　化

第 11 章

统 计 绘 图

R 语言中统计绘图函数可分为三类：高级绘图函数、低级绘图函数和交互式绘图函数。高级(high-level)绘图函数在图形设备上产生一个新的绘图区域，并生成一个新的图形，通过其参数可以设置坐标轴、标签、标题等。低级(low-level)绘图函数用来在已存在的图形上加上更多的图形元素(如额外的点、线、多边形和标签)，是绘制图形的基础函数。交互式绘图函数允许交互式地用定点设备(如鼠标)在已经存在的图上添加或提取图形信息。

11.1 绘 图 设 备

一幅图(figure)由点(points)、线(lines、abline、segments、arrows)、多边形(rect、polygon、box)、颜色(colors)、文本(text)、图例(legend)等元素构成。这些图形元素都是通过绘图函数描绘在绘图设备(device)上。绘图设备可以分为两类：窗口和文件。绘图设备的管理函数有 dev.new()、dev.list()等。下面的函数调用演示了对绘图设备、当前绘图设备的操作。

新建绘图设备：

```
>dev.new()
```

再次新建第 2 个绘图设备：

```
>dev.new()
```

新建 PDF 绘图文件作为绘图设备：

```
>pdf(file="myplot.pdf")
```

列出打开的绘图设备，当前有三个：

```
> dev.list()
windows windows    pdf
    2       3       4
```

显示当前设备，为 pdf：

```
> dev.cur()
pdf
4
```

把当前设备(4 号窗口)改为 2 号窗口：

```
> dev.set(2)
windows
    2
```

显示当前设备,此时为改变后的当前设备:

```
> dev.cur()
windows
    2
```

关闭 2 号窗口:

```
> dev.off(2)
windows
    3
```

列出打开设备的列表,发现已经删除了 2 号窗口:

```
> dev.list()
windows    pdf
    3      4
```

显示当前设备,为 3 号窗口:

```
> dev.cur()
windows
    3
```

关闭当前设备(括号内不加参数默认关闭当前设备)。关闭当前的 3 号窗口,那么 4 号
PDF 文件成为当前设备:

```
> dev.off()
pdf
4
```

列出打开的绘图设备,只剩 1 个:

```
> dev.list()
pdf
4
```

关闭所有绘图设备:

```
>graphics.off()
NULL
```

除了 PDF 格式的图形输出设备外,还有 PNG 和 JPEG 格式的图形输出设备。例如,把
图形保存为名为 myplot、格式为 PNG 的文件。

由上述要求确认图形输出设备为 PNG 文件,然后设置宽度和高度:

```
>png(file="D:/myplot.png",units = "px",width = 800, height = 480)
>dev.off()
```

注意,使用完毕后要关闭当前绘图设备。如果保存为 JPEG 格式,则

```
>jpeg(file="myplot.jpeg")
>dev.off()
```

如果要改变图片的默认大小,可通过宽度和高度参数来设置:

```
>jpeg(file = "myplot.jpeg", width = 800, height = 480, units = "px")
```

其中,px 表示以像素为单位。

设备间也可以复制。例如,把当前设备复制成 PNG 文件:

```
dev.copy(png,file="MyCopy.png")
dev.off()
```

11.2　布　　局

图绘制在绘图设备上,绘图设备可以是窗口、PNG 文件等。一幅图由绘图区(plot)和上(top)、下(bottom)、左(left)、右(right)四个边组成,如图 11-1 所示。

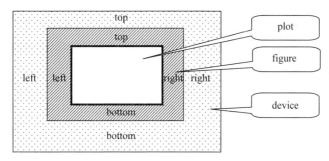

图 11-1　图的布局

绘图区边缘到图的边缘称为内边(inner)。默认底边 5 行、左边 4 行、顶边 4 行、右边 2 行。这里的行是指显示 1 行普通字符所用的垂直空间。因为坐标轴通常位于底边和左边,图标题置于顶边,所以一般底边和左边都会宽一些。边的宽度可以使用 par()函数中的 mar 参数来设置。比如 mar=c(4,3,2,1)设置底边 4 行、左边 3 行、顶边 2 行、右边 1 行(按从底边开始的顺时针方向顺序设置,即底、左、顶、右)。也可以使用参数 mai 来设置。mai 与 mar 的唯一不同之处在于 mai 不是以行为单位,而是以英寸(inch)为单位。

从图的边缘到绘图设备的边缘称为外边(outer)。外边的宽度可使用 par()函数中的 oma(out margin area)参数进行设置。例如,oma=c(4,3,2,1)设置外边的宽度分别为底边 4 行、左边 3 行、顶边 2 行、右边 1 行(按从底边开始的顺时针方向顺序设置)。oma 的默认值为(0,0,0,0)。

绘图区中可以放置多个统计图,这些统计图的位置安排称为布局。函数 mfrow 和 mfcol 可以使绘图区域被分为多个区域。mf 指 multiple figures。例如,mfrow(2,3)就是指将绘图区域分成 2 行 3 列,并按行的顺序依次绘图填充;mfcol(3,2)就是指将绘图区域分成 3 行 2 列,并按列的顺序依次绘图填充。布局时,默认值为 mfrow(1,1)。

【例 11-1】　绘制正弦曲线,设置图标题为"Title",内边顶部标注文本"Inner text",水平居中对齐,使用虚线描绘图边缘。效果如图 11-2 所示。

绘图脚本如下:

```
curve(sin, 0, 20)
box("figure", lty = "dashed", lwd = 7)
mtext("Inner text", side = 3, adj = 0.5)
title("Title")
```

因为默认使用实线显示 plot 边缘,所以函数 box 设置使用虚线绘制图的边缘。这样,

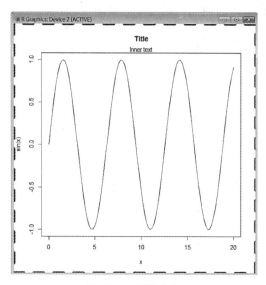

图 11-2　正弦曲线

实线框和虚线框之间的区域就是内边。函数 mtext 默认在内边上设置文本。其参数 side 依次取值 1、2、3、4 设置底边、左边、顶边、右边；参数 adj 用于调整文本行内的相对位置，从 0 到 1，0 表示左对齐，0.5 表示居中对齐，1 表示右对齐。如果在绘图区添加文本，则使用函数 text。

【例 11-2】　绘制正弦曲线，设置所有四个外边宽度为 4 行，使用不同的虚线描述图边缘和设备边缘，在内边的右边上居中显示文本 Inner text，在外边的右边上居中显示文本 Outer text，效果如图 11-3 所示。

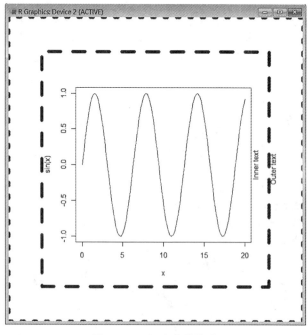

图 11-3　4 行宽度的外边

脚本如下：

```
#设置所有四个外边宽度为 4 行
par(oma = c(4, 4, 4, 4))
#绘图区的边缘默认为实线
curve(sin, 0, 20)
#图的边缘使用短虚线
box("figure", lty = "dashed", lwd = 7)
mtext("Inner text", side = 4, adj = 0.5)
mtext("Outer text", side = 4, adj = 0.5, outer = TRUE)
#绘图设备的边缘使用点虚线
box("outer", lty = "dotted", lwd = 7)
#恢复默认参数
par(oma = c(0, 0, 0, 0))
```

11.3 绘 图 函 数

函数 plot 是最基本的绘图函数，它根据第一个参数是什么对象绘制不同的图形，如表 11-1 所示。

表 11-1 函数调用 plot( ) 示例

调 用 示 例	参 数	绘制图形描述
plot(x)	向量	向量 x 的值对其索引的散点图
plot(t)	时间序列	变量 t 的时间序列图
plot(f)	因子	变量 f 的条形图
plot(x,y)	向量	变量 y 对 x 的散点图
plot(xy)	矩阵	变量 y 对 x 的散点图
plot(f,y)	因子-向量	变量 y 在 f 的各水平下的箱线图

【例 11-3】 假设有如下数据：

```
>set.seed(31)
>x <- sample(1:50,10); y <- sample(1:50,10)
> x
[1] 14 19 28 43 10 41 42 29 27  3
> y
[1] 10 35 28  8 44 43  6 36 20 23
>t <- ts(x)
> t
Time Series:
Start = 1
End = 10
Frequency = 1
[1] 14 19 28 43 10 41 42 29 27  3
>xy <- cbind(x, y)
> xy
```

```
        x   y
[1,]  14  10
[2,]  19  35
[3,]  28  28
[4,]  43  8
[5,]  10  44
[6,]  41  43
[7,]  42  6
[8,]  29  36
[9,]  27  20
[10,] 3   23
>f <- as.factor(c(rep('a', 3), rep('b', 5), rep('c', 2)))
> f
[1] a a a b b b b b c c
Levels: a b c
```

这样，x 和 y 都是向量；xy 是矩阵；t 是时间序列；f 是因子。那么，plot(x)、plot(t)、plot(f)、plot(x,y)、plot(xy)、plot(f,y)绘制的图形分别如图 11-4～图 11-9 所示。

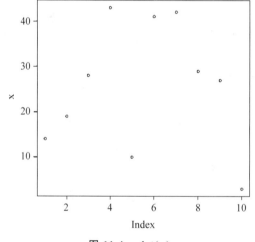

图 11-4　plot(x)

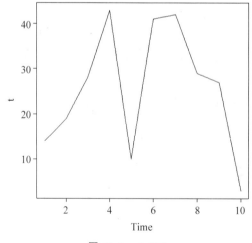

图 11-5　plot(t)

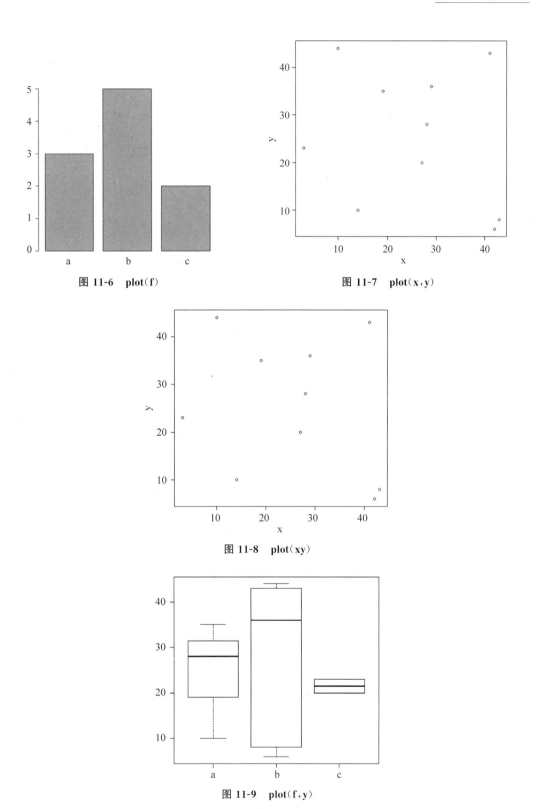

图 11-6　plot(f)

图 11-7　plot(x,y)

图 11-8　plot(xy)

图 11-9　plot(f,y)

函数 plot 的参数 type 设置图的类型。plot(x,type='n')不绘制任何点和线,只显示坐标轴、标题等;plot(x,type='p')把数据点映射到几何形状"点";plot(x,type='l')把数据点映射到几何形状"点",并以"线"连接"点";plot(x,type='b')把数据点映射到几何形状"点",并以"线"连接"点",但点线不相交;plot(x,type='c')把 type='b'中的点去掉,只剩下相应的线条部分;plot(x,type='o')同时画点和线,且相互重叠;plot(x,type='h')把数据点映射为铅垂线;plot(x,type='s')把数据点映射到几何形状"点",并且交替使用水平线和垂直线连接相邻点,成为阶梯状;plot(x,type='S')也是阶梯线,但先使用垂直线连接邻接点,再使用水平线连接下个邻接点。

其他常用函数的功能:使用函数 title 修饰标题,使用函数 text 添加文字,使用函数 axis 自定义坐标轴,使用函数 legend 设置图例,使用函数 abline 绘制参考线等。

使用函数 title 添加标题或副标题。用法为

```
title(main="main title", sub="sub-title",xlab="x-axis label",ylab="y-axis label")
```

使用函数 text 在绘图区坐标(x,y)处添加用 labels 向量指定的文本。用法为

```
text(x, y, labels,...)
```

【例 11-4】 假设有 10 个点,横坐标和纵坐标都是 1:10,在每个点右侧添加数据标签,效果如图 11-10 所示。

```
plot(c(1:10),c(1:10))
text(x= c(1:10), y= c(1:10), labels= c(1:10), cex=0.6, pos=4)
```

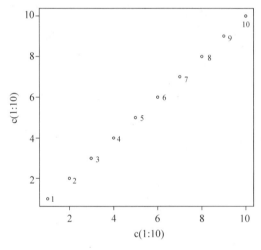

图 11-10 使用函数 text 添加标签

使用函数 axis 自定义坐标轴。用法如下:

```
axis(side, at=, labels=, tick=, lty=, lwd=, col=, font.axis=, cex.axis=, col.axis=, col.ticks=, ...)
```

其中:

- side:坐标轴的位置。1、2、3、4 分别表示坐标轴处于下边、左边、上边、右边。
- at:刻度向量。

- labels：刻度标签。labels 向量要与 at 参数向量一一对应。
- tick：表示是否显示刻度。
- lty：坐标轴的线条样式。tick＝TRUE 时有效。
- lwd：坐标轴的宽度。tick＝TRUE 时有效。
- col：坐标轴的颜色。tick＝TRUE 时有效。
- font.axis：刻度标签的字体。
- cex.axis：刻度标签的大小。
- col.axis：刻度标签的颜色。
- col.ticks：轴刻度线的颜色。

函数 legend 用来绘制图例。用法如下：

```
legend(x, y, legend, horiz = FALSE, pch, lty, col, bg, bty, inset = 0, title = NULL)
```

其中：

- x 和 y：设置图例的位置（默认为左上角）。也可以使用 bottomright、bottom、bottomleft、left、topleft、top、topright、right、center 等位置名。
- legend：图例中的文字。
- horiz：为 FALSE（默认）时，图例垂直排列；为 TRUE 时，图例水平排列。
- pch：图例中点的样式。
- lty：图例中线的样式。
- col：图例中点或线的颜色。
- bg：图例的背景颜色。在 bty 参数为"n"时无效。
- bty：设置图例框的样式：默认为"o"，表示显示边框。设置为"n"表示无边框。
- inset：指定图形向内侧的偏移量（以整个图形的百分比表示）。
- title：设定图例的标题。

下面的例子展示了如何定做坐标轴和添加图例。

【例 11-5】　假设从周一到周五，学生 A 千米跑的距离分别为 2 千米、3 千米、6 千米、4 千米、9 千米；学生 B 千米跑的距离分别为 3 千米、5 千米、4 千米、5 千米和 12 千米。绘制折线图比较 A 和 B 每天千米跑的距离。

（1）把学生 A 的观测数据组织到向量 A 中；把学生 B 的观测数据组织到向量 B 中：

```
A<- c(2, 3, 6, 4, 9)
B<- c(3, 5, 4, 5, 12)
```

（2）计算 Y 坐标轴刻度范围内所有给定参数的最小值（0）和最大值：

```
yRange <- range(0,A,B);yRange
[1]  0 12
```

（3）使用 axes＝FALSE，ann＝FALSE 取消函数 plot 产生的默认坐标轴与标题，使用 ylim 限制 Y 轴的最大刻度值，绘制学生 A 千米跑的距离折线：

```
plot(A, type="o", col="blue", ylim= yRange, axes=FALSE, ann=FALSE)
```

结果如图 11-11 所示。

图 11-11　学生 A 千米跑的距离折线

（4）增加横轴：

```
axis(1, at=1:5, lab=c("Mon","Tue","Wed","Thu","Fri"))
```

结果如图 11-12 所示。

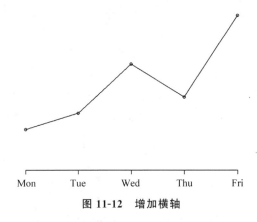

图 11-12　增加横轴

（5）在左边上绘制纵轴，每 4 个单位显示一个刻度，超出 ylim 的值略去：

```
axis(2, las=1, at=4 * 0: yRange[2])
```

结果如图 11-13 所示。

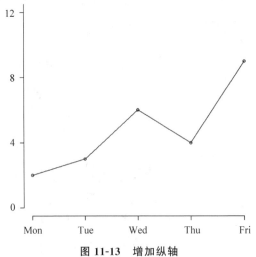

图 11-13　增加纵轴

（6）绘制绘图区边框：

```
>box()
```

结果如图 11-14 所示。

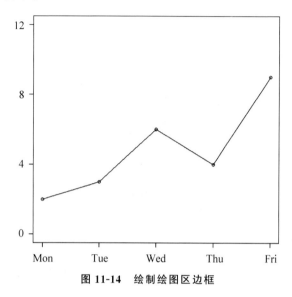

图 11-14　绘制绘图区边框

（7）再增加学生 B 的数据点：

```
lines(B, type="o", pch=22, lty = "dashed")
```

结果如图 11-15 所示。

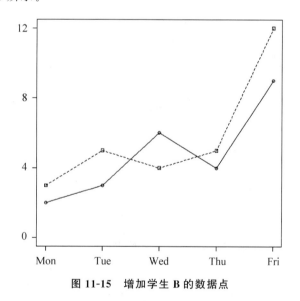

图 11-15　增加学生 B 的数据点

（8）添加标题：

```
title(main="学生 A 和 B 千米跑训练(单位:千米)", col.main="black", font.main=2)
```

结果如图 11-16 所示。

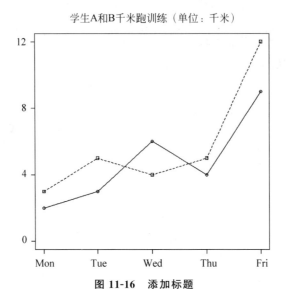

图 11-16　添加标题

（9）添加横轴、纵轴标签：

```
title(xlab="day", ylab="distance")
```

结果如图 11-17 所示。

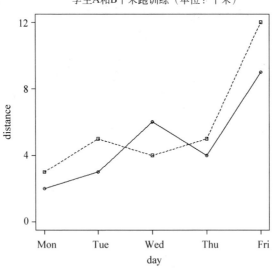

图 11-17　添加轴标签

（10）在左上角添加图例：

```
legend(1, yRange[2], c("学生 A","学生 B"), cex=0.8, pch=c(1,22), lty=1:2)
```

结果如图 11-18 所示。

使用函数 arrows(x0,y0,x1,y1,angle＝30,code＝2)绘制箭头。其中,如果 code＝2,则在各(x0,y0)处画箭头;如果 code＝1,则在各(x1,y1)处画箭头;如果 code＝3,则在两端都画箭头。angle 控制箭头相对于坐标轴的角度。使用函数 points 绘制点。使用函数

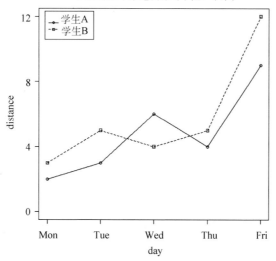

图 11-18　学生 A 和 B 千米跑一周训练比较

polygon(x,y)绘制连接各点的多边形。使用函数 rect(x1,y1,x2,y2)绘制长方形,其中
(x1,y1)为左下角,(x2,y2)为右上角。使用函数 segments(x0,y0,x1,y1)绘制从(x0,y0)各
点到(x1,y1)的线段。

【例 11-6】　绘制点、线段、箭头,效果如图 11-19 所示。

```
plot(-4:4, -4:4, type = "p", pch=1)
```

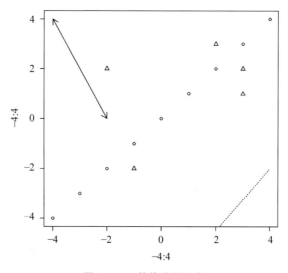

图 11-19　其他绘图函数

绘制点:

```
points(x=c(3,-2,-1,3,2), y=c(1,2,-2,2,3),pch=2)
```

绘制线段:

```
segments(x0=2, y0=-4.5, x1=4, y1=-2, lty="dotted")
```

绘制箭头,并设置箭头的长度、角度、样式:

```
arrows(x0=-4, y0=4, x1=-2, y1=0, length=0.15, angle=30, code=3)
```

【例 11-7】　旋转刻度标签。

通过设置 plot 函数的参数 las 可旋转刻度标签。las＝0 表示刻度标签与刻度线平行放置;las＝1 表示刻度标签水平放置; las＝2 表示刻度标签与刻度线垂直放置;las＝3 表示刻度垂直放置。

```
set.seed(123)
x <- rnorm(100)
y <- x + rnorm(100)
par(mfrow = c(2, 2))

plot(x, y, las = 0, main = "Parallel")        #与刻度线平行(默认)
plot(x, y, las = 1, main = "Horizontal")      #水平
plot(x, y, las = 2, main = "Perpendicular")   #与刻度线垂直
plot(x, y, las = 3, main = "Vertical")        #垂直

par(mfrow = c(1, 1))
```

结果如图 11-20 所示。

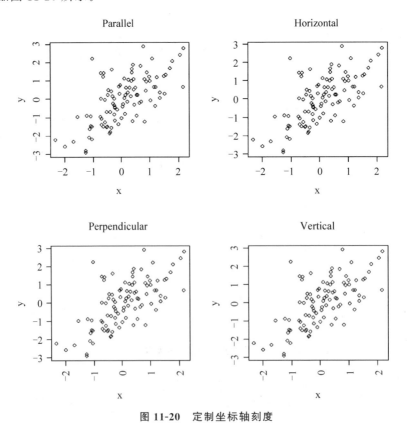

图 11-20　定制坐标轴刻度

11.4　常用绘图参数

函数 plot 常用的绘图参数分为图形、符号和线条、颜色、文本以及坐标轴五大类。表 11-2 列出图形类参数，表 11-3 列出符号和线条类参数，表 11-4 列出颜色类参数，表 11-5 列出文本类参数，表 11-6 列出坐标轴类参数。

表 11-2　图形类参数

参　数	描　述
ann	ann＝FALSE 可移除某些高级绘图函数已经包含的标题和坐标轴标签
asp	图形纵横比
bty	图形边框形状，可用的值为 "o"、"l"、"7"、"c"、"u" 和 "]"。这些字符本身的形状对应着边框样式，比如 o(默认值)表示四条边都显示，而 c 表示不显示右边，如果 bty＝"n"，则不绘制边框
main	主标题；也可以在作图之后用函数 title 添加
mar	margin lines，边的宽度 c(bottom,left,top,right)
mex	设置坐标轴的边界宽度缩放倍数，默认为 1
mgp	设置坐标轴的边界宽度；取值长度为 3 的数值向量，分别表示坐标轴标题、坐标轴刻度线标签和坐标轴线的边界宽度(受 mex 的影响)，默认为 c(3,1,0)，含义是坐标轴标题、坐标轴刻度线标签和坐标轴线与作图区域的距离分别为 3、1、0
mfrow,mfcol	设置主绘图区为 mfrow 行、mfcol 列的网格布局
new	逻辑值，默认值为 FALSE。如果设定为 TRUE，那么下一个高级绘图命令并不会清空当前绘图设备
oma	外边界宽度，默认为 c(0,0,0,0)
omi	和参数 oma 的作用一样，只是参数的单位为英寸
panel.first	添加背景网格，或者添加散点的平滑曲线，例如 panel.first＝grid()
pin	当前的维度，形式为 c(width,height)，单位为英寸
plt	设定当前的绘图区域坐标 c(x1,x2,y1,y2)
pty	绘图区域的形状，"s"表示生成一个正方形区域，"m"表示生成最大的绘图区域
sub	副标题
usr	绘图区域的范围限制，取值长度为 4 的数值向量 c(x1,x2,y1,y2)，分别表示绘图区域内 x 轴的左右极限和 y 轴的下上极限
xlog,ylog	坐标是否取对数；默认为 FALSE
xpd	对超出边界的图形的处理方式

表 11-3　符号和线条类参数

参　数	描　述
pch	数据点符号。1：○；2：△；3：＋；4：×；5：◇等，其他符号如图 11-21 所示。其中 21～25 可以指定颜色(col＝)和填充色(by＝)

续表

参　数	描　述
cex	对默认绘图文本和符号放大的倍数。如 cex＝1.5 表示为默认大小的 1.5 倍
lty	线型。0：不画线；1：实线；2：短虚线；3：点虚线；4：点短虚线；5：长虚线；6：长短虚线。或者名字：'blank'；'solid'；'dashed'；'dotted'；'dotdash'；'longdash'；'twodash'。各种线型如图 11-22 所示
lwd	线宽。相对于默认值的倍数。如 lwd＝2 设置线宽为默认值的两倍
lend	线条末端的样式（圆或方形）；取值为整数 0、1、2 之一（或相应的字符串'round'、'mitre'、'bevel'）
ljoin	线条相交处的样式。取值为整数 0、1、2 之一（或相应的字符串'round'、'mitre'、'bevel'），分别表示画圆角、画方角和切掉顶角

表 11-4　颜色类参数

参　数	描　述	参　数	描　述
col	颜色	col.sub	图副标题颜色
col.axis	坐标轴刻度标签颜色	fg	前景色
col.lab	坐标轴标签颜色	bg	绘图区背景色
col.main	图主标题颜色		

表 11-5　文本类参数

参　数	描　述
cex.axis	坐标轴刻度标签的缩放倍数
cex.lab	坐标轴标签的缩放倍数
cex.main	图主标题的缩放倍数
cex.sub	图副标题的缩放倍数
font	文本字体样式（1：常规；2：斜体；3：粗体；4：粗斜体）
font.axis	坐标轴刻度标签的字体样式
font.lab	坐标轴标签的字体样式
font.main	图主标题的字体样式
font.sub	图副标题的字体样式
frame.plot	是否给图形加框
family	文本的字体族（衬线、无衬线、等宽、符号字体等），取值有 serif、sans、mono、symbol
adj	该参数值用于设定在 text、mtext、title 中字符串的对齐方式（0：左对齐；0.5：居中对齐（默认值）；1：右对齐）
lheight	文本高度的放大倍数，默认为 1

表 11-6　坐标轴类参数

参　数	描　述
axes	是否画坐标轴。只影响是否画出坐标轴线和刻度，不会影响坐标轴标签
xaxt	是否显示刻度标签
las	坐标轴标签与坐标轴的位置关系。0：坐标轴标签平行于坐标轴；2：坐标轴标签垂直于坐标轴

续表

参　数	描　述
tcl	坐标轴刻度线的高度。用相对于文本行高的比例来度量。默认值为－0.5,即向外画线,高度为半行文本高
xlab	x 轴标签
ylab	y 轴标签

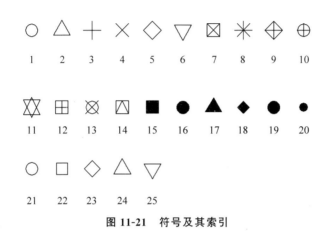

图 11-21　符号及其索引

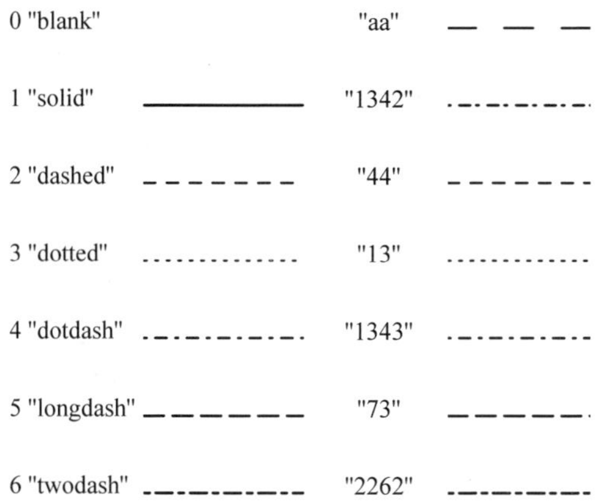

图 11-22　线型

数据点符号的英文名分别是:0="square open",1="circle open",2="triangle open",3="plus",4="cross",5="diamond open",6="triangle down open",7="square cross",8="asterisk",9="diamond plus",10="circle plus",11="star",12="square plus",13="circle cross",14="square triangle",15="square",16="circle",17="triangle",18="diamond",19="circle small",20="bullet",21="circle filled",22="square filled",23="diamond filled",24="triangle filled",25="triangle down filled"。

可通过索引、符号名、十六进制值、RGB 值设置颜色。例如,白色的索引值是 1、符号名是"white"、十六进制值是"♯FFFFFF",RGB 值是(1,1,1)。也可以使用最大值 255 的RGB 值 rgb(255,255,255,maxColorValue=255)设置为白色。函数 colors 返回所有可用颜色符号名。

11.5　散　点　图

散点图用来展示两个连续变量之间的关系。

【例 11-8】　观察鸢尾花花瓣宽度与长度的关系。

```
>plot(iris$Petal.Length,iris$Petal.Width)
```

结果如图 11-23 所示。

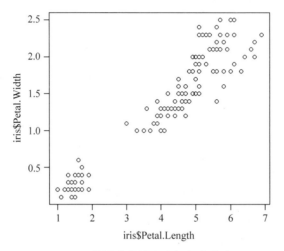

图 11-23　鸢尾花花瓣宽度与长度的关系

添加线性拟合直线：

```
>abline(lm(Petal.Width~Petal.Length,data=iris),col="red",lwd=2,lty=1)
```

注意：花瓣宽度 Petal.Width 是因变量。结果如图 11-24 所示。

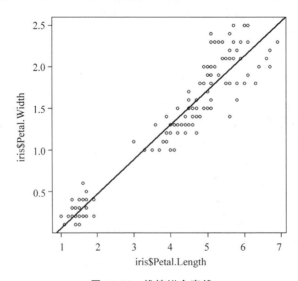

图 11-24　线性拟合直线

car 包中的 scatterplot() 函数默认在散点图上添加线性拟合直线和平滑拟合曲线。可通过 legend.plot＝TRUE 参数控制是否显示图例;通过 boxplots 控制是否显示箱线图;通过默认显示箱线图;通过 smooth 参数控制是否显示拟合曲线。

【例 11-9】 观察鸢尾花的花瓣宽度与长度的相关性。

```
library(car)
scatterplot(Petal.Width~Petal.Length,data=iris,smooth=FALSE, col="black")
```

结果如图 11-25 所示。

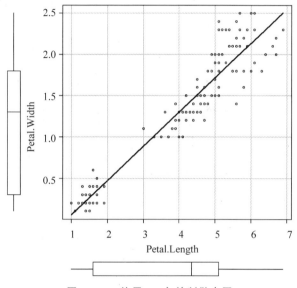

图 11-25 使用 car 包绘制散点图

car 包中的 scatterplotMatrix() 用来生成散点图矩阵,并可以在主对角线放置箱线图、密度图或者直方图。

【例 11-10】 展示鸢尾花花瓣长宽及花萼长宽散点图矩阵。

```
>library(car)
>scatterplotMatrix(data = iris[,1:4], ~ Sepal.Length + Sepal.Width + Petal.
Length + Petal.Width, col="black")
```

结果如图 11-26 所示,可以看到,默认添加了拟合曲线和置信带,主对角线处添加了核密度曲线和轴线图。

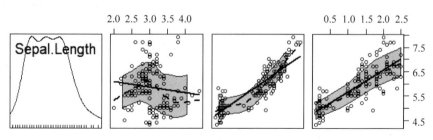

图 11-26 散点图矩阵

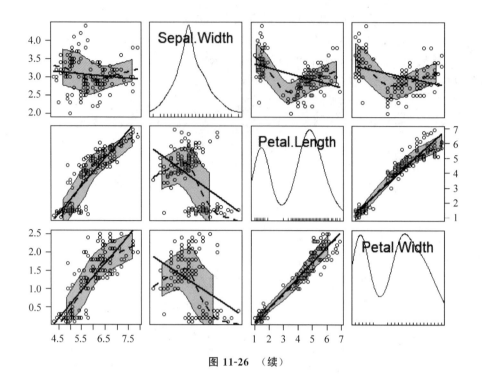

图 11-26 （续）

11.6 核密度图

核密度估计(Kernel Density Estimation,KDE)是一个用来估计一个随机变量的概率密度函数的非参数的方法。其输入是独立同分布的 N 个样本;输出是概率密度函数。

直观上,样本越密集的地方,概率密度越高。在直方图中样本越密集的分箱越高。估计概率密度的一个很朴素的想法是,以 x 轴为样本的值,以 y 轴为概率密度,构建起一个直方图。令每个样本贡献 $1/N$ 的概率密度,若一个分箱里有 k 个样本,那么它的高度就为 k/N。这样,就得到了一个概率密度分段函数,同一个分箱中的样本具有相同的概率密度。但是 $1/N$ 的概率密度,会产生另一个问题:样本中没有出现的值,概率为 0,导致概率密度函数不连续。函数 density 用来进行概率密度估计。核密度估计就是做平滑处理,最后得到的概率密度函数的形状和直方图的形状近似。核密度图(kernel density plot)用来可视化这个连续的函数。

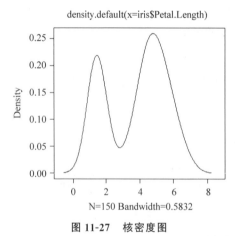

图 11-27 核密度图

【例 11-11】 使用函数 density 观察变量鸢尾花花瓣长度的分布。

```
>plot(density(iris$Petal.Length))
```

结果如图 11-27 所示。

11.7　箱　线　图

箱线图(也称为盒须图)通过连续变量的下四分位数(lower quartile)、上四分位数(upper quartile)、中位数(median)、下转点(lower hinge)、上转点(upper hinge)等描述其分布。先把样本由小到大升序排列,第25%位置的数称为"第一四分位数"(Q_1),又称下四分位数。第50%位置的数称为"第二四分位数"(Q_2),即"中位数"。上四分位数,又称"第三四分位数"(Q_3),是第75%位置的数。上四分位数与下四分位数的差距称为四分位距(InterQuartile Range,IQR),即 $IQR = Q_3 - Q_1$。当 n 为奇数时,中位数就是$(n+1) \div 2$ 位置上的数;中位数 Q_2 将样本分为数量相等的两组,每组(含中位数)有 $n = (n+1) \div 2$ 个样本;Q_1 为第一组的中位数。因为每组有偶数个样本,所以中位数是 $n \div 2$ 位置上的数和 $n \div 2 + 1$ 位置上的数的平均数;Q_3 为另一组的中位数。

箱线图把相对于箱子1.5倍四分位距之外的值显示为空心圆。1.5倍四分位距位置,分别称为上转点和下转点,使用短线段标识。转点和上下四分位之间的值使用虚线表示,称为须(whisker)。如果 $Q_3 + 1.5IQR$ 超出了最大值,则最大值为上转点;如果 $Q_1 - 1.5IQR$ 超出了极小值,则极小值作为下转点。

箱线图反映了数据的分布特征:箱子里包含了50%的数据点。因此,箱子的宽度在一定程度上反映了数据集中的程度。箱子越扁说明数据越集中,须越短也说明数据越集中。而中位数接近上下四分位数的程度则反映了分布的偏态性。

箱线图能够显示出可能为离群点的观测。如果一个观测值高于上转点或者低于下转点,则可视为离群点。对于存在少量离群点的正态分布的变量,四分位数是稳健的统计量。

【例 11-12】 假设观测到一组体重数据:

```
weights <- c(50,56,60,61,62,65,65,67,68,
             69,70,70,71,71,72,73,74,74,74,75,75,76,80, 90,120,140,180)
```

绘制体重的箱线图。

```
>boxplot(weights)
```

结果如图 11-28 所示。

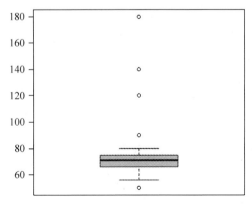

图 11-28　箱线图

使用 boxplot.stats(weights) 可以查看箱线图各个参数的具体值:

```
> boxplot.stats(weights)
$stats                          #下转点、下四分位数、中位数、上四分位数、上转点
[1] 56 66 71 75 80             #Q₁ = 66, Q₂ = 71, Q₃ = 75
$n                              #非缺失值观测数
[1] 27                          #奇数
$conf                           #中位数的 95% 置信区间
[1] 68.26336 73.73664
$out                            #离群点
[1]  50  90 120 140 180
```

下面展示如何手工计算箱线图各个参数。首先使用 quantile 函数计算第一四分位数 Q_1 和第三四分位数 Q_3:

```
> quantile(weights, c(1,3)/4)
25%  75%
66   75
```

得到四分位距 $IQR = Q_3 - Q_1 = 75 - 66 = 9$。

第三四分位数外延 1.5 倍四分位距 $Q_3 + 1.5IQR = 75 + 1.5 \times 9 = 75 + 13.5 = 88.5$,小于或等于 88.5 的最大值(内侧相邻观测)是 80,所以上转点是 80。

第一四分位数外延 1.5 倍四分位距 $Q_1 - 1.5IQR = 66 - 1.5 \times 9 = 66 - 13.5 = 52.5$,大于或等于 52.5 的最小值(内侧相邻观测)是 56,所以下转点是 56。

上转点和下转点外侧的点是离群点。

11.8 柱 形 图

柱形图用来展示类别变量的频数或者连续变量在类别变量上的比较。当变量数在 10 个以内时,则在 x 轴显示变量类别,称为柱形图;当变量数多于 10 个时,则在 y 轴显示变量类别,称为条形图。下面使用钻石数据集展示柱形图是如何绘制的。钻石数据集 diamonds 收集了约 54 000 颗钻石的价格等 10 个变量的信息。这个数据集在 ggplot2 包中,使用前先装入该包:

```
> library(ggplot2)
> data(diamonds)
```

【例 11-13】 比较不同净度的钻石数量。

```
>barplot(diamonds$clarity, xlab="净度",ylab="数量")
```

结果如图 11-29 所示。

【例 11-14】 比较不同净度和不同颜色钻石的数量,即按类别变量"颜色"分组比较净度。

```
> t <- table(diamonds$clarity, diamonds$color);t
        D       E       F       G       H       I       J
 I1     42      102     143     150     162     92      50
 SI2    1370    1713    1609    1548    1563    912     479
 SI1    2083    2426    2131    1976    2275    1424    750
 VS2    1697    2470    2201    2347    1643    1169    731
```

VS1	705	1281	1364	2148	1169	962	542
VVS2	553	991	975	1443	608	365	131
VVS1	252	656	734	999	585	355	74
IF	73	158	385	681	299	143	51

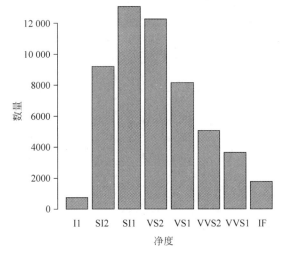

图 11-29 柱形图

使用柱形图展示：

```
barplot(t, beside=TRUE, xlab="颜色", ylab="数量", density=seq(0,70,by=10))
legend("topright",levels(diamonds$clarity), density=seq(0,70,by=10), title=
"净度")
```

结果如图 11-30 所示。因为有 8 种净度,所以使用参数 density 设置柱子的 8 个不同斜线密度表示 8 种净度。

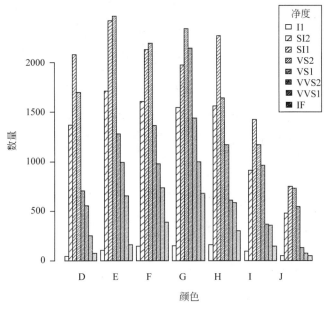

图 11-30 增加图例

柱形图也能够对连续变量进行分组。

【例 11-15】 按照净度对钻石克拉数计算均值,使用柱形图展示结果。

```
> means < - aggregate (diamonds $carat, by = list (diamonds $clarity), FUN =
mean); means
  Group.1        x
1     I1  1.2838462
2    SI2  1.0776485
3    SI1  0.8504822
4    VS2  0.7639346
5    VS1  0.7271582
6   VVS2  0.5962021
7   VVS1  0.5033215
8     IF  0.5051229
```

使用柱形图展示:

```
>barplot(means$x, density=seq(0,70,by=10), names.arg = means$Group.1, beside
= FALSE)
```

结果如图 11-31 所示。

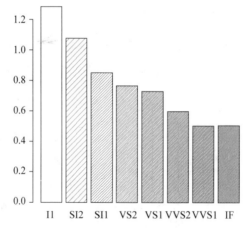

图 11-31   对连续变量进行分组的柱形图

【例 11-16】 假设某学生一周(五天)跑步距离(单位:千米)如下:

```
A<- c(1, 3, 6, 4, 9)
```

使用黑白柱形图比较每天的跑步距离:

```
barplot(A, main="千米跑一周训练", xlab = "Day", ylab = "Distance(km)",
    border="black", density = c(10, 20, 30, 40, 50),
    names.arg=c("Mon","Tue","Wed","Thu","Fri"))
```

结果如图 11-32 所示。该图用参数 density 控制柱形图中不同柱子中斜线的密度,用 names.arg 参数设置横轴的刻度标签。

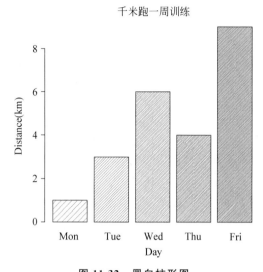

图 11-32 黑白柱形图

11.9 饼 图

饼图用来展示类别变量的构成与比例。用法如下：

```
pie(x, labels)
```

其中，x 是非负数值向量，表示各个扇区的比例；labels 表示各扇区上的标签。

【例 11-17】 已知求职者工作地点意向中在河北、广东、浙江、江苏、湖南、广西、其他省份的人数分别是 3964、547、300、229、187、179、355。可使用饼图展示不同工作地点意向的求职者比例。

```
>slices <- c(3964,547,300,229,187,179,355)
>lbs <- c("河北","广东","浙江","江苏","湖南","广西","其他")
```

计算每个省份人数百分比：

```
>percentage <- round(slices/sum(slices) * 100)
```

把百分比与省份名称连接在一起：

```
>lbsp <- paste(lbs,"",percentage,"%","")
```

使用饼图展示：

```
>pie(slices, labels=lbsp, density = 10, angle = 15 + 10 * 1:7)
```

结果如图 11-33 所示，该饼图使用 7 种不同的斜线角度表示不同的省份。

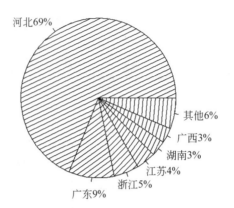

图 11-33   求职者工作地点意向

11.10   直　方　图

直方图可用来展示连续变量在各个分箱(bin)上的频数。用法如下：

```
hist(x,freq=TRUE,breaks)
```

其中,x 是一个数值向量。参数 freq＝TRUE 设置使用频数而不是概率密度。参数 breaks 用于控制分箱的数量,默认每个分箱的宽度相等。

【例 11-18】　以直方图展示净度为 IF 的钻石克拉数分布。

```
> x <- diamonds[which(diamonds$clarity == "IF"),"carat"]
> x$carat[1:4]
[1] 0.52 0.55 0.64 0.72
> hist(x$carat, breaks = 20)
```

结果如图 11-34 所示。

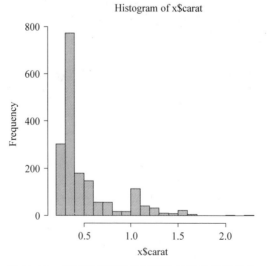

图 11-34   使用直方图展示不同克拉数的钻石分布

11.11 折 线 图

把散点图中的点连接起来就得到折线图。折线图用来显示一系列数据在类别变量和时间上的变化趋势。这些趋势包括递增、递减、增减速率、增减规律(周期性、螺旋性等)和峰值等。折线图也可用来分析多组数据随时间变化的相互作用和相互影响。折线图可使用下列两个函数之一生成：plot(x,y,type) 或者 lines(x,y,type)。其中，x 和 y 是数值向量，type 的取值如表 11-7 所示。lines() 是低级绘图函数，只能向已有的图形中添加折线。

表 11-7　折线图类型

type 的取值	图 形 外 观
l	只有线
b	同时画点和线，但点线不相交
c	表示将 type='b'中的点去掉，只剩下相应的线条部分
o	同时画点和线，且相互重叠(这是与 type='b'的区别)
s	画阶梯线，从一点到下一点时，先画水平线，再画垂直线
S	画阶梯线，从一点到下一点时，先画垂直线，再画水平线

【例 11-19】 已知向量：

```
>x <- c(1, 2, 3, 4, 5)
>y <- c(2, 5, 4, 5, 12)
>z <- c(4, 8, 6, 8, 10)
```

使用不同样式的折线展示 y 相对于 x 的变化趋势、z 相对于 x 的变化趋势。

```
>plot(x,y,type='b',lty=1)
>lines(x,z,type='b',lty=2)
>legend("topleft",c("y","z"),lty=c(1,2),pch=21,inset=0.05)
```

结果如图 11-35 所示。

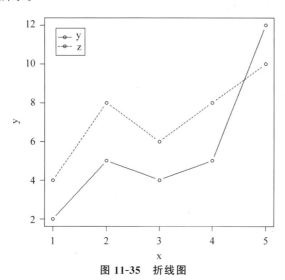

图 11-35　折线图

第 12 章

图形文法 ggplot2

R 包 ggplot2 认为一个统计图形就是从数据到几何对象（geometric object，如点、线、柱或条等）的图形视觉属性（aesthetic attributes，缩写为 aes，如颜色、形状、大小等）的映射。图形中还可能包含数据的统计变换（statistical transformation）。图形绘制在某个特定的坐标系（coordinate system）中。

ggplot2 图形是由图层（layer）叠加而成的。首先在基础图层设置被展示的数据；然后选择适当的几何对象，定义数据到几何对象的图形视觉属性的映射，从而形成新的图层；最后不断增加新图层直至图形绘制完成。

12.1　ggplot2 简介

ggplot2 是一种绘图语言。gg 是 grammar of graphics 的首字母简写。ggplot2 支持以迭代过程进行可视化：从展示原始数据的图层开始，增加数据统计汇总的图层，再增加切面图层等。

在 ggplot2 绘图语言中，一幅图是一个五元组（图层、尺度、坐标系、切面、主题）。数据（data）、映射（mapping）、几何对象、统计变换等元素通过图层的方式来叠加成图形。要完成高质量的统计绘图还需要主题（theme）、存储和输出。

数据是观测的集合，一个观测由若干变量（特征、属性）来描述。在 ggplot2 中的数据集必须为规整的数据框。"规整"就是一个变量必须有自己独立的一列，一个观测必须有自己独立的一行，每个观测在每个变量上的取值是原子不可再分的。

几何对象是用于展现数据的可视对象，如点、线、柱或条等。几何对象函数 geom_xxx()，（如折线 geom_line()）实现几何对象的绘制。几何对象的坐标（x，y）、颜色（color）、形状（shape）、线型（linetype）、粗细（size）、透明度（alpha）、填充（fill）等属性称为几何对象的图形视觉属性。

绘图就是把观测在各个变量上的值映射到几何对象的不同图形视觉属性上。例如，把身高映射到 x 轴、体重映射到 y 轴，那么每个观测就映射为一个平面上的一个点（x，y）。在 ggplot2 中用函数 aes() 定义映射关系。

尺度（scales）变换放大或者缩小了观测空间与几何对象图形视觉属性（颜色、形状、大小等）空间之间的映射。四大类通用的尺度变换是连续值映射、离散值映射、同一数据值映射、自定义图形视觉属性值。它们分别使用函数 scale_ * _continuous()、scale_ * _discrete()、scale_ * _identity()、scale_ * _manual() 实现。"同一"表示直接将变量值作为几何对象图形视觉属性值使用，不变换。例如，把变量值本身直接作为颜色值（如红、黄、蓝）。manual 表示自定义数据到图形视觉属性的映射关系。

除了上述四大类通用的尺度变换函数,特定的几何对象属性还有一些专门的尺度变换函数。例如,对坐标轴类的 scale_ * _date()、scale_ * _datetime()、scale_ * _log10()、scale_ * _reverse()、scale_ * _sqrt() 等和对颜色和填充类的 scale_fill_grey()、scale_fill_gradient()、scale_fill_gradient2() 等。

ggplot2 默认的坐标系是笛卡儿坐标系,可以使用如下函数设置取值范围:coord_cartesian(xlim=c(0,5),ylim=c(0,3))。

如果想要让 x 轴和 y 轴调换位置,例如,将柱形图换成条形图,可以使用 coord_flip() 函数。如果想变换为极坐标,则使用 coord_polar(theta="x",start=0,direction=1)。其中,theta 指定与角度对应的变量;start 指定起点与 12 点钟的角度偏移量,根据 direction 的值顺时针或逆时针应用偏移;direction 若为 1 表示顺时针方向,若为 −1 表示逆时针方向。

切面(facet)就是对观测进行分组,每组对应一个子图。

主题是特定风格的图形视觉属性的组合。

ggplot2 的一般绘图表达式如下:

```
ggplot(data = <数据集>) +
<几何对象>(
    mapping = aes(<映射>),
    stat = <统计变换>,
    position = <位置调整策略>
  ) +
<坐标变换> +
<切面> +
<主题>
```

其中,必需的参数是 data、<几何对象>和 mapping。

【例 12-1】　使用 mpg 数据集,观察城市道路油耗(cty)和高速公路油耗(hwy)的关系。

把城市道路油耗(cty)映射到 x 轴,高速公路油耗(hwy)映射到 y 轴,则每个观测在坐标系中是一个数据点。

```
ggplot(data = mpg) +
  geom_point(aes(x = cty, y = hwy))
```

结果如图 12-1 所示。

这个例子以几何对象"点"表示观测,函数调用 aes() 建立了 cty 和 hwy 到横坐标和纵坐标的映射。

绘图区的灰色背景降低了对比度,可通过黑白主题函数 theme_bw() 设置为白色背景以增强对比度:

```
ggplot(data = mpg) +
  geom_point(aes(x = cty, y = hwy))+
  theme_bw()
```

结果如图 12-2 所示。

【例 12-2】　使用 mpg 数据集,观察高速公路油耗(hwy)的分布。

由于 hwy 是连续变量,因此使用直方图观察其分布:

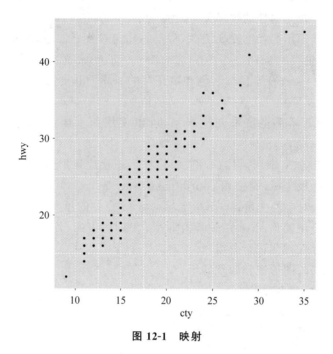

图 12-1   映射

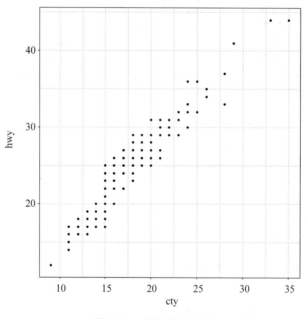

图 12-2   应用黑白主题

```
ggplot(data = mpg ) +
  geom_histogram(aes(x = hwy), binwidth = 1) +
  theme_bw()
```

其中，binwidth 表示分箱的宽度。

结果如图 12-3 所示。

【例 12-3】 使用 mpg 数据集，按三种不同传动系（drv）分组展示城市道路油耗和高速

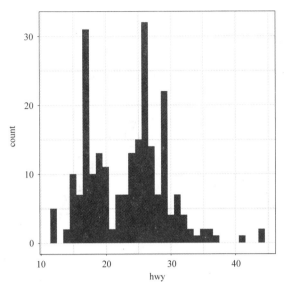

图 12-3 直方图

公路油耗的关系。

mpg 数据集中有三种传动系：前轮驱动(f)、后轮驱动(r)和四轮驱动(4)。这三种传动系可分别映射到数据点的不同"形状"。

```
ggplot(data = mpg) +
  geom_point(aes(x = cty, y = hwy, shape = drv))+
  theme_bw()
```

传动系到形状的默认映射依次为 19、17、15，即把 4 映射到索引号为 19 的实心圆，把 f 映射到索引号为 17 的实心三角形，把 r 映射到索引号为 15 的实心正方形，结果如图 12-4 所示。

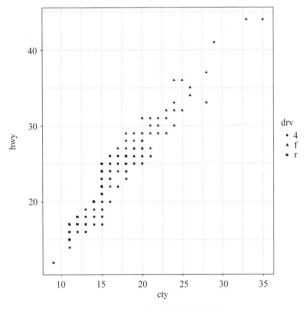

图 12-4 把变量映射到形状

几何对象中沿用已设定的图形视觉属性映射关系,也可以随时更改图形视觉属性映射关系。例如,删除传动系到形状的映射:

```
ggplot(data = mpg) +
  geom_point(aes(x = cty, y = hwy, shape = NULL))+
  theme_bw()
```

在 ggplot() 的参数中定义的几何对象图形视觉属性映射关系在各个图层上都有效。

【例 12-4】　拟合平滑曲线,观察 mpg 数据集中三种不同传动系(drv)的城市道路油耗和高速公路油耗的关系。

```
ggplot(data = mpg, aes(x = cty, y = hwy, shape = drv)) +
  geom_point()+
  geom_smooth()+
  theme_bw()
```

结果如图 12-5 所示。

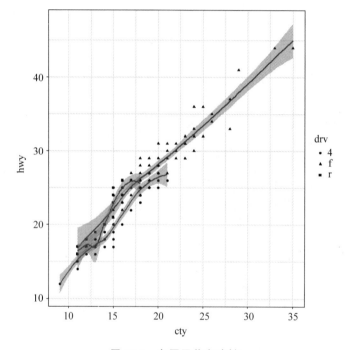

图 12-5　各图层共享映射

在这个例子中,拟合函数 geom_smooth() 使用了默认公式 y～x,也就是 hwy～cty,因为变量 cty 映射到了 x 轴,hwy 映射到了 y 轴。geom_smooth() 图层和 geom_point() 共享了 ggplot 中的映射 aes(x＝cty,y＝hwy,shape＝drv)。

“＋”用来添加图层。每个图层都是一些几何对象的集合,图层叠加在一起构成一个完整绘图。每个图层中的几何对象都可以分别设置数据、映射或其他相关参数。

绘制常见统计图形的一般步骤如下:

(1) 设置数据,以及整个图形观测的变量到几何对象的视觉属性的映射(形如 ggplot(data＝ ,aes(x＝ ,y＝))),如 x 轴、y 轴、形状、颜色等。

（2）叠加几何对象图层（形如 geom_*( )），以及局部图层的视觉属性映射。常用几何对象绘制函数如表 12-1 所示。

表 12-1　常用几何对象绘制函数

类　别	描　述	函　数	备　注
基本	点	geom_point( )	
	路径	geom_path( )	按照数据点出现的顺序连接
	折线	geom_line( )	按照数据点在 x 轴上的次序连接
	线段	geom_segment( )	从 (x, y) 到 (x_{end}, y_{end}) 的线段
	水平线	geom_hline( )	
	多边形	geom_polygon( )	连接数据点为多边形
	矩形	geom_rect( )	两顶点为 (x_{min}, y_{min}) 和 (x_{max}, y_{max})
	曲线	geom_curve( )	从 (x, y) 到 (x_{end}, y_{end})
	空图	geom_blank( )	
	参考线	geom_abline( )	例如 aes(intercept=0, slope=1)
	水平参考线	geom_hline( )	例如 aes(yintercept=1)
	垂直参考线	geom_vline( )	例如 aes(xintercept=1)
	带形	geom_ribbon( )	对于每个 x，从 y_{min} 到 y_{max} 绘图
离散型单变量	柱形图/条形图	geom_bar( )	
	频数多边形	geom_freqpoly( )	
连续型单变量	直方图	geom_histogram( )	
	Quantile-Quantile 图	geom_qq( )	例如 geom_qq(aes(sample=hwy))
	核密度估计图	geom_density( )	例如 geom_density(kernel="gaussian")
连续变量—连续变量	散点图	geom_point( )	
	拟合曲线	geom_smooth( )	
	热图	geom_hex( )	二维六边形分箱计数
	二维分箱图	geom_bin2d( )	
	二维核密度估计	geom_density2d( )	
至少一个离散变量	点计数	geom_count( )	
	随机颤动重叠的点	geom_jitter( )	
连续变量—离散变量	条形图	geom_bar(stat="identity")	
	箱线图	geom_boxplot( )	
	小提琴图	geom_violin( )	geom_violin(scale="area")

（3）进行尺度变换。

（4）设置主题；设置标题、坐标轴名称等标签。

【例 12-5】　观察 mpg 数据集中三种不同传动系(drv)的城市道路油耗和高速公路油耗的关系。使用"加重"字型、12 号字居中显示标题、坐标轴标签、图例标签,结果如图 12-6所示。

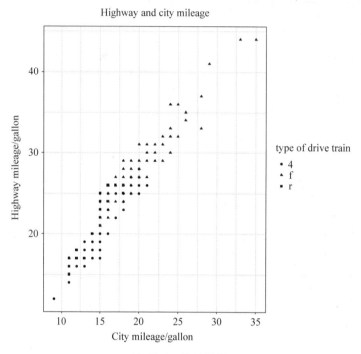

图 12-6　添加标签

绘制该图的脚本如下:

```
ggplot(data = mpg,aes(x = cty, y = hwy, shape = drv)) +
  geom_point() +
  theme_bw() +
  theme(
    plot.title = element_text(face = "bold", hjust = 0.5, size = 12)
  ) +
  labs(
    x = "City mileage/gallon",
    y = "Highway mileage/gallon",
    shape = "type of drive train",
    title = "Highway and city mileage"
)
```

ggplot2 内置的主题如下:

- theme_bw():白色背景,细灰网格线。
- theme_classic():仅有 x 轴和 y 轴,无网格线。
- theme_linedraw():白色背景,黑色网格线。
- theme_grey():灰色背景。
- theme_dark():深色背景。

- theme_minimal()：白色背景,细灰网格线,无坐标轴。
- theme_void()：无背景、无坐标轴。
- theme_light()：白色背景,浅灰色网格线和坐标轴。

这些主题的效果如图 12-7 所示。

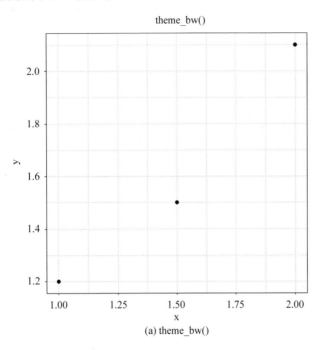

(a) theme_bw()

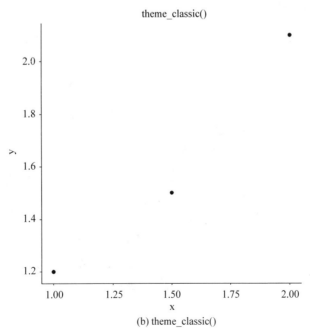

(b) theme_classic()

图 12-7 内置的主题

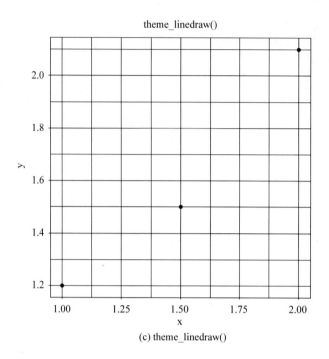

(c) theme_linedraw()

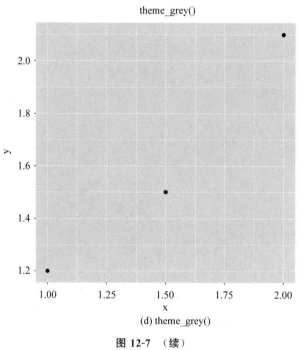

(d) theme_grey()

图 12-7   （续）

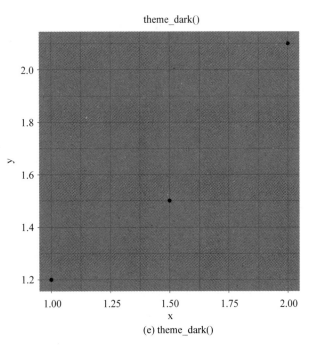

(e) theme_dark()

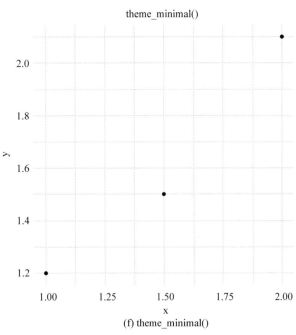

(f) theme_minimal()

图 12-7　（续）

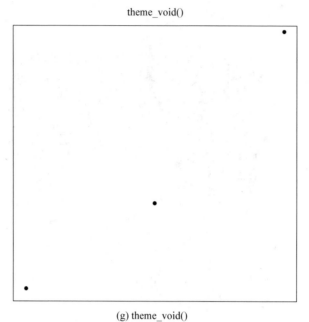

(g) theme_void()

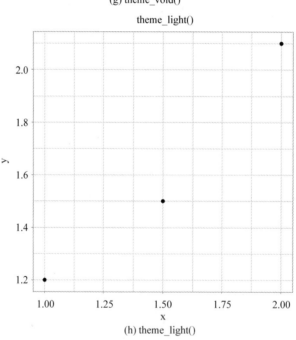

(h) theme_light()

图 12-7 （续）

函数 ggsave()用于保存在窗口绘制的图形。其参数如下：

- path：保存路径。ggsave()生成以.eps、.pdf、.svg、.wmf、.png、.jpg、.bmp 和.tiff 为扩展名的文件。

- width、height：图形的宽度和高度。默认使用图形窗口中图形的大小（单位：英寸）。

对于 PNG 和 JPG 格式的文件，使用 dpi 参数控制分辨率，默认为 300。300 适用于大多数打印机，600 用于高分辨率输出，96 用于屏幕显示。

【例 12-6】　比较不同汽缸数(cyl)的发动机排量(displ)与高速公路油耗(hwy)的关系。

```
ggplot(mpg, aes(displ, hwy, shape = factor(cyl))) +
  geom_point() +
  theme_bw()
```

结果如图 12-8 所示。

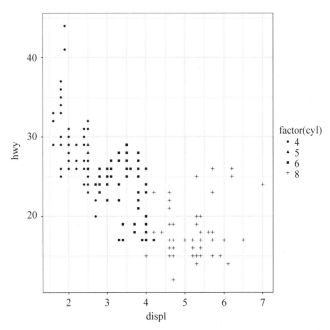

图 12-8　不同汽缸数(cyl)的发动机排量(displ)与高速公路油耗(hwy)的关系

把图形保存为 pic 文件夹中的 hwy.png：

```
> ggsave("./pic/hwy.png")
Saving 7 x 6.99 in image
```

把当前绘图窗口的图形保存在工作文件夹下的 pic 文件夹中的 hwy.png，文件大小约 7
英寸×7 英寸。在 Windows 资源管理器中可以看到该磁盘文件大小为 10.8KB。

散点图把每个观测映射到绘图区中的一个点，该点在坐标轴上的值决定了该点的位置。
在图 12-8 中，变量 displ 映射到了 x 轴，变量 hwy 映射到了 y 轴，变量 cyl 映射到了点的形
状 shape。一旦建立了映射，那么在坐标系中就有了数据：

```
    shape  x     y
1     4   1.6   33
2     4   1.6   32
3     4   1.6   32
4     4   1.6   29
5     4   1.6   32
6     4   1.8   34
7     4   1.8   36
8     4   1.8   36
9     4   2     29
...
```

在视觉属性中没有千米、升等度量单位,只有像素和颜色,所以,要想可视化数据,就得对数据进行变换,这种变换称为尺度变换。视觉属性的数据类型规格说明可通过 vignette ("ggplot2-specs")查看。

这个例子中,只需应用同一(identity)变换把变量 displ 变换为 x,变量 hwy 变换为 y,即二者取值相同。因为视觉属性"形状"(shape)的取值是 $[0, 25]$ 的整数,其形状如图 11-21 所示。所以要定义如何对变量 cyl 的四个可能取值 4、5、6、8 进行映射,默认分别映射到 19、17、15、3。因此在图 12-8 的图例中有实心圆、实心三角形、实心矩形和十字形四种形状。geom_point() 默认的统计变换就是同一变换。

不同的统计图用于不同的表达意图,如表 12-2 所示。常用的有饼图、柱形图/条形图、直方图、折线图、散点图/气泡图和雷达图等。

表 12-2　统计图分类

意图	饼图	柱形图/条形图	直方图	折线图	散点图(2 变量)/气泡图(3 变量)	雷达图
构成(整体和部分)	●					
比较		●				
趋势				●		
分布		●(类别)	●(连续)	●(多变量)	●	
相关					●	
多维评价						●

(1)饼图用来描述构成和比例等信息。饼图共有 6 个子类型,其中复合饼图和复合条饼图主要用来放大饼图中较小比例的扇形数据,可以反映出变量中每个类别在所有观测中的占比,并可以用不同的颜色反映出不同类别的变量。

(2)柱形图利用柱子的不同高度比较数据的差异。如果数据标签比较长,一般会采用条形图做对比。还可以细分为簇状条形图、堆积条形图等多种子类型。

(3)折线图用来显示变量在类别变量和时间变量上的变化趋势。这些趋势可以是递增和递减、峰值、增长的速率和规律等。还可以用来分析多组数据随着时间的变化相互作用和相互影响。

(4)散点图适用于判断两变量之间是否存在某种关联。调整点的尺寸大小就成了气泡图。除了 x 轴、y 轴以外,气泡的大小可以表示第三个变量。

(5)雷达图从同一个点向四周散开来同时展示多个变量在同一个类别变量上的变化,也称为蜘蛛图、网络图、星图。雷达图可以用来观察多个变量间相似的值或异常值。

12.2　散　点　图

散点图展示变量间的关系。绘制散点图的表达式构成如表 12-3 所示。

表 12-3　绘制散点图的表达式构成

ggplot2 绘图语法	散　点　图
ggplot(data ＝<数据集>) ＋	ggplot(data ＝<数据框>) ＋
<几何对象>(	geom_point(
mapping＝aes(<映射>),	mapping＝aes(<映射>)
stat ＝<统计变换>,	默认 identity
position ＝<位置调整策略>	默认 identity
) ＋	) ＋
<坐标变换>＋	无
<切面>＋	无
<主题>	theme_classic() 等

【例 12-7】　观察汽车高速公路油耗(hwy)和城市道路油耗(cty)的关系。

把 cty 映射到 x 轴,把 hwy 映射到 y 轴,绘制几何对象"点"表示(x,y),应用经典主题:

```
ggplot(mpg, aes(x = cty, y = hwy)) +
  geom_point(size = 3) +
  theme_classic()
```

结果如图 12-9 所示。

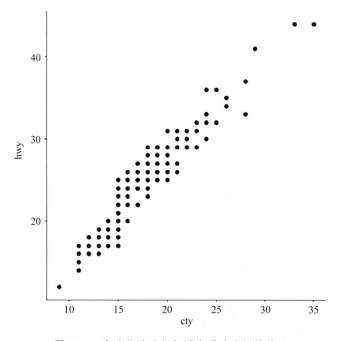

图 12-9　高速公路油耗与城市道路油耗的关系

【例 12-8】　观察汽车高速公路油耗(hwy)和发动机排量(displ)的关系。

把 displ 映射到 x 轴;把 hwy 映射到 y 轴;使用几何对象"点"表示(x,y);应用经典主题;把标题的文字设置为"加重"、中间对齐、9 号字;设置标题为 The Correlation between engine displacement and highway miles per gallon:

```
ggplot(mpg, aes(x = displ, y = hwy)) +
  geom_point(size = 3) +
  theme_classic() +
  theme(
    plot.title = element_text(face = "bold", hjust = 0.5, size = 9)
  ) +
  labs(
    title = "The Correlation between engine displacement and highway miles per
gallon"
  )
```

结果如图 12-10 所示。

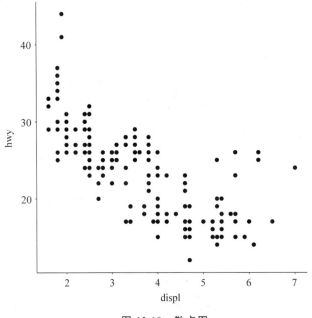

图 12-10　散点图

【例 12-9】　按照传动系(drv)观察高速公路油耗(hwy)和发动机排量(displ)的关系。使用 aes()函数的参数 shape 建立起类别变量传动系与视觉属性"形状"的映射:

```
ggplot(mpg, aes(x = displ, y = hwy, shape = drv)) +
  geom_point(size = 3) +
  theme_classic() +
  theme(
    plot.title = element_text(face = "bold", hjust = 0.5, size = 9)
  ) +
  labs(
    title = "The Correlation between engine displacement and highway miles per
gallon"
  )
```

结果如图 12-11 所示。

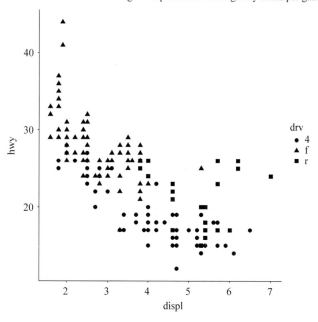

图 12-11 使用不同形状表示不同的传递系

图 12-11 中有的点重叠,可通过设置散点的透明度来展现重叠在一起的点的数量。如果每个点都是半透明,那么两个点重叠在一起则看起来像一个不透明的点。

```
ggplot(mpg, aes(x = displ, y = hwy, shape = drv)) +
 geom_point(size = 3, alpha = .5) +
 theme_classic() +
 theme(
  plot.title = element_text(face = "bold", hjust = 0.5, size = 9)
 )+
 labs(
  title = "The Correlation between engine displacement and highway miles per
gallon"
 )
```

结果如图 12-12 所示。

添加回归拟合曲线,置信域默认为 0.95。

```
ggplot(mpg, aes(x = displ, y = hwy, shape = drv)) +
 geom_point(size = 3, alpha = .5) +
 geom_smooth() +
 theme_classic() +
 theme(
  plot.title = element_text(face = "bold", hjust = 0.5, size = 9)
 )+
 labs(
  title = "The Correlation between engine displacement and highway miles per
gallon"
 )
```

The Correlation between engine displacement and highway miles per gallon

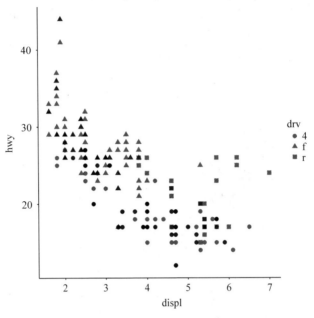

图 12-12　设置散点的透明度

结果如图 12-13 所示。

The Correlation between engine displacement and highway miles per gallon

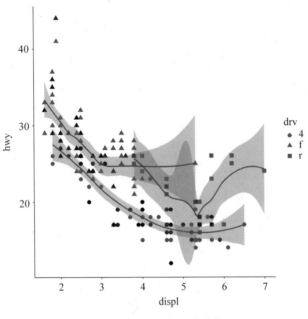

图 12-13　回归拟合曲线

　　线段为曲线是因为参与拟合的模型为局部线性回归模型。使用参数 method＝"lm"进行经典线性回归拟合，结果如图 12-14 所示。

The Correlation between engine displacement and highway miles per gallon

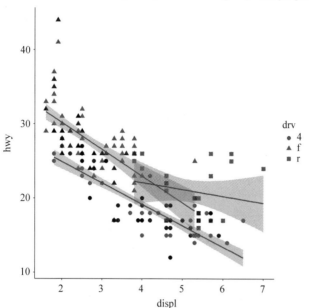

图 12-14　拟合线性回归

```
ggplot(mpg, aes(x = displ, y = hwy, shape = drv)) +
  geom_point(size = 3, alpha = .5) +
  geom_smooth(method = "lm") +
  theme_classic() +
  theme(
    plot.title = element_text(face = "bold", hjust = 0.5, size = 9)
  ) +
  labs(
    title = "The Correlation between engine displacement and highway miles per
gallon"
  )
```

12.3　直　方　图

直方图的横轴为变量的取值范围,并分成若干分箱;纵轴则表示变量在不同分箱上的频数。每个分组的长度称为分箱宽度(binwidth)。绘制直方图的一般过程如下:

(1) 求极差,即最大值与最小值之差。

(2) 分箱数等于极差除以分箱宽度,按分箱划分变量的所有值。

(3) 统计每个分箱中的频数。

(4) 绘制直方图。

直方图展示了变量的分布。绘制直方图的表达式构成如表 12-4 所示。

表 12-4　绘制直方图的表达式构成

ggplot2 绘图语法	直　方　图
ggplot(data＝<数据集>)＋	ggplot(data＝<数据框>)＋
<几何对象>(	geom_histogram(
mapping＝aes(<映射>)，	mapping＝aes(<映射>)
stat ＝<统计变换>，	默认 bin
position ＝<位置调整策略>	默认 identity
)＋	)＋
<坐标变换>＋	无
<切面>＋	无
<主题>	theme_classic() 等

【例 12-10】　观察 diamonds 数据集中钻石克拉数的分布。

首先查询极差：

```
> range(diamonds$carat)
[1] 0.20  5.01
```

按照默认 30 个分箱绘制直方图：

```
ggplot(diamonds, aes(carat)) +
  geom_histogram() +
  theme_classic()
```

结果如图 12-15 所示。

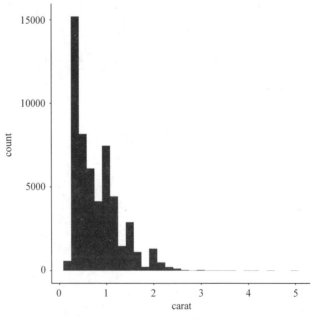

图 12-15　克拉数的分布

指定分箱宽度为 0.1，x 轴范围为 $[0,4]$，结果如图 12-16 所示。

```
ggplot(diamonds, aes(x = carat)) +
  geom_histogram(binwidth = 0.1) +
  xlim(0, 4) +
  theme_classic()
Warning messages:
1: Removed 5 rows containing non-finite values (stat_bin).
2: Removed 2 rows containing missing values (geom_bar).
```

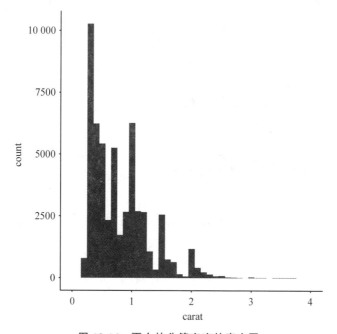

图 12-16　更小的分箱宽度的直方图

【例 12-11】　采用"切面"的方法展示不同切工的钻石克拉数分布。

```
ggplot(diamonds, aes(x = carat)) +
  geom_histogram(binwidth = 0.1) +
  xlim(0, 4) +
  facet_grid(cut ~ .) +
  theme_classic()
```

结果如图 12-17 所示。

【例 12-12】　使用频数多边形展示不同切工的分布。

```
ggplot(diamonds, aes(x = carat)) +
  geom_freqpoly(aes(linetype = cut), binwidth = 0.1, na.rm = TRUE) +
  theme_classic()
```

结果如图 12-18 所示。

核密度估计采用平滑的峰值函数（"核"）来拟合观察到的数据点，从而估计真实的概率分布曲线，这是对直方图的平滑化处理。

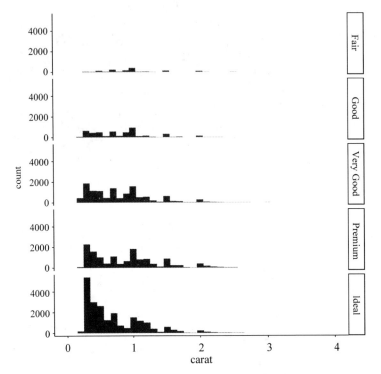

图 12-17　比较不同切工的钻石克拉数分布

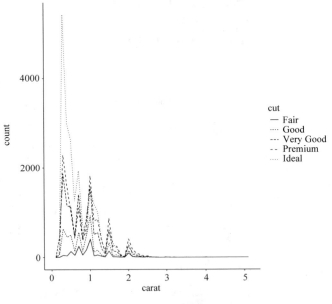

图 12-18　频数多边形

【**例 12-13**】　使用核密度曲线展示钻石克拉数的分布。

```
ggplot(diamonds, aes(x=carat)) +
  geom_density(na.rm = TRUE) +
  theme_classic()
```

结果如图 12-19 所示。

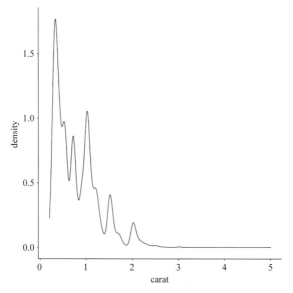

图 12-19　使用核密度曲线展示钻石克拉数的分布

使用核密度图即可展示连续变量的概率分布。在核密度图中,曲线下方区域的面积等于 1。

通过在 y 轴显示观测在类别上的频数或者在分组中的频数(count,计数),可以观察变量的分布。但是,如果希望观察其他统计量而不是计数呢?

【例 12-14】　使用柱形图比较不同颜色的钻石价格的均值。

因为期望比较均值而不是默认的计数,那么使用 summary 统计变换来计算均值:

```
ggplot(diamonds, aes(x = color, y = price)) +
  geom_bar(stat = "summary", fun = mean) +
  theme_classic()
```

结果如图 12-20 所示。

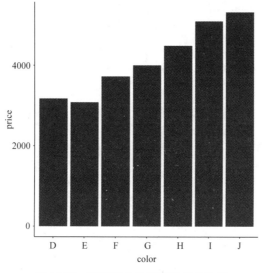

图 12-20　不同颜色的钻石价格的均值

12.4　箱　　线　　图

箱线图既可以展示类别变量的分布,也可以展示连续变量的分布。如果是连续变量,则需要使用cutwith()函数设置分箱。箱线图的优势在于便于观察离群点。绘制箱线图的表达式构成如表12-5所示。

表 12-5　绘制箱线图的表达式构成

ggplot2 绘图语法	箱　线　图
ggplot(data =<数据集>) +	ggplot(data =<数据框>) +
<几何对象>(	geom_boxplot(
mapping=aes(<映射>),	mapping=aes(<映射>)
stat =<统计变换>,	默认 boxplot
position =<位置调整策略>	默认 dodge2
) +	) +
<坐标变换>+	无
<切面>+	无
<主题>	theme_classic() 等

【例 12-15】　应用箱线图观察不同切工的钻石的价格分布。

```
ggplot(diamonds, aes(x = cut, price)) +
  geom_boxplot() +
  theme_classic()
```

结果如图12-21所示。首先可以看到,不同切工的钻石都有离群价格。还有,中位数大多位于箱子下方,说明相同切工的钻石中,低价位的钻石较多。

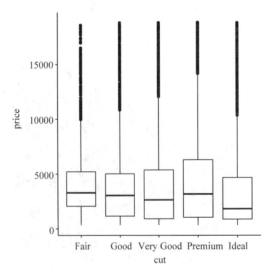

图 12-21　不同切工的钻石的价格分布

通过 stat_summary 图层,还可以在箱线图中标记统计量。默认标记均值(mean_se())。

图 12-22 展示了实心圆标记的均值。

```
ggplot(diamonds, aes(x = cut, price)) +
  geom_boxplot() +
  stat_summary() +
  theme_classic()
```

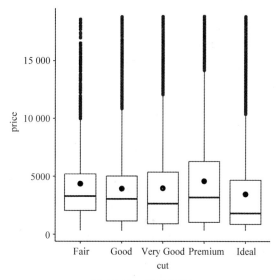

图 12-22 标记均值

箱线图展示了变量的统计特征，但掩盖了密度分布。小提琴图则结合了散点图和箱线图的优势。

【例 12-16】 使用小提琴图展示不同切工的钻石的价格分布。

```
ggplot(diamonds, aes(x = cut, price)) +
  geom_violin() +
  theme_classic()
```

结果如图 12-23 所示。

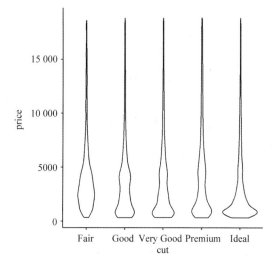

图 12-23 小提琴图

小提琴图的轮廓是变量的核密度曲线,宽的区域表示密度高;而窄的区域表示密度低。当比较连续变量时,则使用分箱。

【例 12-17】 观察不同台宽比的钻石的价格分布。

把台宽比映射到 x 轴,把价格映射到 y 轴,设置分箱宽度为 2,设置 x 轴最大值 80,即台宽比最大为 80%,因为没有高于 80% 的观测,所以从图中去掉空白区域。以箱线图展示不同台宽比的钻石的价格分布:

```
ggplot(diamonds, aes(x = table, y = price)) +
  geom_boxplot(aes(group = cut_width(table, width = 2))) +
  xlim(NA, 80) +
  theme_classic()
```

结果如图 12-24 所示。

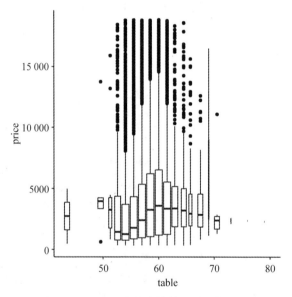

图 12-24　不同台宽比的钻石的价格分布

如果变量名很长或者比较多(7 个以上),则适合使用函数 coord_flip 把箱线图转置。

```
ggplot(diamonds, aes(x = cut, price)) +
  geom_boxplot() +
  coord_flip() +
  theme_classic()
```

12.5　柱　形　图

柱形图是用横轴上宽度相同的柱子的高度来进行对比的图形;如果把柱子水平放置于纵轴上,则称为条形图。绘制柱形图的表达式构成如表 12-6 所示。

函数 geom_bar 用于绘制柱形图。柱形图的高度通常表示每组中的数据的频数。参数 stat 用于设置统计变换的方法,可取的值有 count、identity 和 bin。count 表示以计数为柱子的高度,identity 表示以变量的值为柱子的高度,bin 表示对连续变量进行分箱。参数 position

表 12-6　绘制柱形图的表达式构成

ggplot2 绘图语法	柱　形　图
ggplot(data ＝＜数据集＞) ＋	ggplot(data ＝＜数据框＞) ＋
＜几何对象＞(	geom_bar(
mapping＝aes(＜映射＞)，	mapping＝aes(＜映射＞)
stat ＝＜统计变换＞，	默认为 count，即 stat＝"count"
position ＝＜位置调整策略＞	默认为 stack
) ＋	) ＋
＜坐标变换＞＋	无
＜切面＞＋	无
＜主题＞	theme_classic()等

的取值有 stack、dodge 和 fill。stack 为默认值，表示两个柱子层叠摆放；dodge 表示两个柱子并列摆放；fill 表示按照比例来层叠，且每个柱子的高度都相等。参数 width 用于设置柱子的宽度，是个比值，其默认值是 0.9。参数 color 用于设置柱子的线条颜色。参数 fill 用于设置柱子的填充色。

【例 12-18】　比较不同切工的钻石数量。

```
ggplot(diamonds, aes(x = cut)) +
  geom_bar() +
  theme_classic()
```

结果如图 12-25 所示。可以看到，Ideal 切工的钻石数量最多。

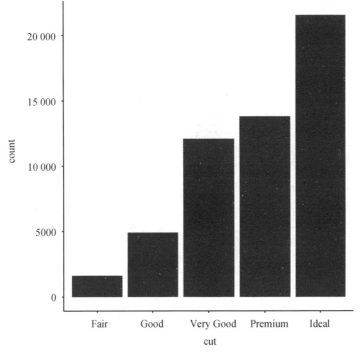

图 12-25　柱形图

下面的脚本使用参数 stat 计算每个分箱中钻石价格的均值,结果如图 12-26 所示。

```
ggplot(diamonds, aes(x = cut, y = price)) +
  geom_bar(stat = "summary_bin", fun = mean) +
  theme_classic() +
  labs(y = "mean price")
```

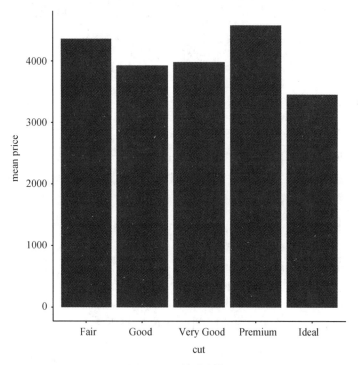

图 12-26　统计变换

如果横轴是连续变量,那么这个图就会变成直方图(与 geom_histogram() 函数效果相同)。

【例 12-19】　比较不同颜色的钻石数量。

```
ggplot(diamonds, aes(x = color)) +
  geom_bar(width = 0.7) +
  theme_classic()
```

其中,参数 width 调整条形的宽度,默认宽度为 0.9。

结果如图 12-27 所示。

由于颜色的种类有 7 种,把条形横过来观察更直观。

```
ggplot(diamonds, aes(x = color)) +
  geom_bar(width = 0.7) +
  coord_flip() +
  theme_classic()
```

结果如图 12-28 所示。

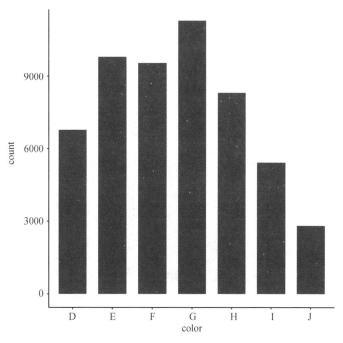

图 12-27 不同颜色的钻石数量

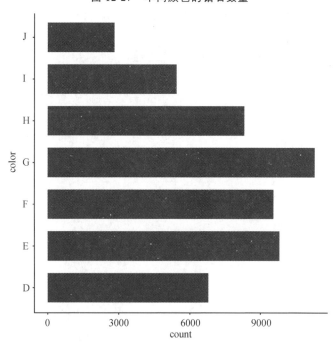

图 12-28 条形图

【例 12-20】 以堆叠柱形图比较不同切工、不同颜色的钻石的数量。

```
ggplot(diamonds, aes(x = cut)) +
  geom_bar(aes(alpha = color), width = 0.7) +
  theme_classic()
```

结果如图 12-29 所示。这里把变量 color 映射到几何对象的透明度 alpha。

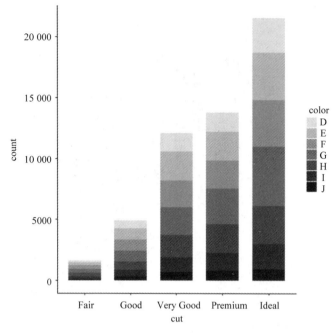

图 12-29　堆叠柱形图

【例 12-21】　以簇状柱形图来比较不同切工、不同颜色的钻石数量。

```
ggplot(diamonds, aes(x = cut)) +
  geom_bar(aes(alpha = color), position = "dodge", width = 0.7) +
  theme_classic()
```

结果如图 12-30 所示。这里通过参数 position＝"dodge"设置柱形图为簇状。

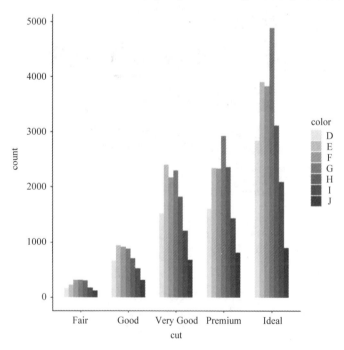

图 12-30　簇状柱形图

12.6　折　线　图

geom_line()用于沿 x 轴顺序连接数据点,绘制基本折线。geom_segment()用于连接点 (x,y) 和 (x_{end},y_{end}),绘制线段。geom_curve()用于绘制曲线。绘制折线图的表达式构成如表 12-7 所示。

表 12-7　绘制折线图的表达式构成

ggplot2 绘图语法	折　线　图
ggplot(data ＝<数据集>) ＋	ggplot(data ＝<数据框>) ＋
<几何对象>(	geom_line(
mapping＝aes(<映射>),	mapping＝aes(<映射>)
stat ＝<统计变换>,	默认为 identity
position ＝<位置调整策略>	默认为 identity
) ＋	) ＋
<坐标变换>＋	无
<切面>＋	无
<主题>	theme_classic() 等

【例 12-22】　假设有如下数据框:

```
df <- data.frame(day = 1:7,value = c(8,10,19,17,12,19,20)); df
  day value
1  1    8
2  2   10
3  3   19
4  4   17
5  5   12
6  6   19
7  7   20
```

绘制 value 相对于 day 变化的折线,并标记出数据点。

首先绘制折线:

```
ggplot(df, aes(x = day, y = value))  +
  geom_line()+
  theme_bw()
```

结果如图 12-31 所示。

如果想在折线图中把数据集中的各样本点标记出来,只需在原来基础上增加一个散点图图层:

```
ggplot(df, aes(x = day, y = value))  +
  geom_line() +
  geom_point() +
  theme_bw()
```

结果如图 12-32 所示。

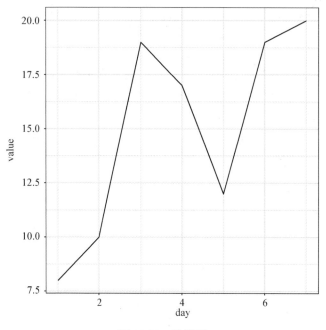

图 12-31   折线图

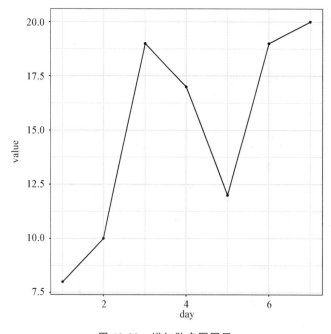

图 12-32   增加散点图图层

如果想改变数据点的形状、大小,则使用 shape 和 size 参数。shape 用于设置点的形状, size 用于设置点的大小,color 用于设置形状边框颜色,fill 用于设置填充形状颜色。

```
ggplot(df, aes(x = day, y = value))  +
  geom_line() +
  geom_point(shape = 2, size = 3) +
  theme_bw()
```

结果如图 12-33 所示。

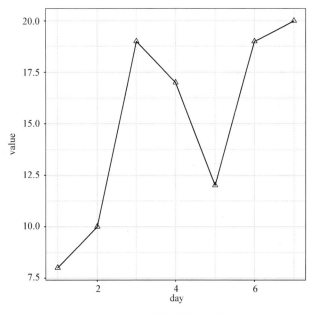

图 12-33　改变数据点的形状

如果想使用不同的线型,则使用 linetype 参数。下面的脚本通过 linetype 参数设置"虚线"线型。

```
ggplot(df, aes(x = day, y = value))  +
  geom_line(linetype = "dashed") +
  theme_bw()
```

结果如图 12-34 所示。

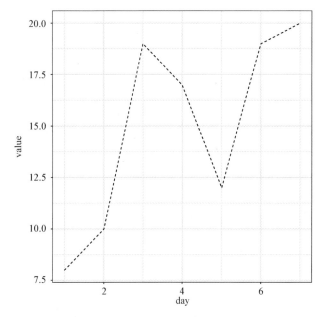

图 12-34　设置线型

【例 12-23】　假设 df 数据框中存放了三名学生（A、B 和 C）一周 7 天的耐力跑训练数据，据此比较这三名学生一周 7 天的运动情况。

```
> df
   day value  student
1    1    8      A
2    2   10      A
3    3   19      A
4    4   17      A
5    5   12      A
6    6   19      A
7    7   20      A
8    1   12      B
9    2    9      B
10   3    9      B
11   4    9      B
12   5   10      B
13   6    9      B
14   7    9      B
15   1   20      C
16   2   18      C
17   3   19      C
18   4   17      C
19   5   18      C
20   6   14      C
21   7   12      C
```

以不同的线型表示不同的学生，即把学生映射到 linetype：

```
ggplot(df, aes(x = day, y = value, linetype = student))  +
  geom_line() +
  theme_bw()
```

结果如图 12-35 所示。

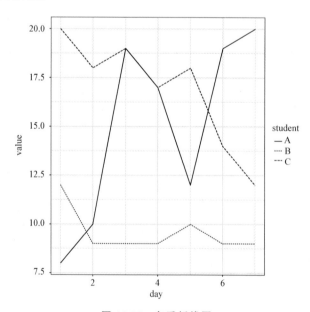

图 12-35　多重折线图

增加散点图图层：

```
ggplot(df, aes(x = day, y = value, linetype = student))  +
  geom_line() +
  geom_point(size = 3) +
  theme_bw()
```

结果如图 12-36 所示。

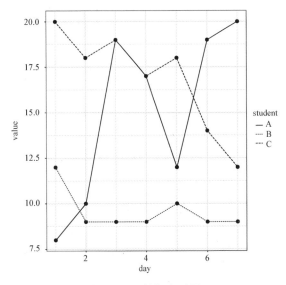

图 12-36 数据点重叠

由图 12-36 可以看到,学生 A 和学生 C 在周三和周四的数据值相等,造成数据点重叠。可通过设置参数 position_dodge 偏置数据点:

```
ggplot(df, aes(x = day, y = value, linetype = student))  +
  geom_line() +
  geom_point(size = 3, position = position_dodge(.1)) +
  theme_bw()
```

结果如图 12-37 所示。

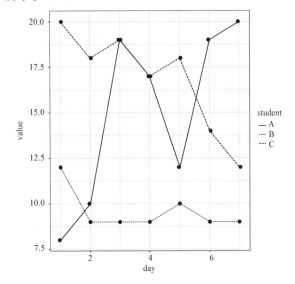

图 12-37 偏置数据点

12.7　标　　注

标题、副标题、轴标签、图例等称为图形的标注(annotation)。

【例 12-24】　展示不同种类鸢尾花的花萼宽度相对于花萼长度的变化。图标题为"鸢尾花的花萼长度和宽度",图的副标题为"iris 数据集",图例标题为"种类",x 轴标签为"花萼长度";y 轴标签为"花萼宽度"。标题居中对齐。

```
ggplot(iris, aes(x = Sepal.Length, y = Sepal.Width))  +
  geom_point(aes(shape = Species), size = 3, position = position_dodge(.1))  +
  theme_bw() +
  labs(
    x = "花萼长度",
    y = "花萼宽度",
    shape = "种类",
    title = "鸢尾花的花萼长度和宽度",
    subtitle = "iris 数据集"
  ) +
  theme(
    plot.title = element_text(hjust = 0.5),
    plot.subtitle = element_text(hjust = 0.8),
  )
```

结果如图 12-38 所示。图中使用轴标签和图标题说明了坐标轴上数据的含义以及图的内容。由于默认标题左对齐,因此使用参数 hjust 调整成居中对齐。

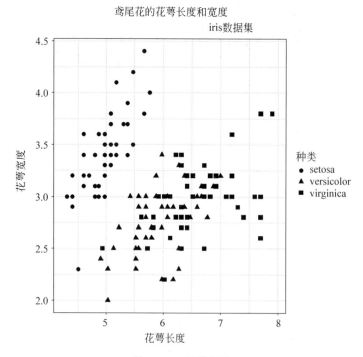

图 12-38　图的标注

对某些观测点或者区域添加标签也是一种重要的标注形式。geom_text( )和 geom_

label()用于添加文本,geom_rect()用于添加矩形区域,其图形属性有 xmin、xmax、ymin 和 ymax;geom_line()、geom_path() 和 geom_segment()用于添加直线、曲线和折线。所有折线图形几何对象都可以通过 arrow()添加箭头,arrow()的参数有 angle、length、ends 和 type。geom_vline()、geom_hline()和 geom_abline()用于添加参考线(有时称为尺子)。

【例 12-25】　在数据点(1,2)、(2,3)、(3,4)上标注文本(1,2)、(2,3)、(3,4)。

下面的脚本绘制三个数据点,并在每个数据点上标注坐标,如图 12-39 所示。

```
ggplot(data = data.frame(a = c(1,2,3), b = c(2,3,4)),aes(x=a, y=b))+
  geom_point(size = 3) +
  geom_text(aes(label = paste0("(",a,",", b,")"))) +
  theme_bw()
```

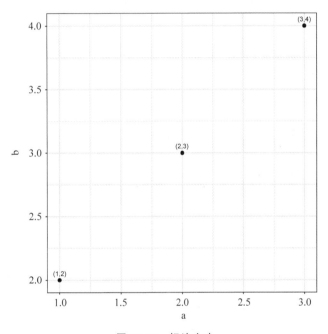

图 12-39　标注文本

但是,坐标与点重叠了。如果想把文本向下稍微移动一点儿,可使用参数 nudge_y。

```
ggplot(data = data.frame(a = c(1,2,3), b = c(2,3,4)),aes(x=a, y=b))+
  geom_point(size = 3) +
  geom_text(aes(label = paste0("(",a,",", b,")")), nudge_y = -0.05) +
  theme_bw()
```

结果如图 12-40 所示。

使用 geom_label()可在文本下面绘制圆角矩形框,形成标签形状。

【例 12-26】　在数据点(1,2)、(2,3)、(3,4)上标注标签(1,2)、(2,3)、(3,4)。

下面的脚本使用 geom_label()而不是 geom_text()进行标注。

```
ggplot(data = data.frame(a = c(1,2,3), b = c(2,3,4)), aes(x=a, y=b)) +
  geom_point(size = 3) +
  geom_label(aes(label = paste0("(",a,",", b,")")), nudge_y = -0.1) +
  theme_bw()
```

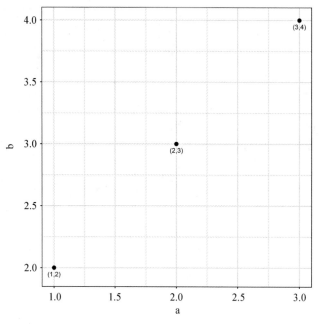

图 12-40　调整文本位置

结果如图 12-41 所示。

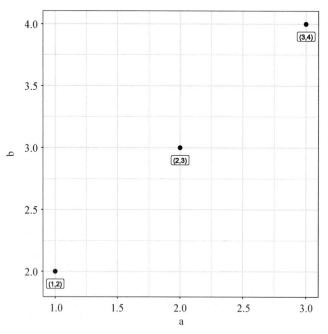

图 12-41　使用标签进行标注

【**例 12-27**】　描绘二次曲线 $y = x^2$。

假如 x 的取值范围是 $[-2, 2]$，以步长 0.01 逐一计算相应的 y 值。然后通过 geom_path() 函数绘制路径，该路径显示为一条二次曲线，最后通过函数 quote 引用数学表达式作为 y 轴的标签。

```
values <- seq(from = -2, to = 2, by = .01)
df <- data.frame(x = values, y = values ^ 2)
ggplot(df, aes(x, y)) +
  geom_path() +
  labs(y = quote(f(x) == x^2)) +
  theme_classic()
```

结果如图 12-42 所示。

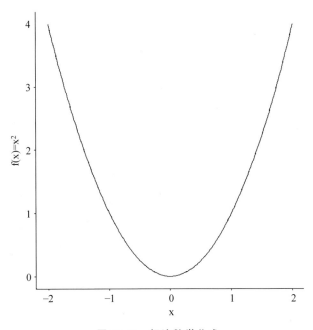

图 12-42　标注数学公式

geom_curve()和 geom_segment()用于绘制连接文本标注与被标注几何对象的曲线或者直线。

【例 12-28】　把文本"audi"连接到数据点上。

```
ggplot(mpg[mpg$manufacturer == "audi", ], aes(displ, hwy)) +
  geom_point(size = 3) +
  geom_curve( x = 2.5, y = 28, xend = 2.01, yend = 27.01,
    curvature = .3, arrow = arrow(length = unit(4, "mm")) ) +
  geom_text( x = 2.5, y = 28, label = "audi", hjust = "left") +
  theme_bw()
```

结果如图 12-43 所示。

使用二维分箱计数（geom_bin2d）的方法，也就是把平面分成网格，每网格为一个分箱，统计落在每个分箱中的观察数量，不同的数量用不同灰度表示，来观察不同切工的钻石价格与克拉数的关系。

```
ggplot(diamonds, aes(log10(carat), log10(price))) +
  geom_bin2d() +
  scale_fill_gradient(low="white", high = "black")+
  facet_wrap(vars(cut), nrow = 2)
```

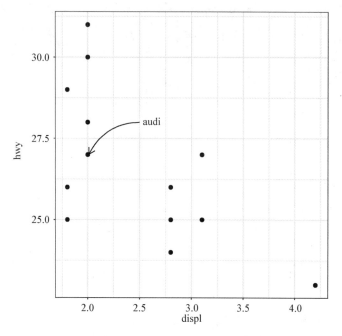

图 12-43　连接文本与被标注对象

其中，函数 scale_fill_gradient 用于设置黑白渐变填充。

结果如图 12-44 所示。

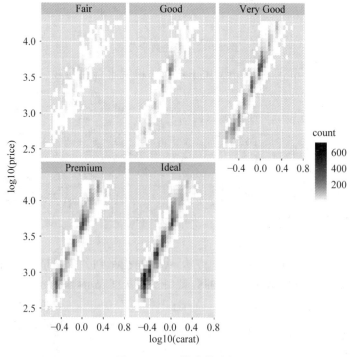

图 12-44　二维分箱计数

增加线性模型参考线：

```
mod_coef <- coef(lm(log10(price) ~ log10(carat), data = diamonds))
ggplot(diamonds, aes(log10(carat), log10(price))) +
  geom_bin2d() +
  scale_fill_gradient(low="white", high = "black")+
  geom_abline(intercept = mod_coef[1], slope = mod_coef[2], color = "black",
linewidth = 1) +
  facet_wrap(vars(cut), nrow = 2) +
  theme_bw()
```

结果如图 12-45 所示。

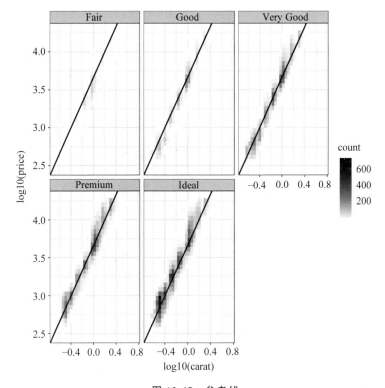

图 12-45　参考线

图例的默认位置在绘图区右侧。可设置 theme()的参数 legend.position 为 right、left、top、bottom 或者 none（无图例）改变图例位置。

12.8　统　计　变　换

如果想改变几何对象默认的统计变换，或者在纵轴显示其他变量的统计值而不是横轴变量的统计值，那么就要应用显式的统计变换。统计变换建立了新的度量，如计数、比例等。

【例 12-29】　给定如下数据框，cut 表示切工，total 表示对应切工的钻石数量。

```
tb <- data.frame(
  cut = c( "Fair", "Good", "Very Good", "Premium", "Ideal"),
  total = c(1600, 4000, 12000, 14000, 20000)
)
```

使用柱形图对比各类切工的钻石数量。

```
ggplot(data = tb) +
  geom_bar(mapping = aes(x = reorder(cut, total), y = total), stat = "
identity") +
  theme_bw()
```

结果如图 12-46 所示。其中 reorder 函数按照参数 total 对 cut 排序。identity 的含义是"同一"，表示对数据不做任何变换，直接使用数据框中的值。identity 有两种用法：参数 stat＝"identity"和函数调用 stat_identity()。本例使用参数 stat＝"identity"改变了默认的计数统计变换 stat＝"count"。当设置 stat＝"identity"时，必须设置到 y 轴的映射。

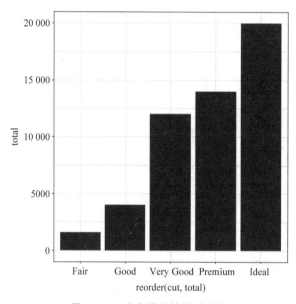

图 12-46　改变默认的统计变换

【例 12-30】　展示钻石不同切工的价格均值。

```
ggplot(data = diamonds) +
  geom_bar(aes(x = cut, y = price), stat = "summary", fun = "mean", width=0.8) +
  theme_classic()
```

结果如图 12-47 所示。

geom_bar()默认的统计变换是 count，也就是说 geom_bar() 使用了函数调用 stat_count()，所以下面三个表达式生成的图形相同。

```
ggplot(data = diamonds) +
  geom_bar(mapping = aes(x = cut)) +
  theme_bw()

ggplot(data = diamonds) +
  geom_bar(mapping = aes(x = cut), stat = "count") +
  theme_bw()

ggplot(data = diamonds) +
  stat_count(mapping = aes(x = cut)) +
  theme_bw()
```

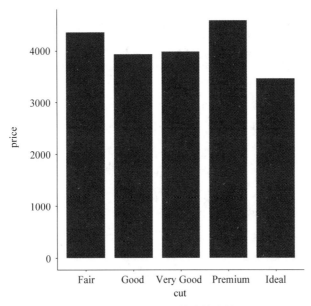

图 12-47 不同切工的价格均值

geom_bar()首先读取数据集,然后把分组计数结果存储于中间变量 count,最后把计数映射到纵轴上。常用的统计函数有计数 stat_count()和 stat_bin()、计算统计量 stat_summary()、按指定函数计算 stat_function()、计算分组数据的统计量 stat_summary2d()、把角度和半径转换为位置 stat_spoke()、删除重复观测 stat_unique()、经验累积分布 stat_ecdf()、QQ 位数图 stat_qq()、分位数 stat_quantile()等。

stat_count()计算每个 x 轴位置上的数量,适合类别数据;stat_bin()把 x 轴分箱并计算每个分箱中的观测数量,适用于连续数据。stat_bin()常用于直方图中(geom_histogram(stat="bin"))。具体参数如下:

```
stat_bin(mapping = NULL, data = NULL, geom = "bar", position = "stack",...,
binwidth = NULL, bins = NULL, center = NULL, boundary = NULL,
  breaks = NULL, closed = c("right", "left"), pad = FALSE,
  na.rm = FALSE, show.legend = NA, inherit.aes = TRUE)
```

其中:

geom:指定几何图层。

binwidth:分箱的宽度。

bins:分箱的数量,默认值是 30。

breaks:数值向量,指定分箱的分割点。

closed:有效值是 right 和 left,用于指定分箱的区间是右闭左开,还是左闭右开。

stat_unique()用于去除重复值,有两种用法:

```
ggplot(data, aes(x, y)) +
geom_point(alpha=0.3,stat = "unique")
```

或者:

```
ggplot(data, aes(x, y))+
stat_unique(geom="point",alpha=0.3)
```

其具体参数如下:

```
stat_unique(mapping = NULL, data = NULL, geom = "point",
  position = "identity", ..., na.rm = FALSE, show.legend = NA,
  inherit.aes = TRUE)
```

其中:

　　geom:指定几何图层,默认值是 point。

　　position:位置调整,默认值是 identity(不做位置调整)。

12.9　位置调整

位置调整(position adjustment)的方式有 identity(不调整)、dodge(并列)、stack(堆叠)、jitter(颤动)、jitterdodge(既颤动也并列)、nudge(固定偏移量离开)、fill(填充,用于条形图)。几何对象的参数 position 用于设置位置调整方式,如 position="identity"。每种位置调整方式都对应一个函数 position_xxx(),如 position=position_identity()。

【例 12-31】　观察各类切工和净度的钻石数量。

```
ggplot(data = diamonds, mapping = aes(x = cut, alpha = clarity)) +
  geom_bar(position = "identity") +
  theme_classic()
```

结果如图 12-48 所示。

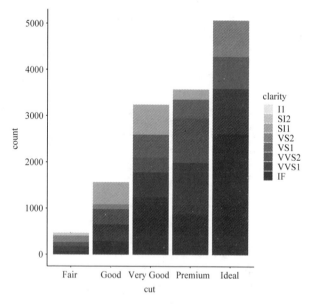

图 12-48　堆叠柱形图

柱状图参数 position 的默认值是 stack,即堆叠摆放柱子;将其改为 identity 后发现柱子出现了交叠。用 dodge 位置调整方式让柱子水平放置可产生簇状柱形图。

```
ggplot(data = diamonds, mapping = aes(x = cut, alpha = clarity)) +
  geom_bar(position = "dodge") +
  theme_classic()
```

结果如图 12-49 所示。

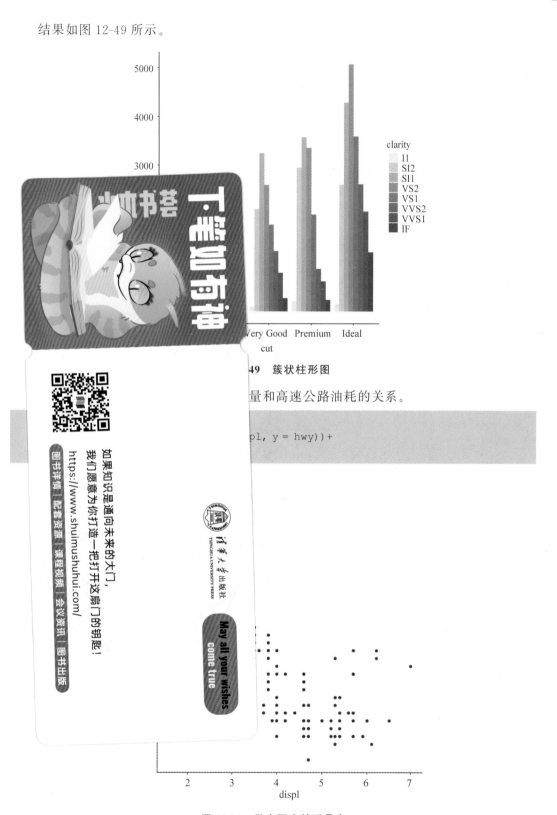

clarity

I1
SI2
SI1
VS2
VS1
VVS2
VVS1
IF

Very Good　Premium　Ideal

cut

49　簇状柱形图

量和高速公路油耗的关系。

```
ol, y = hwy))+
```

displ

图 12-50　散点图中的重叠点

使用 jitter 位置调整方式把重叠的点错开。

```
ggplot(data = mpg) +
  geom_point(mapping = aes(x = displ, y = hwy), position = "jitter")+
  theme_classic()
```

结果如图 12-51 所示。

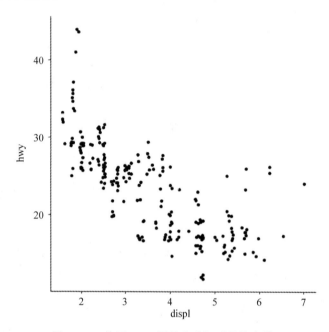

图 12-51　使用 jitter 调整方式把重叠的点错开

12.10　尺度变换

常用的几何对象视觉属性有 x 轴、y 轴、大小(size)、形状(shape)、线型(linetype)、透明度(alpha)、颜色(color)和填充(fill)等,对于每个视觉属性,都有相应的尺度函数来实现尺度变换。尺度变换就是重新定义从数据空间(尺度的定义域)到几何对象视觉属性空间(尺度的值域)的映射以实现对局部数据空间的放大/缩小(zoom in/zoom out)显示。

尺度变换函数 scale_ * _continuous 把连续值映射到视觉属性,scale_ * _discrete() 把离散值映射到视觉属性,scale_ * _identity() 把数据值直接作为视觉属性值,scale_ * _manual(values=c()) 自定义映射。scale_x_ * ()、scale_y_ * () 定义到 x 轴、y 轴的映射。scale_color_ * ()、scale_alpha_ * ()、scale_fill_ * ()、scale_shape_ * ()、scale_size_ * ()、scale_linetype_ * () 设置在视觉属性上的映射。所有的尺度变换函数都以 scale_ 开头,然后是几何对象视觉属性的名称(如 x、y、color、shape 或 size 等),最后以尺度变换名结尾(gradient、hue 或 manual),例如 scale_x_discrete()。

几何对象视觉属性默认尺度变换如表 12-8 中粗体所示。例如,离散型颜色属性的默认尺度变换函数为 scale_color_hue(),连续型填充色默认尺度变换函数为 scale_fill_gradient()(梯度填充)。

表 12-8 默认的视觉属性的尺度

属 性	离 散 型	连 续 型
颜色和填充色	brewer	
	grey	**gradient**
	hue	gradient2
	identity	gradient*n*
	manual	
位置	**discrete**	**continuous**
		date
形状	**shape**	
	identity	
	manual	
线条类型	**linetype**	
	identity	
	manual	
大小	identity	**size**
	manual	

例如,aes(x＝cty,y＝hwy)的含义是把变量城市道路油耗 cty 映射到 x 轴,把变量高速公路油耗 hwy 映射到 y 轴。实际上就是把一个 cty 的值作为坐标轴标签显示在 x 轴的某个位置上,如果使用实数区间[0,1]中的某个数表示坐标轴上一个位置,区间[0,1]中的某个数表示离开原点的距离,这个映射是 cty 的取值集合到实数区间[0,1]的映射。把变量映射到 y 轴也是一样。尺度变换函数 scale_y_continuous(limits＝c(10,40))仅显示 y 轴上区间(10,40)中的数据,实现了对局部数据的放大显示。

坐标轴包括坐标轴标签(axis label)、刻度记号(tick mark)、刻度标签(tick label)等,图例包括图例标题(title)、图例键(key)和图例键标签(key label)等,如图 12-52 所示。

【例 12-33】 在高速公路油耗(10,40)的范围内,观察发动机排量和高速公路油耗的关系。

首先使用散点图直接显示发动机排量和高速公路油耗的关系:

```
ggplot(mpg, aes(displ, hwy) ) +
  geom_point()+
  theme_classic()
```

结果如图 12-53 所示。

如果想把 y 轴的范围改为(10,40),则需要使用尺度变换函数 scale_y_continuous:

```
ggplot(mpg, aes(displ, hwy) ) +
  geom_point()+
  scale_y_continuous(limits = c(10, 40)) +
  theme_classic()
```

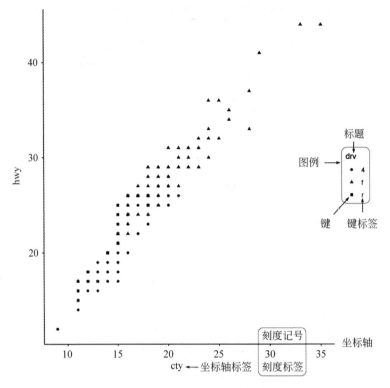

图 12-52　坐标轴和图例中的术语

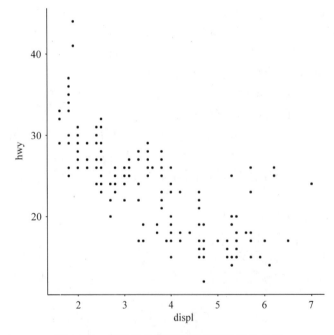

图 12-53　发动机排量和高速公路油耗的关系

结果如图 12-54 所示。超出范围的观测转换为 NA。

【**例 12-34**】　按前轮驱动(f)、后轮驱动(r)和四轮驱动(4)的次序展示汽车数量。

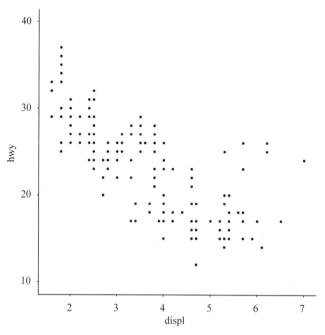

图 12-54 把 *y* 轴的范围改为（10，40）

```
ggplot(mpg) +
  geom_bar(aes(x = drv),width = 0.8) +
  scale_x_discrete(limits = c("f","r","4")) +
  theme_classic()
```

结果如图 12-55 所示。

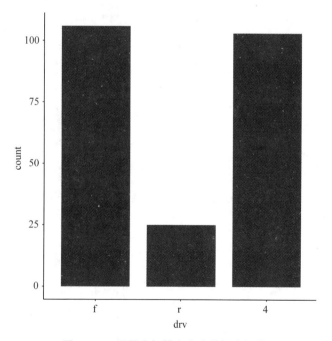

图 12-55 设置坐标轴在定序数据上取值

通过 limits 设置坐标轴为定序数据实现了按照期望顺序排列的柱形图。所有尺度变换都由 limits 参数来设置视觉属性的取值范围和顺序。

【例 12-35】 按年份展示发动机排量与高速公路油耗的关系。

把年份作为切面变量,为每个年份绘制一个子图:

```
ggplot(mpg, aes(displ, hwy)) +
  geom_point() +
  facet_wrap(vars(year)) +
  theme_bw()
```

不同年份切面使用了同一个 y 轴,如图 12-56 所示。事实上,如果分别绘制 1999 年和 2008 年的散点图会发现两者 y 轴的范围不同。在切面图中,由于两个子图共享 y 轴,范围小的 2008 年切面图的 y 轴就被尺度变换为 1999 年切面图的 y 轴。

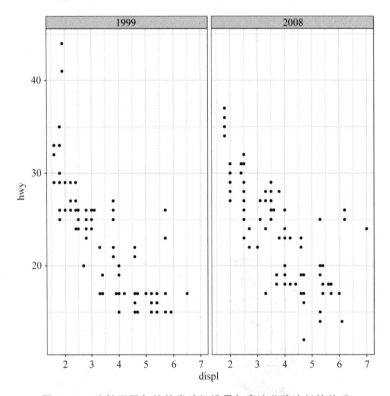

图 12-56　比较不同年份的发动机排量与高速公路油耗的关系

当期望观察局部数据时,就好比拍摄近景,需要拉近镜头,这种情形可使用 coord_cartesian()。

【例 12-36】 观察不同传动系的高速公路油耗离群点。

```
ggplot(mpg, aes(x=drv, y=hwy)) +
  geom_hline(yintercept = 28) +
  geom_boxplot() +
  theme_bw()
```

其中有一条水平参考线。结果如图 12-57(a)所示。拉近镜头,聚焦(10,35)中的油耗:

```
ggplot(mpg, aes(drv, hwy)) +
  geom_hline(yintercept = 28) +
  geom_boxplot() +
  coord_cartesian(ylim = c(10, 35)) +
  theme_bw()
```

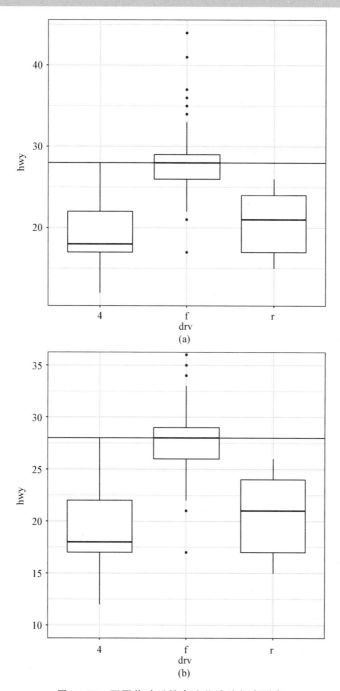

图 12-57　不同传动系的高速公路油耗离群点

结果如图 12-57(b)所示。图 12-57(b)中的离群点比图 12-57(a)中的离群点少了 3 个，但是箱线图的中位数和其他统计量都没有发生变化。

如果不使用 coord_cartesian() 而直接使用 ylim()，就会发现中位数变小了，如图 12-58 所示。这是因为超出范围的观测被置为 NA，最终统计计数后的中位数位置向下移动了一点。

```
ggplot(mpg, aes(drv, hwy)) +
  geom_hline(yintercept = 28) +
  geom_boxplot() +
  ylim(10, 35) +
  theme_bw()
```

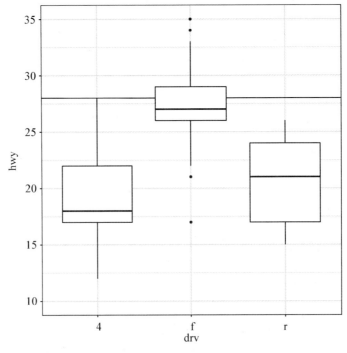

图 12-58   中位数变小

【**例 12-37**】   使用直方图观察钻石价格的分布。

```
ggplot(diamonds, aes(price)) +
  geom_histogram() +
  theme_bw()
```

结果如图 12-59(a) 所示。进行对数变换后的直方图如图 12-59(b) 所示。

```
ggplot(diamonds, aes(price)) +
  geom_histogram() +
  scale_x_continuous(trans = "log10") +
  theme_bw()
```

由图 12-59 可以看到，进行对数变换前，数据呈现幂律分布；进行对数变换后，数据呈现正态分布。

对数变换通过尺度变换函数 scale_x_continuous 的参数 trans 实现。常见变换函数如表 12-9 所示。

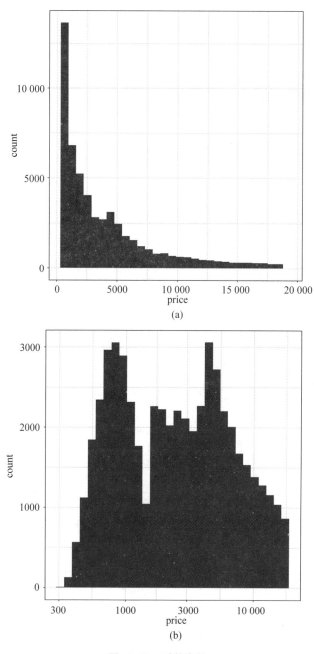

(a)

(b)

图 12-59　对数变换

表 12-9　常见变换函数

名　　字	变　　换	函　　数
asn	scales::asn_trans()	$\tanh^{-1}(x)$
exp	scales::exp_trans()	e^x
identity	scales::identity_trans()	x
log	scales::log_trans()	$\ln(x)$

续表

名　字	变　　换	函　　数
log10	scales::log10_trans()	$\log_{10}^{x}$
log2	scales::log2_trans()	$\log_{2}^{x}$
logit	scales::logit_trans()	$\log\dfrac{x}{1-x}$
probit	scales::probit_trans()	$\Phi(x)$
reciprocal	scales::reciprocal_trans()	x^{-1}
reverse	scales::reverse_trans()	$-x$
sqrt	scales::scale_x_sqrt()	$\sqrt{x}$

【例 12-38】 展示各类发动机排量和不同高速公路油耗的汽车数量。

```
ggplot(mpg, aes(displ, hwy)) +
  geom_count()+
  theme_bw()
```

结果如图 12-60 所示。

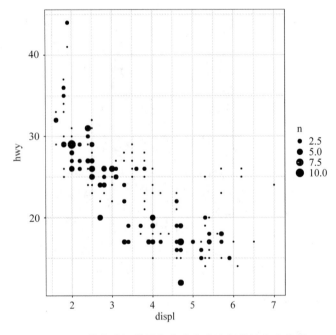

图 12-60　按发动机排量和高速公路油耗统计汽车数量

图 12-60 的问题在于实心圆太密,不易观察。通过分组变换,可把观测放到一个网格中进行统计,绘制稀疏的图形,以方便观察。

```
ggplot(mpg, aes(displ, hwy)) +
  geom_count()+
  scale_x_binned(n.breaks = 15) +
  scale_y_binned(n.breaks = 15) +
  theme_bw()
```

结果如图 12-61 所示。

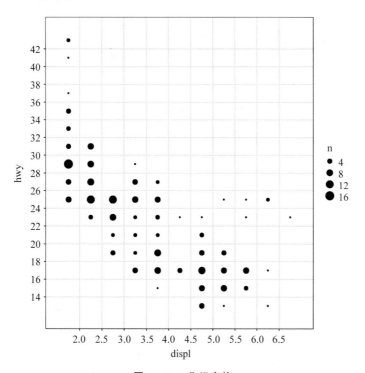

图 12-61　分组变换

如果想比较不同制造商、不同发动机排量的高速公路油耗,则可用 scale_size_binned()
对点的大小分箱,使得大小相近的点落入同一个分箱中,从而在大一些的尺度上进行观察:

```
ggplot(mpg, aes(displ, manufacturer, size = hwy)) +
  geom_point(alpha = .2) +
  scale_size_binned() +
  theme_bw()
```

查询 mpg[mpg $ manufacturer＝＝"honda",c("displ","hwy")]:

```
#A tibble: 9 × 2
  displ  hwy
<dbl><int>
1  1.6   33
2  1.6   32
3  1.6   32
4  1.6   29
5  1.6   32
6  1.8   34
7  1.8   36
8  1.8   36
9  2     29
```

发动机排量为 1.6 的有 5 个观测,高速公路油耗分别是 29、32、32、32、33;发动机排量为
1.8 的有 2 个观测,高速公路油耗都是 36;发动机排量为 2 的只有 1 个观测。结果如图 12-62
所示。由图 12-62 可以看到:形状(实心圆)的大小(size)表示了高速公路油耗的大小;而实

心圆的深浅表示了观测数量的多少。ggplot2 会在散点重叠的地方进行透明度的无损累加以使其颜色变得深一些。

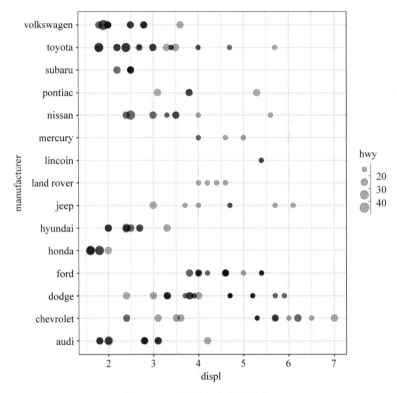

图 12-62　形状大小上的尺度

12.11　切　　面

切面就是在一个页面上自动摆放多幅图：先根据某个类别变量把数据划分为若干子集，然后将每个子集依次绘制到页面的不同格子中。切面有两种类型：网格型（facet_grid）和绕带型（facet_wrap）。网格切面生成由行变量和列变量定义的二维网格，如图 12-63（a）所示；绕带切面按"一条龙"连续摆放多个图形，当前行排满则折行继续摆放。虽然看起来有多行，但本质是线性布局，如图 12-63（b）所示。

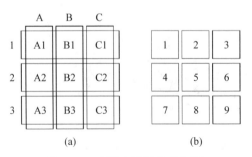

图 12-63　网格切面和绕带切面

【例 12-39】　按"一条龙"布局展示各类汽车发动机排量和高速公路油耗的关系。

以 mpg 为数据集,把发动机排量 displ 映射到 x 轴,把高速公路油耗映射到 y 轴,根据类别变量 class 划分数据集,以绕带切面显示各类汽车发动机排量和高速公路油耗的关系,且每行显示 4 个子图:

```
ggplot(mpg, aes(displ, hwy)) +
  geom_blank() +
  xlab(NULL) +
  ylab(NULL) +
  facet_wrap(~class, ncol = 4) +
  theme_bw()
```

参数 ncol 控制了"一条龙"的列数,也可以使用参数 nrow＝2 控制列数,nrow 和 ncol 二者用一个即可。结果如图 12-64 所示。

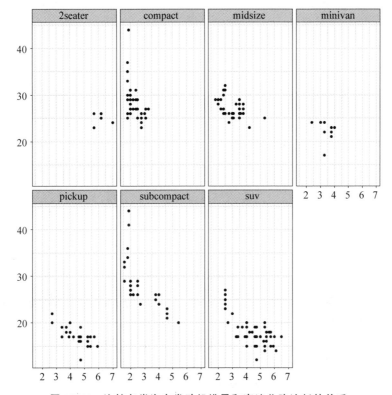

图 12-64　比较各类汽车发动机排量和高速公路油耗的关系

参数 as.table 控制像表格(TRUE)一样布局,即右下角放最高值;还是像绘图(FALSE)一样布局,即右上角放最高值。参数 dir 控制绕带方向:水平(h)或垂直(v)。

【例 12-40】　展示不同汽缸数(cyl)汽车的发动机排量和高速公路油耗的关系,且把切面标签显示在网格顶部。

以 mpg 为数据集,把发动机排量 displ 映射到 x 轴,把高速公路油耗映射到 y 轴,根据变量 cyl 划分数据集,以网格切面显示不同汽缸数(cyl)汽车的发动机排量和高速公路油耗的关系,使用". ～cyl"设置在顶部显示汽缸数(cyl)。

```
ggplot(mpg, aes(displ, hwy)) +
  geom_point() +
  xlab(NULL) +
  ylab(NULL) +
  facet_grid(. ~ cyl) +
  theme_bw()
```

结果如图 12-65 所示。

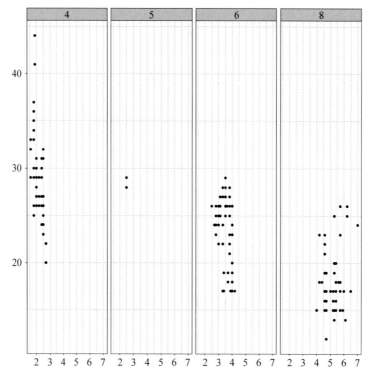

图 12-65　切面标签显示在网格顶部

【例 12-41】　展示不同传动系(drv)汽车的发动机排量和高速公路油耗的关系,且把切面标签显示在网格右侧。

以 mpg 为数据集,把发动机排量 displ 映射到 x 轴,把高速公路油耗映射到 y 轴,根据变量 drv 划分数据集,以网格切面显示不同传动系(drv)汽车的发动机排量和高速公路油耗的关系,使用"drv～ ."设置在右侧显示传动系(drv)。

```
ggplot(mpg, aes(displ, hwy)) +
  geom_point() +
  xlab(NULL) +
  ylab(NULL) +
  facet_grid(drv ~ .) +
  theme_bw()
```

结果如图 12-66 所示。

当网格顶部和网格右侧都有切面标签时,则形成一个交叉表。

【例 12-42】　以 mpg 为数据集,用交叉表展示不同传动系(drv)、不同汽缸数(cyl)汽车的发动机排量和高速公路油耗的关系。

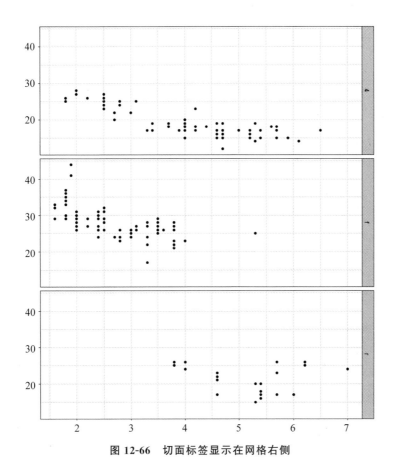

图 12-66　切面标签显示在网格右侧

　　把发动机排量 displ 映射到 x 轴,把高速公路油耗 hwy 映射到 y 轴,根据变量 drv 划分数据集,以网格切面显示不同传动系(drv)、不同汽缸数(cyl)汽车的发动机排量和高速公路油耗的关系,使用"drv~cyl"设置在顶部显示汽缸数,右侧显示传动系(drv)。

```
ggplot(mpg, aes(displ, hwy)) +
  geom_point() +
  xlab(NULL) +
  ylab(NULL) +
  facet_grid(drv ~ cyl) +
  theme_bw()
```

　　结果如图 12-67 所示。

　　如果按连续变量切面,则需要离散化变量。离散化方法有三种:

　　(1) 把数据分成相同长度的分组: cut_interval(x,n)。

　　(2) 把数据分成指定长度的分组: cut_width(x,width)。

　　(3) 把数据分成 n 组: cut_number(x,n=10)。

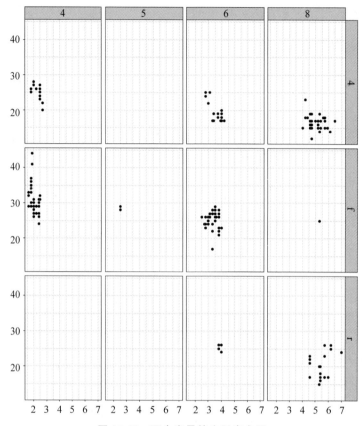

图 12-67　两个变量的交叉表布局

12.12　主　　题

主题是用于特定场景的样式搭配。可通过 theme()对图形样式进行精雕细琢,使之适应不同场景。对主题的微调主要是对标题、坐标轴标签、图例标签等的文字调整,以及对网格线、背景、轴须的颜色搭配。

【例 12-43】 应用黑白主题,设置标题文本为"直方图",并设置标题文本为 20 号字、红色、左对齐、加重。

```
ggplot(diamonds, aes(x = carat)) +
geom_histogram(bin = 1)
  theme_bw() +
  labs(title = "直方图") +
  theme(plot.title = element_text(size = 20,
                     color = "red",
                     hjust = 0.5,
                     face = "bold",
                     angle = 180))
```

其中,plot.title 是图形中的标题,该标题是文本元素。hjust 表示水平对齐,其取值范围为 [0,1],如 0.5 表示居中对齐。字型 face 的取值还可以是 plain、italic、bold.italic 等。

表 12-10 列出了各类内置主题及其介绍。

表 12-10　内置主题

主题名	背景色	网格线	边框	刻度线	坐标轴	说明
grey	浅灰	白色	白色	黑色	无	默认
bw	白色	浅灰	黑色	黑色	无	适合投影
linedraw	白色	黑色(细)	黑色(粗)	黑色	无	
light	白色	浅灰	浅灰	浅灰	无	
dark	灰色	深灰	深灰	黑色	无	
minimal	白色	浅灰	无	浅灰	无	极简主题
classic	白色	无	无	黑色	黑色	经典主题
void	无	无	无	无	无	无

在选定主题的基础上,可以通过 theme()函数对文本(text)、线(line)、矩形(rectangle)和空白(blank)进行微调。

element_text()用来访问以下图形元素：axis.title.x(x 轴标题)、axis.title.y(y 轴标题)、axis.text.x(x 轴刻度标签)、axis.text.y(y 轴刻度标签)、legend.title(图例标题)、legend.text(图例文本)、plot.title(图形主标题)、plot.subtitle(图形副标题)、plot.caption(图形脚注)、plot.tag(标签)。其参数包括字体(family)、字号(size)、字型(face)、颜色(color)、水平对齐(hjust)、垂直对齐(vjust)、角度(angle)等。

element_line()用来访问图形的轴线、网格线,其参数有颜色(color)、粗细(size)、类型(linetype)等。例如,修改网格线为灰色：theme(panel.grid.major＝element.line(color＝"grey"))。添加灰色垂直方向的网格线：theme(panel.grid.major.x＝element_line(color＝"grey",linetype＝6))。设置坐标轴的线宽：theme(axis.line＝element_line(size＝0.5))。

element_rect()用来设置图形的背景区域,其参数有填充色(fill)、边框颜色(color)、边框粗细(size)、线型(linetype)等。

element_blank()用来绘制空白,相当于擦除。例如,theme(axis.ticks.y＝element_blank())擦除坐标轴上的刻度线。theme(axis.title＝element_blank())擦除标题。

12.13　色彩与构成

本节将简单介绍色彩与构成的基本理论,以及色彩的基本原理、调和与搭配,从而使读者能在 R 绘图中使用合适的图标结构并更有效地利用色彩。

12.13.1　颜色与颜色的属性

三原色又分为色光三原色和颜料三原色。色光三原色为红、绿、蓝;颜料三原色为品红(玫红)、黄、青(绿蓝、水蓝)。

色相(hue)、明度(value)、纯度(chroma)被称为色彩的三大属性,存在于有彩色系中的任何一种颜色中。色相指色彩的相貌。如红、橙、黄、绿、青、蓝、紫等色相的差异取决于光波的长短。明度指色彩的"亮"的程度,也称为亮度。明度最高的颜色为白色,最低的颜色为黑色。在一种颜色中加入白色使明度逐渐增强;加入黑色则使明度逐渐减弱。明度高的颜色使人感觉轻快;相反,明度低的颜色使人感觉沉重。纯度是指色彩"艳"的程度,也称为饱和度。在一个颜色中加入灰色即可调节该颜色的纯度。纯度越高,使人感觉越活泼;纯度越低,使人感觉越严肃。

12.13.2　色彩搭配

在绘图中,往往需要选择几种色彩,这就需要将色彩理论和图形的表达目标相结合,即用色彩的构成方法进行色彩搭配以满足需求。

R绘图中常用对比法来构图。对比法可以分为色相对比、明度对比、纯度对比、冷暖对比等。

(1)色相对比。色相对比是最为直接的对比方法,是让人最容易辨认的构成效果。如红、绿、蓝三原色的对比是最强烈的色相对比。某颜色强烈的对比色位于色相环中距离该颜色$120°$左右。在绘图中,遇到需要进行比较观察的情况时,可以优先选择在色相环中距离原颜色$120°$左右的颜色作为不同的填充色,从而达到对比效果。红、黄、绿三色交通灯就是色相对比的例子,对比效果最好,使人容易识别。

(2)明度对比。颜色的明暗就像光影,有光、有阴影的物体才会产生立体感。背景色一般暗些,而前景色应该亮一些,前景和背景的明暗对比让画面具有层次感与纵深感。黑白图主要采用明度对比。

(3)纯度对比。使用高纯度和低纯度进行对比,以此来突出高纯度的区域。

(4)冷暖对比。红、橙、黄等颜色使人感觉温暖;而蓝、青等颜色让人感觉寒冷。一般在全是冷色的颜色中加入暖色,或者在全是暖色的颜色中加入冷色来点缀与平衡画面的冷暖感。

高对比度的颜色搭配虽然经典,但不够柔和,并不适用于所有场景。在自然科学以及工程技术类图书、学术论文等正式出版物中,往往使用一些"令人愉快"的搭配。例如:对于双色,常见的搭配(RGB)有$\{(255,92,92),(64,218,255)\}$,$\{(255,96,96),(98,98,255)\}$,$\{(255,26,29),(56,125,184)\}$,$\{(235,145,132),(128,172,249)\}$,$\{(212,138,175),(23,155,115)\}$,$\{(195,129,168),(64,123,174)\}$,$\{(83,171,216),(164,201,229)\}$,$\{(193,219,240),(232,232,232)\}$;对于三色,常见的搭配有$\{(255,182,181),(244,222,187),(249,242,193)\}$,$\{(251,141,98),(141,160,203),(102,194,165)\}$,$\{(251,141,98),(141,160,203),(102,194,165)\}$,$\{(249,245,246),(238,194,199),(216,130,173)\}$,$\{(248,216,147),(168,224,146),(210,210,210)\}$,$\{(241,192,196),(251,231,192),(137,156,203)\}$,$\{(240,85,43),(218,171,54),(45,171,178)\}$,$\{(237,244,245),(197,227,226),(158,198,219)\}$,$\{(233,156,147),(128,172,149),(180,218,168)\}$,$\{(180,237,171),(106,220,136),(104,216,153)\}$。

12.14　调　色　板

调色板(palette)是具有索引的颜色表示法,一般只用于颜色数很少的图。例如,假设灰度图像每一种颜色的取值都为$0\sim255$,且使用8比特来表示一种颜色,那么一个$640×480$的图片需要$640×480×8$比特。如果从256种颜色中系统抽样16种颜色,一种颜色仍用8

比特来表示，这 16 种颜色可形成一个具有 16 个元素的线性表，该线性表称为调色板。表的索引只需 4 比特，640×480 的图片减少为 640×480×4 ＋ 16×8 比特。

通过 palette 函数，可以看到在 R 的默认调色板中共有 8 种颜色，第一种颜色是黑色，第二种颜色是红色。

```
>palette()
[1] "black"   "red"     "green3"  "blue"    "cyan"    "magenta" "yellow" "gray"
```

调色板当然是可以改变的，例如改用系统中的彩虹调色板：

```
>palette(rainbow(12))
```

通过再次将 palette 设置为 default，可恢复默认调色板：

```
>palette("default")
```

R 有三类调色板，每一类调色板都包含 8～12 种颜色。

用于连续变量的调色板有 Blues、BuGn、BuPu、GnBu、Greens、Grays、Oranges、OrRd、PuBu、PuBuGn、PuRd、Purples、RdPu、Reds、YlGn、YlGnBu、YlOrBr、YlOrRd。用于类别变量的调色板有 Accent、Dark2、Paired、Pastel1、Pastel2、Set1、Set2、Set3。常用的调色板是 Dark2 和 Set1，因为这两个调色板的颜色对比强烈；而描述构成的面积图常用的调色板是 Set2、Pastel1、Pastel2 和 Accent。

强调数据范围两端颜色对比的调色板有 BrBG、PiYG、PRGn、PuOr、RdBu、RdGy、RdYlBu、RdYlGn、Spectral。

对于点、线和文本，通过参数 color 建立颜色与变量的映射；对于箱线图、条形图、直方图、密度图等，则通过参数 fill 建立颜色与变量的映射。R 中可以用英文设置的颜色有 657 种，可以通过 colors() 函数查看，或者直接运行 demo("colors") 查看示例图。

scale_color_brewer 用于设置点、线颜色的调色板；scale_fill_brewer() 用于设置填充箱线图、条形图、小提琴图等的调色板。color 表示点线颜色或轮廓色，fill 表示填充色，参数 palette 控制调色板的选择。

【例 12-44】 使用调试板 Set2 绘制鸢尾花散点图。

```
ggplot(iris, aes(Sepal.Length, Sepal.Width)) +
  geom_point(aes(color = Species)) +
  scale_color_brewer(palette = "Set2")+
  theme(legend.position = "top")
```

离散变量和连续变量的调色板函数分别如表 12-11 和表 12-12 所示。

表 12-11 离散变量的调色板函数

填 充 色	线条或轮廓色	函 数 描 述
scale_fill_discrete()	scale_color_discrete()	设置为均匀等距色
scale_fill_hue()	scale_color_hue()	设置为均匀等距色
scale_fill_grey()	scale_color_grey()	灰度调色板
scale_fill_brewer()	scale_color_brewer()	ColorBrewer 调色板
scale_fill_manual()	scale_color_manual()	自定义颜色

表 12-12　连续变量的调色板函数

填　充　色	线条或轮廓色	函　数　描　述
scale_fill_gradient()	scale_color_gradient()	两色渐变
scale_fill_gradient2()	scale_color_gradient2()	三色渐变，由中间色、两端色渐变组成
scale_fill_gradient$n$()	scale_color_gradient$n$()	等间隔的 n 种颜色的渐变色

【例 12-45】　观察各类切工下不同克拉数、价格的钻石数量分布。

应用灰度渐变：

```
ggplot(diamonds, aes(x = carat, y = price, color = cut)) +
  geom_point() +
  scale_color_grey(start = 0.8, end = 0.2) +
  theme_bw() +
  labs( title= "灰度渐变") +
  theme(plot.title = element_text(hjust = 0.5))
```

结果如图 12-68 所示。

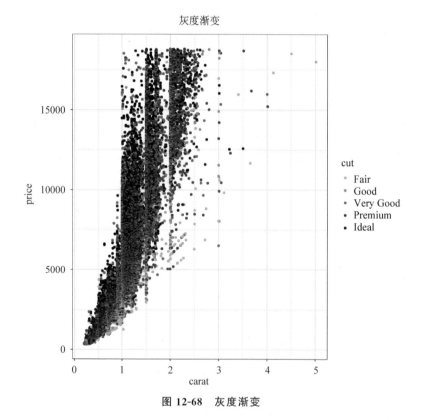

图 12-68　灰度渐变

在图 12-68 中，由于数据点的重叠，多个黑点重叠后仍然是黑点，造成分布无法被识别。这种情况下可使用二维分箱颜色渐变：首先把数据点按横轴和纵轴分箱，从而将数据点分布在网格中；然后根据网格中数据点的个数应用不同的颜色渐变。

【例 12-46】　展示不同克拉数、价格的钻石数量分布。

应用二维分箱颜色渐变：

```
ggplot(data = diamonds)+
    geom_bin2d(aes(x = carat,y = price))+
    scale_fill_gradient(low = "white",high = "black") +
    theme_bw()
```

结果如图 12-69 所示。

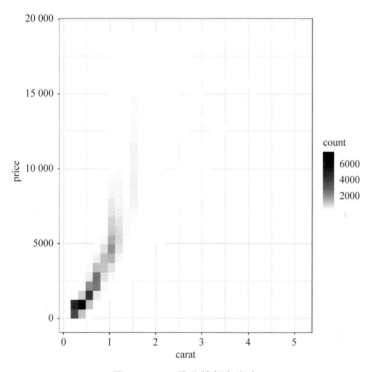

图 12-69　二维分箱颜色渐变

12.15　案例研究

实际上,一幅统计图并不是一蹴而就的,而是若干次迭代的结果。

【例 12-47】　观察三个品种的鸢尾花的花萼长度和宽度是否相关。

首先通过散点图观察 setosa 品种的鸢尾花:

```
setosa <- iris[which(iris$Species == "setosa"),1:2]
ggplot(data = setosa) +
  geom_point(aes(x = Sepal.Length, y = Sepal.Width)) +
  theme_bw()
```

结果如图 12-70 所示。

添加含有置信带的按线性模型拟合的直线:

```
ggplot(data = setosa, aes(x = Sepal.Length, y = Sepal.Width)) +
  geom_point() +
  geom_smooth(method="lm")   +
  theme_bw()
```

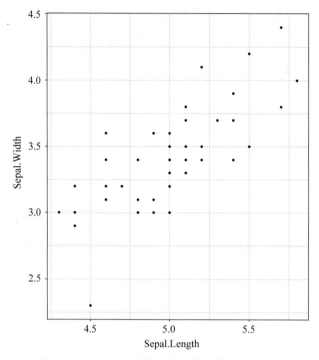

图 12-70　setosa 品种的鸢尾花的花萼长度和宽度

结果如图 12-71 所示。

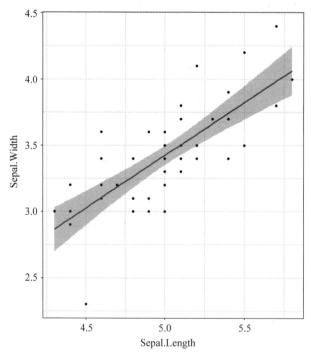

图 12-71　花萼长度和宽度的线性平滑曲线

图 12-71 中的灰色部分是置信带。由图 12-71 可发现长度为 4.5、宽度约为 2.3 的鸢尾花是个离群点，将其删除以避免影响拟合效果：

```
ggplot(data = setosa, aes(x = Sepal.Length, y = Sepal.Width)) +
  ylim(c(2.5, 4.5)) +
  geom_point() +
  geom_smooth(method="lm")  +
  theme_bw()
```

结果如图 12-72 所示。

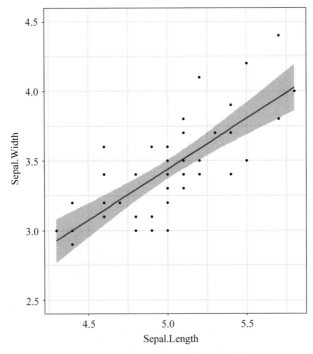

图 12-72　删除离群点后的平滑曲线

删除离群点后，可以看到平滑曲线（此时是直线）的左下角稍微上移了一些。下面为图形添加标题、副标题、横轴标签、纵轴标签和图注（caption），并设置标题居中：

```
ggplot(data = setosa, aes(x = Sepal.Length, y = Sepal.Width)) +
  ylim(c(2.5, 4.5)) +
  geom_point() +
  geom_smooth(method="lm")  +
  theme_bw() +
  labs(title="花萼长度 Vs 花萼宽度", subtitle="鸢尾花 setosa", y="花萼宽度", x="花
  萼长度", caption="鸢尾花研究") +
  theme(plot.title = element_text(hjust = 0.5),plot.subtitle = element_text
(hjust = 0.8))
```

结果如图 12-73 所示。

为了准确观察花萼的长度，对横轴的刻度进行细化处理，通过尺度变换使其间隔为 0.1：

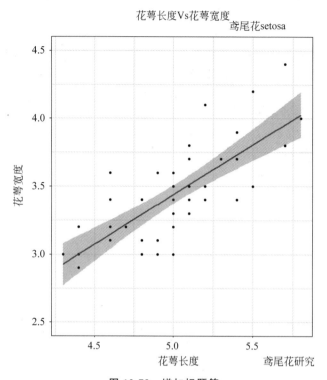

图 12-73　增加标题等

```
ggplot(data = setosa, aes(x = Sepal.Length, y = Sepal.Width)) +
  ylim(c(2.5, 4.5)) +
  geom_point() +
  geom_smooth(method="lm")  +
  scale_x_continuous(breaks=seq(4, 8, 0.1)) +
  theme_bw() +
  labs(title="花萼长度 Vs 花萼宽度", subtitle="鸢尾花 setosa", y="花萼宽度", x="花
萼长度", caption="鸢尾花研究") +
  theme(plot.title = element_text(hjust = 0.5),plot.subtitle = element_text
(hjust = 0.8))
```

结果如图 12-74 所示。

最后通过按品种切面展示三个品种的鸢尾花的花萼长度和宽度的线性关系：

```
ggplot(data = iris, aes(x = Sepal.Length, y = Sepal.Width)) +
  geom_point() +
  geom_smooth(method="lm")  +
  facet_grid(. ~ Species) +
  theme_bw() +
  labs(title="花萼长度 Vs 花萼宽度", subtitle="鸢尾花 setosa", y="花萼宽度", x="花
萼长度", caption="鸢尾花研究") +
  theme(plot.title = element_text(hjust = 0.5),plot.subtitle = element_text
(hjust = 0.8))
```

结果如图 12-75 所示。

可用 theme_set(theme_bw())设置默认的主题为黑白主题，以避免在每个图形脚本中使用 them_bw()。

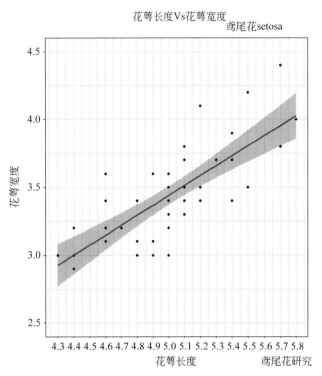

图 12-74 细化坐标轴刻度

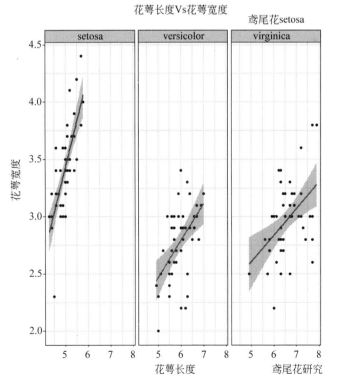

图 12-75 通过切面展示花萼长度和宽度的关系

第 3 篇

数 据 分 析

第13章

数据分析基础

　　"分析"就是从现象看到本质,从结果找到原因,从无序发现规律,从外显特征导出内隐特征。数据分析指用适当的统计和计算方法对收集来的大量数据进行分析是给定输入和处理结构,推导输出的过程。加以汇总、理解并解释,以求最大化地开发数据的功能,发挥数据的作用。

　　变量是能够被度量的事物特征。变量的值是在度量时变量的状态。观测是一组在相似条件下的度量(a set of measurements made under similar condition)。一个观测通常包含若干变量的值。表格数据是由行列组成的数据元素的集合。如果每个行列交叉处单元格只有一个值,变量放置在列上,每行是一个观测,则称表格数据是规整的。

13.1　数据质量的度量

　　所有的统计技术都面临共同的问题:垃圾入,垃圾出(rubbish in,rubbish out)。再优秀的算法,如果把"脏数据"作为输入,那么输出必然是"脏结论"。数据预处理在数据分析中的作用极其重要。数据预处理工作包括数据清洗、转换、抽取等。清洗的目的是解决缺失值、重复值、离群值和不一致等问题;转换则指数据类型、数据格式、数据量纲的转换;数据预处理是一个有效的数据生产过程,创造有用的数据产品,为生产者和使用者提供明显的价值。其工作与数据质量紧密相关。数据质量的评价指标如下:

- 唯一性(uniqueness):每个观测都有唯一标识,没有重复的观测;每个实体都有唯一标识,例如"河北正定师范高等专科学校""直隶第八师范学校""河北正定师范学校""石家庄学院正定分院""石家庄科技工程职业学院"是同一所学校,只是不同年代校名不同。"正定师范"是其简称,也指同一实体。

- 完全性(completeness):完全的含义是"没有缺失",包括结构完全性和值的完全性。结构完全性指一个观测是否包含了全部变量,没有缺失的变量;值的完全性指在某个变量上所有观测的观测值是否存在。如果观测者知道某观测在某个变量上没有观测值,则标记为 NULL;如果观测者不知道被测对象是否在某变量上有观测值,则记录为 NA。例如,某学生某科目期末考试缓考,则该科目的成绩登记为 NULL;如果该学生缺考,原因不详,则该科目的成绩应登记为 NA。在 R 语言中,NULL 表示"无",NA 表示"不知道"。而在一些关系数据库管理系统中,例如 MySQL,只有 NULL,没有区分"不知道"和"知道没有"两个状态。完全性一般使用覆盖率(coverage rate)度量。例如,某测试应该有 100 名被测对象参加,但实际只有 90 名被测对象参加,则称"不完全",测试覆盖率 $90 \div 100 = 0.9$ 表达了不完全的程度。

- 准确性(accuracy)：测量结果与客观事实一致的程度。

- 精确性(precision)：观测值有效数字的位数。例如,体温 36℃ 和 36.2℃ 的差别在于精确度不同。

- 有效性(validation)：符合规定、标准、规则的程度,也称"规范性"。

- 一致性(consistency)：一致性有两个含义：一是在时间和空间维度上多处分布的观测保持同步更新。例如,在针对学生的某项年度测试中,被测对象在 2019 年是男生,而到了 2020 年却变成女生了,这就是不一致。二是量纲的一致性,不能有的观测以"米"为单位,而有的观测以"厘米"为单位。

- 可理解性(understandability)：包括人的可理解性和机器的可理解性。

- 真实性(truthfulness)：真实性指数据经测量而产生,实际存在。未经测量而产生的数据不具备真实性,称为假数据(fake data)。"虚"和"假"是两个不同的概念。"虚(phantom)"指的是实体不存在,但使人感觉存在,如虚晃一枪、虚张声势、海市蜃楼等；而"假"指的是实体存在,但不是真正的实体,如假孙悟空、假护照等。虚报(phantom claim)是上报了不存在的事项；瞒报是有存在的事项,但故意不上报。"漏报"指上报时无意遗漏了已经存在的事项。对"真"的解释都有赖于具体情形,这些情形可以大致分为两种：一是客观存在；二是人们基于经验、常识、情感和所处环境等信以为真。似然性(plausibility)指数据使人感觉真实的程度,例如没有测量而直接录入了一个"估计"的身高,可能比测量的结果还准确。似然性也称为似真性,表示跟真的一样、与真实接近的程度。

13.2　数据清洗变换

数据清洗就是按照预先定义的数据质量指标,对观测进行编辑,使其满足质量要求。如果定义数据质量的指标有完全性、一致性、有效性和真实性,那么数据清洗活动包括缺失值处理、去重、统一量纲、识别不一致的观测、数据有效性检查和离群点检测。离群点检测是其中非常重要的一环,所以将其作为单独一章(第 17 章)在后文介绍。数据清洗常常占据了数据分析 80% 左右的工作量。

13.2.1　缺失值

R 中缺失值的标记为 NA、NaN,或者<NA>(Not a character)等。含有缺失值的表达式的计值结果还是缺失值。很多函数都带有参数 na.rm 用来设置是否排除缺失值。例如计算均值时忽略缺失值：mean_value <- mean(df$Value, na.rm = TRUE)。NA 表示"不知道"；而 NULL 则表示"我知道这个值没有"。例如 c(2, NA, 4)创建一个具有 3 个元素的向量；而 c(2, NULL, 4)则创建只有两个元素的向量。在日常工作中需要填写很多表,表中有若干项。其中"年龄"每个填表人都有；而"获奖"并不是每个填表人都有,若没有则需要填入"无"或"/",不能留空。这里的"无"就是 R 语言中的 NULL。

naniar 包用来探索缺失值。缺失汇总函数如表 13-1 所示。

表 13-1　缺失汇总函数

函　　数	功　　能	函　　数	功　　能
n_miss()	含缺失值的观测个数	prop_miss_var()	变量缺失值占比
n_complete()	完整观测的个数	miss_case_summary()	观测缺失值频数分布情况
prop_miss_case()	观测缺失值占比	miss_var_summary()	变量缺失值频数排序

缺失汇总函数还可以与 group_by() 连用来探索分组情形。汇总函数都有对应的可视化函数，如 gg_miss_var()。

处理缺失值有两个策略：插补或者删除。插补用于缺失率高于 5% 的情形；如果缺失率低于 5%，则一般认为缺失值是由非系统性原因造成的，可以删除。插补的方法有：计算变量的中位数，用中位数插补；计算变量的平均数，用平均数插补；根据领域知识猜测一个可能的值，称为启发式插补；定义观测之间的距离，然后计算近邻，参照近邻的值来插补，称为近邻插补；应用线性回归预测一个值进行插补；随机森林插补（missForest 包）等。类别变量如果有缺失，可使用邻近值插补，或者使用众数插补。最稳妥的办法就是新建一个类别，用它来代替缺失值。插补缺失值可使用 simputation 包。

假设有含缺失值的数据框：

```
>DF <-data.frame(x=c(1,NaN,NA,3), y=c(NA_integer_, 1:3), z=c("a", NA_character_,
"b", "c")); DF
      x   y   z
1:  1   NA   a
2: NaN   1  <NA>
3:  NA   2   b
4:  3   3   c
```

其中，NA_integer_、NA_character_ 是 R 的保留字。使用中位数插补缺失值：

```
sapply(DF[, c('x','y')], function(x){
  x[is.na(x)] <- median(x, na.rm=T)
  x
})
```

结果为

```
     x y
[1,] 1 2
[2,] 2 1
[3,] 2 2
[4,] 3 3
```

如果删除任意一个变量含有缺失值的观测：

```
>na.omit(DF)
  x y z
```

则删去了前 3 行，结果为

```
1: 3 3 c
```

如果仅删除变量 x 中含有缺失值的观测：

```
>na.omit(DF, cols="x")
```

则结果为

```
   x  y  z
1: 1  NA a
2: 3  3  c
```

如果删除变量 y 和变量 z 中含有缺失值的观测：

```
>na.omit(DF, cols=c("y", "z"))
```

则结果为

```
    x  y  z
1:  NA 2  b
2:  3  3  c
```

使用函数 complete.cases() 和 sum() 计算含有缺失值的观测数量：
首先查询含有缺失值的观测：

```
> complete.cases(DF)
[1] FALSE FALSE FALSE  TRUE
```

然后查询含有缺失值的观测数量：

```
> complete <- complete.cases(DF)
> sum(!complete)
[1] 3
```

查询无缺失值的观测：

```
> DF[complete,]
   x y z
1: 3 3 c
```

在 ggplot2 中，可通过 na.rm 移除 NA：geom_point(na.rm＝TRUE)。

13.2.2　重复

有如下数据框：

```
DF<- data.frame(
  name = c("a", "b", "b", "c", "c"),
  x = c(3, 5, 5, 4, 9),
  y = c(9, 2, 2, 1, 1),
  z = c("w", "v", "v", "s", "t")
); DF
  name x y z
1    a 3 9 w
2    b 5 2 v
3    b 5 2 v
4    c 4 1 s
5    c 9 1 t
```

使用 duplicated() 函数查看重复观测情况：

```
> duplicated(df)
[1] FALSE FALSE   TRUE FALSE FALSE
```

结果表明第 3 行重复。

移除重复行：

```
> df[!duplicated(DF), ]
  name x y z
1    a 39 w
2    b 52 v
4    c 41 s
5    c 91 t
```

或者使用 unique() 函数查询：

```
> unique(DF)
  name x y z
1    a 39 w
2    b 52 v
4    c 41 s
5    c 91 t
```

13.2.3　有效性

一个观测的值满足格式（format）要求、符合预定义的模式（schema），包括变量数据类型、取值范围等约束，则称为"有效"（valid）。例如，要求日期形如"2022-2-22"，就是对输入或显示格式的要求。在这种要求下，"2022/2/22"是无效值。有的日期值虽然形如"2022-2-22"，但是其类型是字符类型而不是要求的日期类型，也是无效值。因为对日期类型数据可以进行加几天、加几个月、加几年等运算；而对字符串则无法实现这些运算。这就是不满足对数据类型的要求。如果出生日期是 1899 年，而测试年份是 2022 年，该被测对象已经 123 岁，显然不太可能。如果男生肺活量的标准区间是 2000～5140，那么 5500 和 500 都可认为是无效数据。这就是不满足取值范围约束。根据数据类型不同，取值范围的定义形式也不同。定类变量、定序变量的取值范围是若干离散值构成的集合；定距变量、定比变量则是一个区间。

根据可能性（possible）和可接受性（admissible），可把取值范围分为硬范围和软范围两种。硬范围指可能但不可接受（inadmissible）的值，一般删除范围外的值。例如，在这个世界上体重 600 千克的记录虽然存在，但是仍然以 250 千克作为体重上限，因为 600 千克的体重不可接受。软范围指虽然奇异、荒谬、不可思议（improbable），但可能、可接受的值。一般保留范围外的值。假如体检正常的血压范围是：收缩压为 90～139 毫米汞柱，舒张压为 60～89 毫米汞柱。那么收缩压 140 毫米汞柱也是可能而且可接受的值。

13.2.4　统计量

导入大规模观测后，通常需要在不同的尺度上计算观测的统计量，从而了解数据。例如，对于国家学生体质健康的测试数据，可能需要在班级、年级、学校、城乡、市和省等不同尺度上计算标准差，从而了解离散的程度。

计算统计量的函数如表 13-2 所示。

表 13-2　计算统计量的函数

函　数	描　述	函　数	描　述
max	返回数据的最大值	range	［最小值,最大值］
min	返回数据的最小值	quantile	求分位数
which.max	返回最大值的下标	summary	描述性统计
which.min	返回最小值的下标	finenum	极大极小值、上下四分位数、中位数
mean	求均值	sum	求和
median	求中位数	length	求数据个数
mad	求离差	skewness	偏度
var	求方差(总体方差)	kurtosis	峰度
sd	求标准差		

纵向数据指个体在不同时间点上的观测值。在纵向数据分析中,方差的齐性 (homogeneity of variance)是一个基本假定。直方图、概率密度图用于检查原始数据的正态性。KS 检验比较两个样本分布的累积分布函数,并评估它们的相似度。两个样本分布在某个值上的差异越大,其来自不同分布的可能性越大。当样本量大于 200 时,KS 检验可用于判断是否服从某个分布。

13.3　可　视　化

可视化是数据分析的重要途径之一。例如,如果想了解变量的分布,则使用柱形图可视化类别变量(categorical variable)的分布,如图 13-1 所示;对于连续变量(continuous variable)则使用直方图,如图 13-2 所示。

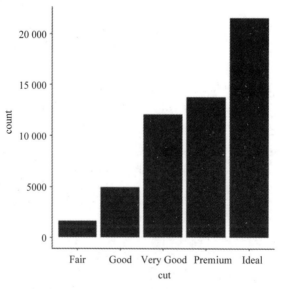

图 13-1　使用柱形图展示类别变量的分布

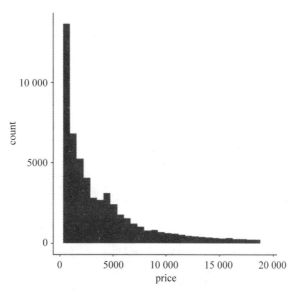

图 13-2　使用直方图展示连续变量的分布

生成这两个分布图的脚本如下：

```
ggplot(data = diamonds) + geom_bar(mapping = aes(x = cut)) + theme_classic()
ggplot(data = diamonds) + geom_histogram(mapping = aes(x = price)) +
    theme_classic()
```

如果想比较钻石不同切工的价格分布，可使用频数多边形 geom_freqpoly()，结果如图 13-3 所示。

```
ggplot(data = diamonds, mapping = aes(x = price, lty = cut)) +
    geom_freqpoly() +
    theme_classic()
```

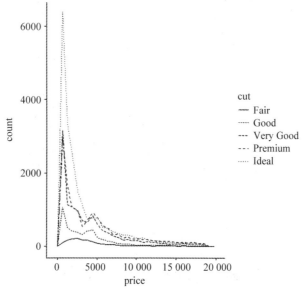

图 13-3　不同切工的价格分布

由于不同切工的钻石数量相差很大,如图 13-4 所示,很难从图 13-3 观察到不同切工的价格整体分布的差异。

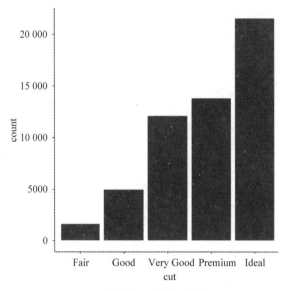

图 13-4 不同切工的钻石数量对比

在纵轴上显示密度(density)而不直接显示频数,就能解决这个问题,如图 13-5 所示。

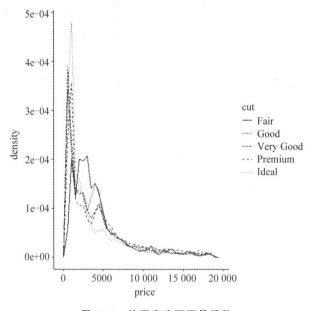

图 13-5 使用密度而不是频数

```
ggplot(data = diamonds, mapping = aes(x = price, y = after_stat(density))) +
  geom_freqpoly(mapping = aes(lty = cut), binwidth = 500) +
  theme_classic()
```

其中,after_stat(density)计算各个分箱密度,并使得积分为 1。更易观察的办法是使用箱线图:

```
ggplot(data = diamonds, mapping = aes(x = cut, y = price)) +
  geom_boxplot() +
  theme_classic()
```

结果如图 13-6 所示。从箱线图很容易看到,钻石切工越好,总体上价格越低。这个特点从前面两种分布图上很难识别出来。

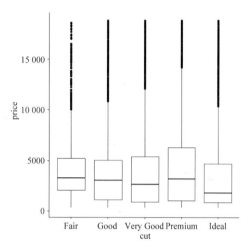

图 13-6　使用箱线图展示不同切工的价格分布

注意：变量 cut 是定序变量,按图例顺序,Fair 切工最差,Ideal 切工最好。

如果类别变量不是有序的,那么可以使用 reorder() 函数设置顺序。例如,对于汽车数据集 mpg 的变量 class：

```
ggplot(data = mpg, mapping = aes(x = class, y = hwy)) +
  geom_boxplot() +
  theme_classic()
```

结果如图 13-7 所示。

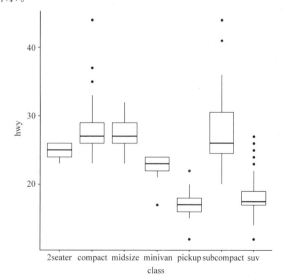

图 13-7　无序类别变量的箱线图

根据 hwy 的中位数对类别排序的结果如图 13-8 所示。

```
ggplot(data = mpg) +
  geom_boxplot(mapping = aes(x = reorder(class, hwy, FUN = median), y = hwy))+
  theme_classic()
```

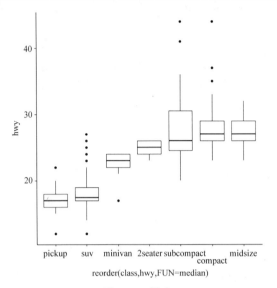

图 13-8　排序

如果变量名比较长，则改为横排：

```
ggplot(data = mpg) +
  geom_boxplot(mapping = aes(x = reorder(class, hwy, FUN = median), y = hwy)) +
  coord_flip() +
  theme_classic()
```

结果如图 13-9 所示。

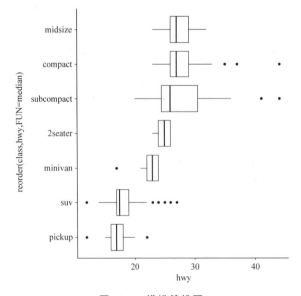

图 13-9　横排箱线图

可以使用点的大小表示数量来展示两个类别变量协同变化的情况。例如，展示不同切工（cut）和不同颜色（color）的各种组合的数量：

```
ggplot(data = diamonds) +
  geom_count(mapping = aes(x = cut, y = color)) +
  theme_classic()
```

结果如图 13-10 所示。图 13-10 把两个类别变量取值的所有组合展示为圆，圆的大小表示该组合中观测的个数。

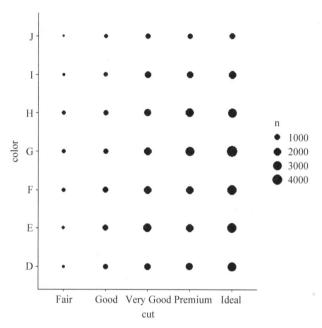

图 13-10　两个类别变量的协同变化

对两个连续变量，则使用散点图观察相关性。例如：

```
ggplot(data = diamonds) +
  geom_point(mapping = aes(x = carat, y = price)) +
  theme_classic()
```

结果如图 13-11 所示。

当数据量很大时，大量的数据点重叠在一起，散点图就失去了观察作用。此时可以通过设置透明度映射的办法解决：

```
ggplot(data = diamonds) +
  geom_point(mapping = aes(x = carat, y = price), alpha = 1 / 100) +
  theme_classic()
```

结果如图 13-12 所示。大量重叠的数据点使得该区域呈现深色。

或者使用二维分箱的办法解决大量数据点重叠的问题：

```
ggplot(data = diamonds) +
  geom_bin2d(mapping = aes(x = carat, y = price), color = "black") +
  scale_fill_gradient(low="white", high="black") +
  theme_bw()
```

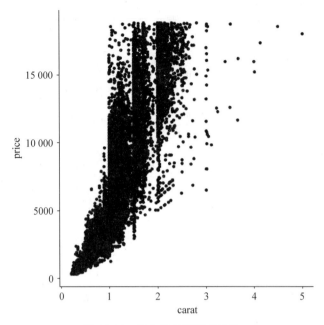

图 13-11　两个连续变量的关系

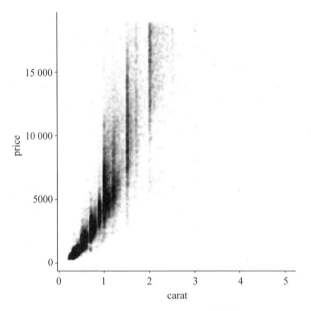

图 13-12　通过设置透明度映射解决大量数据点重叠的问题

结果如图 13-13 所示。其中，参数 color 控制分箱边框颜色。一个方框表示一个二维分箱，其填充色越深，表示其中的数据点越多。

另外一个办法是把其中一个连续变量通过分组变换为类别变量，然后按照箱线图观察：

```
ggplot(data = diamonds, mapping = aes(x = carat, y = price)) +
  geom_boxplot(mapping = aes(group = cut_width(carat, 0.1)))+
  theme_classic()
```

结果如图 13-14 所示。

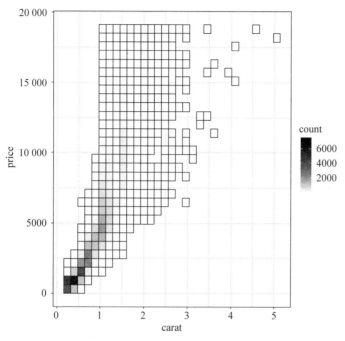

图 13-13 使用分箱观察两个连续变量

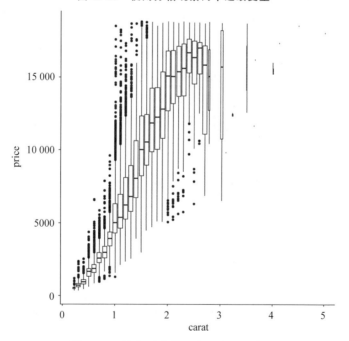

图 13-14 按类别变量观察两个连续变量

13.4 查询型大数据分析

对现实的客观记录形成了数据，对数据进行组织和解释形成了信息，对信息进行挖掘则能产生知识。概念、规则、模式、分类等是知识的表现形式。

给定形成大数据的观测集合 D，从 D 中找到满足条件的信息的过程称为查询(query)。通过设计若干查询来解决一个业务问题的过程称为查询型大数据分析。期望的查询结果可能在 D 中已经存在，不需要进一步加工，比如查询某学生的身高；也可能需要进一步加工，比如查询千米跑成绩的同比增长率等。与历史同时期相比称为"同比"，例如 2021 年 3 月与历史上的 3 月相比。与上一个统计周期相比，则称为"环比"，例如假设统计周期是月，2021年 3 月与 2021 年 2 月相比属于环比。没有任何加工的查询也称为检索(retrieval)。

逐个比较观测，直到找到满足条件的信息的过程称为扫描(scan)。在 D 中，扫描相当耗时。为了能够在数秒之内得到查询结果，一种常用的技术是在查询之前建立索引。索引就是观测的唯一标识与被测对象存储位置间的映射。《新华字典》是关于每个汉字及其解释的集合，为了能够让读者迅速根据要查询的汉字定位到该汉字的解释所在的页，在字典前面几页提供了索引：拼音索引或笔画索引。读者可以按照要查询的汉字的拼音在索引表中找到该汉字对应的页号，直接翻到该页就能看到该汉字的解释了。如果不知道汉字的拼音，则根据笔画索引查找。在以查询为主要场景的环境中，索引是关键的设施之一。

但是，如果频繁访问磁盘，即使建立了索引，也会影响查询速度。所以，提高查询速度的另外一种技术就是基于内存的查询：把数据全部放入内存再查询。当单机的内存放不下时，可以考虑两种扩展：虚拟内存和分布式架构。虚拟内存就是把一部分可能不被访问的数据移到磁盘，但对于数据访问者而言就好像数据都在内存，并不需要知道哪些数据移出去了，哪些数据需要挪进来。分布式架构就是把数据分布在多台计算机的内存中，而数据访问者不需要关心哪些数据在哪个计算机上。

13.5　探索性大数据分析

探索性数据分析(Exploratory Data Analysis，EDA)就是识别数据中存在的一般模式。这些模式可能是关于变量间的相关、因果等关系的期望的模式；也可能是关于离群现象的不期望的模式。变量间的相关性探索可分为三种情形：类别变量-连续变量、类别变量-类别变量、连续变量-连续变量。探索性数据分析的总体目标是获得对数据的理解，因此通常包括以下子目标：

(1) 识别和移除离群点。

(2) 发现模式。

(3) 发现趋势。

(4) 建立假设和检验假设。

探索性分析可分为三类：单变量(univariate)探索性分析、双变量(bivariate)探索性分析和多变量(multivariate)探索性分析。

单变量非图形探索性分析的主要目的是找出有关总体数据分布的细节，并了解一些特定的统计参数。从分布的角度估计的重要参数有平均数、方差、标准差、极差等。单变量可视化探索性分析图形包括茎叶图(stem-and-leaf plot)、直方图(histogram)或柱形图(bar chart)。

一些常见的多变量可视化分析图形包括散点图(scatter plot)、气泡图(bubble chart)、热图(heat map)。

【例 13-1】　通过可视化分布可观察到钻石质量和价格紧密相关,拟合质量与价格两个变量间的线性模型。

使用 modelr 包拟合线性模型。可通过对数变换使得数据分布接近正态分布。

```
>library(modelr)
>mod <- lm(log(price) ~ log(carat), data = diamonds)
Call:
lm(formula = log(price) ~ log(carat), data = diamonds)

Coefficients:
(Intercept)   log(carat)
      8.449        1.676
```

使用 GGally 扩展包可生成变量的两两相关矩阵。

【例 13-2】　观察鸢尾花花萼长度、花萼宽度、花瓣长度和花瓣宽度的相关性。要求在对角线上显示变量的概率密度曲线,下三角部分显示散点图。

```
library(GGally)
ggpairs(iris[, c("Sepal.Length","Sepal.Width","Petal.Length","Petal.Width")],
  diag = list(continuous = "densityDiag"),
  lower = list(continuous = "points")
)
```

结果如图 13-15 所示。

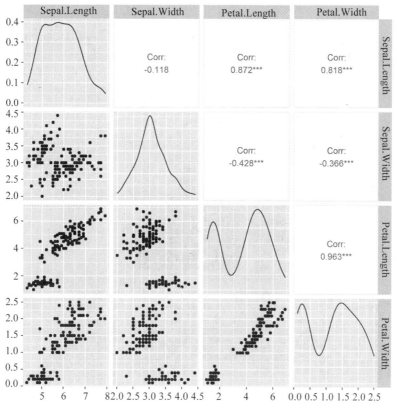

图 13-15　两两相关矩阵

连续变量-连续变量的两两相关矩阵使用 continuous 参数,类别变量-连续变量的两两相关矩阵使用 combo 参数,类别变量-类别变量的两两相关矩阵则使用 discrete 参数。

continuous 表示两个变量都是连续变量的情形。此时 lower 和 upper 参数的取值为 point、smooth、smooth_loess、density、cor、blank;而 diag 参数的取值是 densityDiag、barDiag、blankDiag。

combo 表示一个变量是连续变量,一个变量是类别变量的情形。此时 lower 和 upper 的取值为 box、box_no_facet、dot、dot_no_facet、facethist、facetdensity、denstrip、blank。

discrete 表示两个变量都是类别变量的情形。此时 upper 和 lower 参数的取值是 facetbar、ratio、blank;而 diag 参数的取值是 barDiag 和 blankDiag。lower、upper 和 diag 的默认值如下:

```
lower = list(continuous = "point", combo = "facetthist", discrete = "facetbar")
upper = list(continuous = "cor", combo = "box_no_facet", discrete = "box")
diag = list(continuous = "density", discrete = "barDiag")
```

【例 13-3】 钻石的切工、颜色和净度都是类别变量,使用类别变量两两相关矩阵展示不同切工不同颜色、不同切工不同净度、不同颜色不同净度的钻石数量分布。

```
ggpairs(diamonds[,c("cut","color","clarity")],
  lower = list(discrete = "ratio"),
  upper = list(discrete = "blank"),
  diag = list(discrete = "barDiag")) +
  theme_bw()
```

结果如图 13-16 所示。

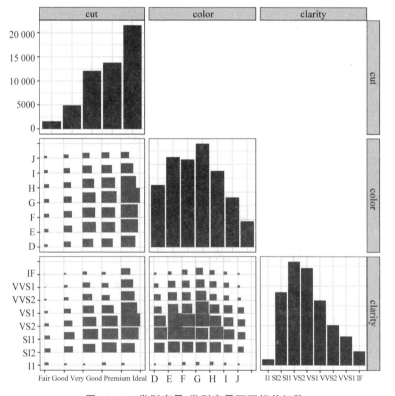

图 13-16　类别变量-类别变量两两相关矩阵

13.6　挖掘型大数据分析

数据挖掘是从大量的、不完全的、有噪声的、模糊的、随机的数据中抽取出隐含在其中的、人们事先不知道的，但又是潜在有用的信息和知识的过程。数据挖掘过程包括明确业务目标、获取数据、清洗数据、建立模型、评估和应用。

一个明确的业务目标使得数据挖掘活动成功了一半。例如，想知道学生体测异常成绩出现的规律、模式就是一个明确的业务目标。

获取数据指的是从大量观测中记录各种各样的数据，然后收集在一起的过程。最常见的数据交换方式是使用 Excel 文件，也有可能使用 CSV 文件、各种格式的文本文件、XML文件等。

清洗数据指的是对数据进行转换、抽取和清洗，使之可用，避免"脏数据进，脏结果出"。清洗指对缺失的、重复的、无效的、不一致的数据进行处理，提高数据质量。另外，对异常和噪声进行清除也是重要的数据清洗活动之一。例如，某个行政班 30 个学生的肺活量都是500mL，这就属于异常现象。而假设手机号码是 11 位的 1 打头的阿拉伯数字串，如果出现了 10 个数字 1 个字母的手机号码，则认为是噪声。

模型就是把输入映射到输出的函数。建立模型包括学习和测试两个过程。把全部观测划分成两个子集：训练集和测试集。训练集也称为学习集，可从中获取知识。数据挖掘的结果知识是隐含的、事先未知的、潜在有用的。知识可表示为概念（concept）、规则（rule）、规律（regulation）、模式（pattern）等形式。有的知识可以显式地使用某种知识表示形式表示，如产生式；有的知识无法用显式的方法进行描述，比如用神经网络挖掘出来的模式是通过连接权值体现出来的。知识发现的最后一步——结果表达和解释，负责将挖掘的模式用更容易理解的方式，如图形、自然语言和可视化技术等展现在用户面前。测试集用来评估模型的性能。确保训练集和测试集的随机性对于模型的准确率十分重要。可以通过随机抽样来减小数据的规模，进而减少模型处理时间的消耗。

模型应用指把经过评估可用的模型应用于新的观测集，这个过程也称为预测。

数据挖掘过程是一个反复的过程，无论哪一个步骤没有达到预期目标，都需要回到前面的步骤，重新调整并执行。

数据挖掘有分类、聚类（clustering）、关联（association）、序列模式（sequence pattern）等问题。不同的问题由不同的算法来解决。

分类是最基本的数据挖掘方法之一。分类就是把一些观测映射到给定类别中的某一个类别中的过程。在进行映射之前，一般利用一定的分类算法，从训练集中计算得到分类规则，再依据该规则在另一组观测上进行类别的划分。分类问题的特点是根据观测的某些属性，来估计一个类别属性（称为分类标签）的值。常见的分类算法有朴素贝叶斯（Naive Bayes）、决策树（Decision Tree）、K 最近邻（K-Nearest Neighbor，KNN）、神经网络（Neural Network）分类、支持向量机（Support Vector Machine，SVM）等。

聚类就是将观测分到多个簇中，使得同一个簇中的观测"相似"，而与其他簇中的观测"不相似"。一种比较直观的聚类做法是先选取若干观测作为代表（可能是随机选择），然后计算其他观测与这些代表的距离，把观测划分到距离最近的代表所在的簇中。常见的聚类算法有 K 均值（K-means）、期望最大化（Expectation Maximization，EM）、层次聚类（Hierarchical Clustering）等。

在一个事务中包含了若干项（item），关联规则指这些项之间隐含的相互关系，关联分析的任务就是发现项间的关联规则。Apriori 是一种最有影响力的挖掘布尔关联规则频繁项集的算法；FP-Tree 是一种不产生候选挖掘频繁项集的算法。关联规则模型很容易理解，但是往往会产生大量无价值的规则。

序列模式挖掘就是要找出序列中所有的序列模式。序列模式挖掘的主要算法有 GSP、PrefixSpan 等。

还有一类问题是回归问题，这类问题通常用于预测。如果某一问题中自变量 X 是连续的，因变量 Y 也是连续的，而且二者散点图分布在一条直线附近，则这个问题是一个"一元线性回归"问题；如果因变量 Y 是类别变量，则这个问题称为 logistic 回归问题。

第 14 章

查询型分析与数据表

查询是从数据中检索和对数据聚合(aggregation)的过程。狭义的查询并不涉及对数据的增加、删除和修改;广义的查询指的是对数据的各种操作,包括查找、增加、删除、修改和聚合等。基于数据库服务器的查询通常由客户端发出查询请求,数据库服务器响应查询请求,访问磁盘上的数据,把结果反馈给客户端。R 把所有数据存储在内存中,访问数据并不会启动磁盘,这就是基于内存的计算模型。data.table 包中数据表与关系数据库中的表的概念类似,对数据表的访问也与结构化查询语言 SQL 类似。本章介绍通过数据表实现查询型分析。包 tidytable 以更简洁的表达式来实现对 data.table 的操作,具体用法请参考帮助文档。

14.1 数 据 表

数据表(data.table)是对数据框的加强。数据表使用内置的多线程并行处理,能够通过引用语义增加、删除和修改列而无须复制列,能支持 20 亿行的内存数据处理,适合需要在内存中处理大型(比如 1~100GB)数据对象的情形。与数据框不同,数据表没有行名;导入数据时数据表并不把字符类型转换为因子类型;数据表使用冒号(:)把行号和观测分隔;当输出行数超出了 datatable.print.nrows(默认为 100),自动改为只显示前 5 行和末 5 行。可用 getOption("datatable.print.nrows")设置需要显示的行数。

访问数据表 DT 的表达式为

$$DT[\ i,\quad j,\quad by\ ]$$

	分组(group by)
列筛选(column select)

行筛选(row filter)

其中,DT 是数据表的名字,表达式的含义是"对于数据表 DT,使用表达式 i 对行筛选或者排序,按照 by 分组计算 j"。

表达式 DT[i,j,by]与 SQL 的查询语句有共同之处:行筛选 i 相当于 SQL 语句中的 where 子句;列筛选 j 相当于 SQL 语句中 SELECT 子句或者 UPDATE 子句;而 by 则相当于 SQL 语句中的 GROUP BY 子句,用于设置分组列。但是,SQL 是基于集合的关系运算的实现,行和列都无序;而数据表中的行和列都有序。

表达式 j 决定了查询结果的类型。如果 j 为列表(使用 list()或者.()),结果是数据表对象,数据表的每列对应着列表的每个元素;否则查询结果为向量。

表达式 j 中也可以使用如下只读符号:

- "·SD"是 Subset of Data 的缩写,是每个分组的数据子集,不含分组列。
- "·SDcols"与 .SD 连用,用来选择包含在.SD 中的列。
- "·N"是每分组的行数。
- "·NGRP"是分组数。
- "·GRP"为每个分组的索引号,例如 1 表示第 1 分组,2 表示第 2 分组。
- "·BY"是分组列构成的列表对象。
- "·EACHI"是行筛选表达式 i 产生的每一行。

参数 keyby 和 by 类似,对分组结果执行 setkey() 函数,默认升序排列结果集。

参数 with 为 TRUE 时,j 所表示的列名被视为变量,除了可用于筛选列,还可以用于计算;为 FALSE 时,j 为字符向量所表示的列名,或者为数值向量,用于选择列。

参数 nomatch 设置如果查询条件 i 在 DT 中没有匹配时的返回值,默认 NA。

参数 mult 设置当查询条件 i 在 DT 中匹配多个值时返回那些行,默认 all 表示返回所有匹配记录,而值 first 则返回第一条匹配的记录,值 last 返回最后一条匹配的记录。

参数 verbose 为 TRUE 表示在控制台输出相应的状态和信息。

参数 which 为 FALSE(默认值)时返回数据表中匹配查询条件 i 的行;而 which＝TRUE 则返回匹配行的行号;which＝NA 返回匹配行以外行的行号。

注意:

(1) 由于同样是[],所以要想使用 data.table 的功能,首先数据框的类型要转换为 data.table,否则使用的就是 data.frame 的[]功能;

(2) 直接用名称访问列名,不需要加引号,不需要加$;

(3) 所有的 set * 函数都是创建引用,而不复制;

(4) 函数 tables 显示数据表的元数据;

(5) 当查询结果为等长元素或长度为 1 的列表时变换为数据表。

14.2　创建和引用数据表

函数调用 data.table()用于创建数据表。使用函数调用 setDT()可以把数据框对象或者列表对象转换为数据表。使用函数调用 as.data.table()可以把其他数据结构转换为数据表。

14.2.1　创建数据表

假设创建由 ID、a、b、c 四个向量组成的数据表:

```
library("data.table")
DT = data.table(ID = c("b","b","b","a","a","c"), a = 1:6, b = 7:12, c = 13:18)
> DT
   ID a  b   c
1: b  1  7  13
2: b  2  8  14
3: b  3  9  15
4: a  4  10 16
5: a  5  11 17
6: c  6  12 18
```

查询数据表的结构,发现其 class 属性既是数据表也是数据框:

```
> str(DT)
Classes 'data.table' and 'data.frame':  6 obs. of  4 variables:
$ ID: chr  "b""b""b""a" ...
$ a : int  1 2 3 4 5 6
$ b : int  7 8 9 10 11 12
$ c : int  13 14 15 16 17 18
- attr(*, ".internal.selfref")=<externalptr>
```

使用函数 fread(fast read)能够读取文件中的数据返回数据表对象。fread 函数的用法如下:

```
fread(input, sep, header stringsAsFactors, encoding)
```

其中,input 是需要读取的数据;sep 是列的分隔符;header 指示第一行是否为列名;stringsAsFactors 指示是否转换字符串为因子;encoding 是编码,默认为 unknown。使用函数 fread 读取 56 753 行 1179 列的基因数据用时不到 1 秒;而使用函数 read.table 则用时 2 分钟。下面是几个使用 fread()读取数据的例子。

以制表符为分隔符读取 data.txt:

```
fread("data.txt", sep = "\t")
```

读取列 V1 和 V2:

```
fread("data.csv", select = c("V1", "V2"))
```

读取前 1000 行:

```
fread("data.csv", drop = "V3", nrows = 1000)
```

读取压缩文件:

```
fread(cmd = "unzip -cq mydata.zip")
fread("mydata.gz")
```

批量读取多个文件,并把多个数据框/列表按行合并:

```
c("data1.csv", "data2.csv") |> lapply(fread) |>rbindlist()
```

函数 fwrite 用于把数据表写入文件。fwrite 函数的用法如下:

```
fwrite(data, file , append ,sep, row.names, col.names)
```

其中,data 是需要写出/保存的数据;file 是保存到本地的文件名;append 指示在已经存在的文件上添加新数据;sep 是列的分隔符;row.names 指示是否写行名,默认为 FALSE;col.names 指示是否写列名,默认为 TRUE。

创建数据表后,可用 class()、str()查看数据类型;names()查看列名;dim()、nrow()、ncol()查看行列数。例如:

把数据表 DT 写入 data.csv:

```
fwrite(DT, "data.csv")
```

把数据表 DT 追加到 data.csv:

```
fwrite(DT, "data.csv", append = TRUE)
```

以制表符为分隔符写入 data.txt:

```
fwrite(DT, "data.txt", sep = "\t")
```

14.2.2 引用数据表

函数 setDT 按照数据表访问列表对象或者数据框对象。该函数并没有复制数据对象,而是仅仅创建了引用。转换函数 as.data.table 把列表对象或者数据框对象转换为数据表对象,当对象非常大时,这种转换非常耗时和消耗存储。

假设有数据框 df:

```
df <- data.frame(ID = c("b","b","b","a","a","c"),  a = 1:6,  b = 7:12,  c = 13:
18)
```

按数据表访问数据框 df:

```
DT <- setDT(df)
>DT
   ID a  b  c
1: b  1  7  13
2: b  2  8  14
3: b  3  9  15
4: a  4  10 16
5: a  5  11 17
6: c  6  12 18
>str(DT)
Classes 'data.table' and 'data.frame':  6 obs. of  4 variables:
$ ID: chr  "b" "b" "b" "a" ...
$ a : int  1 2 3 4 5 6
$ b : int  7 8 9 10 11 12
$ c : int  13 14 15 16 17 18
- attr(*, ".internal.selfref")=<externalptr>
```

14.3 查询数据表

14.3.1 按行号查询

假设有数据表 DT,其中有 x、y、v 三列:

```
>DT = data.table(x=rep(c("a","b","c"),3),y=rep(c(1:3),3), v=1:9); DT
   x y v
1: a 1 1
2: b 2 2
3: c 3 3
4: a 1 4
5: b 2 5
6: c 3 6
7: a 1 7
8: b 2 8
9: c 3 9
```

查询第 2 行:

```
> DT[2]
   x y v
1: b 2 2
```

查询前 3 行：

```
> DT[1:3]
   x y v
1: a 1 1
2: b 2 2
3: c 3 3
```

查询第 3 行到第 2 行，第 3 行在前，第 2 行在后：

```
> DT[3:2]
   x y v
1: c 3 3
2: b 2 2
```

查询除了第 2、3、4 行以外的所有行：

```
> DT[-(2:4)]
   x y v
1: a 1 1
2: b 2 5
3: c 3 6
4: a 1 7
5: b 2 8
6: c 3 9
```

或者使用逻辑非运算符：

```
> DT[!2:4]
   x y v
1: a 1 1
2: b 2 5
3: c 3 6
4: a 1 7
5: b 2 8
6: c 3 9
```

14.3.2　条件查询

查询 y>2 的所有行：

```
> DT[y>2]
   x y v
1: c 3 3
2: c 3 6
3: c 3 9
```

查询 y>2 而且 v>5 的所有行：

```
> DT[y>2 & v>5]
   x y v
1: c 3 6
2: c 3 9
```

查询 x 等于 b 或等于 c 的行：

```
> DT[x %in% c("b","c")]
   x y v
1: b 2 2
2: c 3 3
3: b 2 5
4: c 3 6
5: b 2 8
6: c 3 9
```

注意：使用 getOption("datatable.print.nrows") 查询，默认仅输出 100 行。如果超出 100 行，则仅输出首 5 行和末 5 行。通过 options(datatable.print.nrows＝200) 可设置为最多输出 200 行。

14.3.3 查询结果的类型

对某些列的查询或者汇总形成了查询结果。查询结果可能是向量，也可能是数据表。以不同数据对象设置查询结果中列名影响了查询结果数据对象的类型。把列名放入向量，则查询结果为向量。例如，查询所有行在列 x、y 上的值：

```
> DT[,c(x,y)]
 [1] "a" "b" "c" "a" "b" "c" "a" "b" "c" "1" "2" "3" "1" "2" "3" "1" "2" "3"
```

把列名放入列表，则以数据表对象返回所有行在列 v 上的值：

```
> DT[,list(x,y)]
   x y
1: a 1
2: b 2
3: c 3
4: a 1
5: b 2
6: c 3
7: a 1
8: b 2
9: c 3
```

或者使用列表的速记形式：

```
DT[, .(x, y)]
```

查询所有行在列 v 上的值，表达式 j 直接为列名，则查询结果为向量：

```
> DT[, v]
[1] 1 2 3 4 5 6 7 8 9
```

查询所有行在除了列 y 上的值：

```
> DT [,!"y"]
   x v
1: a 1
2: b 2
3: c 3
4: a 4
5: b 5
```

```
6: c 6
7: a 7
8: b 8
9: c 9
```

或者：

```
DT[, -"y"]
```

查询所有行在除了列 y 和列 v 的其他列上的值：

```
> DT[, !c("y","v")]
   x
1: a
2: b
3: c
4: a
5: b
6: c
7: a
8: b
9: c
```

或者：

```
DT[, -c("y","v")]
```

除了使用列名，也可以使用列索引。例如，查询所有行在第 2 列上值：

```
> DT[, 2]
   y
1: 1
2: 2
3: 3
4: 1
5: 2
6: 3
7: 1
8: 2
9: 3
```

或者通过".."引用列索引变量：

```
> colIndex = 2
> DT[, ..colIndex]
```

或者使用只读变量.SD 和.SDcols：

```
> DT[, .SD, .SDcols=colIndex]
```

查询列 v 的累加和，查询结果为向量：

```
> DT[, sum(v)]
[1] 45
```

查询列 v 的累加和，查询结果为数据表，如果没有指定列名，则使用默认的列名 V1：

```
> DT[, .(sum(v))]
   V1
1: 45
```

查询列 v 的累加和,查询结果为数据表,设置结果中的列名为 sv:

```
> DT[, .(sv=sum(v))]
   sv
1: 45
```

查询列 y 的累加和、列 v 的累加和,结果集为数据表,列名分别为 sy 和 sv:

```
> DT[, .(sy=sum(y), sv=sum(v))]
   sy sv
1: 18 45
```

查询所有行在列 v 上的值,并计算 v * 2:

```
> DT[, .(v, v * 2)]
   v V2
1: 1  2
2: 2  4
3: 3  6
4: 4  8
5: 5 10
6: 6 12
7: 7 14
8: 8 16
9: 9 18
```

查询第 2 行到第 3 行在列 v 上的累加和,查询结果为向量:

```
> DT[2:3, sum(v)]
[1] 5
```

查询第 2 行到第 3 行在列 v 上的累加和,查询结果为数据表:

```
> DT[2:3, .(sum(v))]
   V1
1:  5
```

查询第 2 行到第 3 行在列 v 上的累加和,查询结果为数据表,结果中的列名为 sv:

```
> DT[2:3, .(sv=sum(v))]
   sv
1:  5
```

查询列 y 的所有元素之和、列 v 的标准差:

```
> DT[, .(sum(y), sd(v))]
   V1      V2
1: 18 2.738613
```

查询列 y 的所有元素之和、列 v 的标准差,指定查询结果中的列名:

```
> DT[, .(sum_y = sum(y), Sd_v = sd(v))]
   sum_y    Sd_v
1:    18 2.738613
```

14.3.4 分组汇总

已知数据表 DT:

```
> DT
   x y v
1: a 1 1
2: b 2 2
3: c 3 3
4: a 1 4
5: b 2 5
6: c 3 6
7: a 1 7
8: b 2 8
9: c 3 9
```

按照 x 分组对 v 求和,保持分组顺序:

```
> DT[, sum(v), by=x]
   x V1
1: a 12
2: b 15
3: c 18
```

按照 x 分组对 v 求和,新列的名字为 sum_v:

```
> DT[, .(sum_v = sum(v)), by=x]
   x sum_v
1: a    12
2: b    15
3: c    18
```

按照列 x 和列 y 进行分组,每组都对 v 求和:

```
> DT[, .(sum_v = sum(v)), by=.(x, y)]
   x y sum_v
1: a 1    12
2: b 2    15
3: c 3    18
```

按照列 x 分组求和 v,结果按 x 排序:

```
> DT[, sum(v), keyby=x]
   x V1
1: a 12
2: b 15
3: c 18
```

或者:

```
> DT[, sum(v), by=x][order(x)]
   x V1
1: a 12
2: b 15
3: c 18
```

以 sign(y−1)为分组列,计算各个分组中列 v 的和:

```
> DT[, .(sum_v = sum(v)), by=sign(y-1)]
   sign sum_v
1:    0    12
2:    1    33
```

按照列 x 分组,查询每个分组中的前 2 行:

```
> DT[, head(.SD, 2), by = x]
  x y v
1: a 1 1
2: a 1 4
3: b 2 2
4: b 2 5
5: c 3 3
6: c 3 6
```

14.3.5　键和索引

数据表支持设置键和索引,使得选择行、表连接更快。可以把多个列设置为键,并且这些列可以是不同的类型(整数、数值、字符、因子等)。数据表允许键值重复,由于行是按键物理排序的,因此键列中的任何重复值都将连续出现。通过函数 setkey 设置键,把整个数据表在内存中按照键升序排序;同时,函数 setkey 使得数据表有了键属性。一个数据表最多有一个键。例如,复制数据表 DT 到 kDT:

```
> kDT <- copy(DT)
> kDT
  x y v
1: a 1 1
2: b 2 2
3: c 3 3
4: a 1 4
5: b 2 5
6: c 3 6
7: a 1 7
8: b 2 8
9: c 3 9
```

设置列 v 为键列:

```
>setkey(kDT, v)
```

查询属性 sorted:

```
> attr(kDT, "sorted")
[1] "v"
```

查询数据表 kDT 是否有键列:

```
>haskey(kDT)
TRUE
```

查询数据表 kDT 的键列:

```
>key(kDT)
"v"
```

设置键后就可以进行二分查找了。例如,查找键为"7"的行:

```
> kDT[7, on="v"]
   x y v
1: a 1 7
```

也可以使用 kDT[7]，但从可读性考虑，建议使用 kDT[7,on="v"]。

一个键可以由多个列形成，称为"联合键列"。例如，设置联合键列（v,y）：

```
>setkey(kDT, v, y)
```

或者通过 setkeyv 函数设置多列构成的键：

```
>setkeyv(kDT,c("v","x"))
```

或者：

```
>key=c("v","x")
>setkeyv(kDT, key)
```

重新定义键后，原来的键被取代，属性 sorted 变为 v 和 x：

```
> str(kDT)
Classes 'data.table' and 'data.frame': 9 obs. of  3 variables:
$ x: chr  "a" "b" "c" "a" ...
$ y: int  1 2 3 1 2 3 1 2 3
$ v: int  1 2 3 4 5 6 7 8 9
- attr(*, ".internal.selfref")=<externalptr>
- attr(*, "sorted")= chr [1:2] "v" "x"
```

在键列上查询 v 等于 7 而且 y 等于 1 的行：

```
> kDT[v==7 & y==1]
   x y v
1: a 1 7
```

在创建数据表时可以使用参数 key 直接设置键列，例如：

```
>DT = data.table(x=rep(c("a","b","c"),3),y=rep(c(1:3),3), v=1:9,key="v"); DT
```

一个数据表只能有一个键，但可以有多个索引。键或者索引都可以实现二分查找。对于使用 on 声明索引列的查询表达式，数据表按照 on 指示的索引列动态建立索引，然后按照查询条件进行二分查找，但是，此时建立的索引并不保存，称为"on the fly"；函数 setindex 用来创建持久的二级索引，对于已经建立索引的数据表，参数 on 就可以直接引用索引，而不是临时创建索引。例如，二分查找 x 等于 a 的行：

```
> DT["a",  on="x"]
   x y v
1: a 1 1
2: a 1 4
3: a 1 7
```

或者：

```
> DT["a",  on=.(x)]
   x y v
1: a 1 1
2: a 1 4
3: a 1 7
```

```
> DT[.("a"), on="x"]
   x y v
1: a 1 1
2: a 1 4
3: a 1 7
```

"＝＝"被内部优化为二分查找：

```
> DT[x=="a"]
   x y v
1: a 1 1
2: a 1 4
3: a 1 7
```

14.3.6　应用只读变量查询

为了方便对分组的查询,数据表中设置了几个只读变量引用或者度量分组。如果没有设置参数 by,则只有一个分组。例如,只读变量.N 表示每个分组中的行数,那么查询最后一行就可以使用表达式：

```
> DT[.N]
   x y v
1: c 3 9
```

查询数据表的总行数：

```
> DT[, .N]
[1] 9
```

如果数据表按照列 x 分组,通过.N 就可以方便地查询每组中的行数：

```
> DT[, .N, by=x]
   x N
1: a 3
2: b 3
3: c 3
```

.SD 中包含除了 by 列以外的其他列,只能在位置 j 中使用,用来访问某个分组而不是数据表中所有行。.SDcols 用来选择.SD 中所包含的列。下面几个例子说明如何使用.SD。

【例 14-1】　按 x 分组(by＝x),查询每个分组的第 1 行(.SD[1])：

```
>DT[, .SD[1], by=x]
   x y v
1: a 1 1
2: b 2 2
3: c 3 3
```

【例 14-2】　按 x 分组(by＝x),查询每个分组的首行(第 1 行)和末行(第.N 行)。

```
> DT[, .SD[c(1, .N)], by=x]
   x y v
1: a 1 1
2: a 1 7
3: b 2 2
4: b 2 8
5: c 3 3
6: c 3 9
```

【例 14-3】　按 x 分组(by＝x),查询每个分组的后 2 行:

```
> DT[, tail(.SD,2), by=x]
   x y v
1: a 1 4
2: a 1 7
3: b 2 5
4: b 2 8
5: c 3 6
6: c 3 9
```

【例 14-4】　按 x 分组(by＝x),查询各个分组的行数,以及组内在各数值列上的小计。

```
>DT[, c(.N, lapply(.SD, sum)), by=x]
   x N y  v
1: a 3 3 12
2: b 3 6 15
3: c 3 9 18
```

【例 14-5】　按 x 分组(by＝x),查询各个分组在列 y 和列 v 上均值:

```
> DT[, lapply(.SD, mean), by = .(x), .SDcols = c("y", "v")]
   x y v
1: a 1 4
2: b 2 5
3: c 3 6
```

【例 14-6】　按 x 分组(by＝x),查询各个分组在列 y 到列 z 上的值。

```
>DT[, .SD, .SDcols=y:v, by=x]
   x y v
1: a 1 1
2: a 1 4
3: a 1 7
4: b 2 2
5: b 2 5
6: b 2 8
7: c 3 3
8: c 3 6
9: c 3 9
```

【例 14-7】　按 x 分组(by＝x),查询各个分组在除了列 y 其余各列上的值。

```
> DT[, .SD, .SDcols=!"y", by=x]
   x v
1: a 1
2: a 4
3: a 7
4: b 2
5: b 5
6: b 8
7: c 3
8: c 6
9: c 9
```

【例 14-8】　按 x 分组(by＝x),查询各个分组在列名以 x 或 v 为前缀的列上的值。

```
> DT[ , .SD, .SDcols = patterns('^[xv]'), by=x]
   x x v
1: a a 1
2: a a 4
3: a a 7
4: b b 2
5: b b 5
6: b b 8
7: c c 3
8: c c 6
9: c c 9
```

【例 14-9】 按 x 分组(by=x),查询各个分组第 1 行的行号。

```
> DT[ , .I[1], by=x]
   x V1
1: a  1
2: b  4
3: c  7
```

【例 14-10】 按 x 分组(by=x),把各个分组的索引号作为列 group。

```
> DT[, group := .GRP, by=x]
> DT
   x y v group
1: a 1 1     1
2: a 1 4     1
3: a 1 7     1
4: b 2 2     2
5: b 2 5     2
6: b 2 8     2
7: c 3 3     3
8: c 3 6     3
9: c 3 9     3
```

14.3.7 其他

当有多行满足指定的查询条件时,参数 mult 用来进一步筛选行。例如,查询 x 等于 a 的行,结果有三行:

```
> DT["a", on = "x"]
   x y v
1: a 1 1
2: a 1 4
3: a 1 7
```

查询 x 等于 a 的所有行中的首行:

```
> DT["a", on = "x", mult = "first"]
   x y v
1: a 1 1
```

查询 x 等于 a 的所有行中的末行:

```
> DT["a", on = "x", mult = "last"]
   x y v
1: a 1 7
```

当没有任何行满足查询条件时,参数 nomatch 用于设置如何返回结果,默认为 NA,也可设置为 0,0 表示不返回任何值。例如,数据表 DT 中没有 x 等于 d 的行,但是如果查询 x 等于 d 的所有行,默认返回 NA:

```
> DT["d", on = "x"]
   x  y  v
1: d NA NA
> DT[c("a","d")]
   x  y  v
1: a  1  1
2: a  1  4
3: a  1  7
4: d NA NA
```

通过参数 nomatch,可使返回结果为空:

```
> DT["d", on = "x", nomatch = 0]
Empty data.table (0 rows and 3 cols): x,y,v
```

只读变量.EACHI 按照行过滤表达式 i 的查询结果分组,但在使用 by=.EACHI 时需要设置键或者索引。假设数据表 DT 的键列是 x,那么计算键值为 a 或 c 的所有行在列 v 上的小计:

```
> setkey(DT,"x")
> DT[c("a","c"), sum(v), on="x"]
[1] 30
```

而查询 x 等于"a"的所有行在列 v 上的小计、x 等于"c"的所有行在列 v 上的小计,即对行筛选表达式 c("a","c")的结果分组小计,则使用.EACHI:

```
> DT[c("a","c"), sum(v), by = .EACHI, on="x"]
   x V1
1: a 12
2: c 18
```

该表达式的含义是"对满足条件 x 等于 a 或者 x 等于 c 的每一行按照 x 分组,计算每组在 v 上的和"。

"分组"是一个操作,分组后"筛选"是下一个操作,R 允许把两个操作串联在一起。分组求和后接着筛选,称为操作的"串联"。例如:

按照列 x 分组,计算每个分组在列 v 上的小计,然后查询小计大于 35 的行:

```
> DT[, .(sum_v = sum(v)), by=x][sum_v > 35 ]
```

按照列 x 分组,计算每个分组在列 v 上的小计,之后再降序排序:

```
> DT[, .(sum_v = sum(v)),by=x][order(-x)]
```

函数 order 用来对数据表排序。DT[order(v)]表示按列 v 升序排序;DT[order(-v)]表示按列 v 降序排序。

【例 14-11】 按照列 x 升序排序,相同的 x 则按照列 v 降序排序。

```
> DT[order(x, -v)]
   x y v
1: a 1 7
2: a 1 4
```

```
3: a 1 1
4: b 2 8
5: b 2 5
6: b 2 2
7: c 3 9
8: c 3 6
9: c 3 3
```

【例 14-12】 按 x 分组,查询每组在列 v 上的和,结果按和的降序排序。

```
> DT[, sum(v), by=x][order(-V1)]
   x V1
1: c 18
2: b 15
3: a 12
```

setorder()按引用对行排序。例如:

```
> setorder(DT, x, -v)
> DT
   x y v
1: a 1 7
2: a 1 4
3: a 1 1
4: b 2 8
5: b 2 5
6: b 2 2
7: c 3 9
8: c 3 6
9: c 3 3
```

列筛选表达式中可以使用 Lamda 表达式。Lamda 表达式是含参数的表达式。

【例 14-13】 按 x 分组,查询每组上列 v 与列 v 的均值之差、列 y 与列 v 的均值之和。

```
>DT[, {tmp <- mean(v);.(yt = y + tmp, vt = v-tmp) }, by = x]
   x yt vt
1: a  5 -3
2: a  5  0
3: a  5  3
4: b  7 -3
5: b  7  0
6: b  7  3
7: c  9 -3
8: c  9  0
9: c  9  3
```

把多步查询链在一起形成查询链(chain)。查询链是数据表的特色。下面举例说明。

【例 14-14】 按 cyl 分组计算 mtcars 数据集中 mpg、disp、wt、qsec 的均值,并按 cyl 排序。下面的脚本可分两步完成:首先分组计算均值,结果保存在 DTm 中;然后对 DTm 排序:

```
DTmtcars <- as.data.table(mtcars)
DTm <- DTmtcars[, .(mean_mpg=mean(mpg),
                    mean_disp=mean(disp),
                    mean_wt=mean(wt),
                    mean_qsec=mean(qsec)), by=cyl]
output <- DTm[order(cyl), ]
output
   cyl mean_mpg  mean_disp mean_wt   mean_qsec
1:   4 26.66364  105.1364  2.285727  19.13727
2:   6 19.74286  183.3143  3.117143  17.97714
3:   8 15.10000  353.1000  3.999214  16.77214
```

而使用查询链，则省去了中间存储 MTm 这一步：

```
output <- DTmtcars[, .(mean_mpg=mean(mpg),
                    mean_disp=mean(disp),
                    mean_wt=mean(wt),
                    mean_qsec=mean(qsec)), by=cyl][order(cyl), ]
```

从这个例子可看出，查询链由方括号（[]）运算符串接形成。

14.4　去　　重

如果数据表中的两行在指定列上的值相同，则称是重复行。函数 unique 返回去重后的数据表，参数 by 指定按照哪些列判断重复。而函数 duplicated 则返回每行是否与前面的行重复的逻辑向量，重复为 TRUE，不重复为 FALSE。例如，有数据表 D：

```
> D
   V1 V2
1: 5  23
2: 2  42
3: 3  45
4: 5  23
```

前 3 行每行都与自己前面的行不同，所以返回 FALSE；第 4 行与前面的第 1 行相同，则返回 TRUE：

```
> duplicated(D)
[1] FALSE FALSE FALSE  TRUE
```

函数 anyDuplicated 返回第 1 个重复行的索引。函数 uniqueN 返回相异行数，等价于 nrow(unique(数据表))，参数 fromLast 用于设置从前往后还是从后往前检查元素的唯一性，去重也按照相应的顺序去重，默认从前往后；参数 by 设置用于判断重复的列，默认使用全部列。

例如，已知有数据表：

```
> DT <- data.table(A = rep(1:3, each=4), B = rep(1:4, each=3),C = rep(1:2, 6),
key = "A,B")
> DT
   A B C
1: 1 1 1
2: 1 1 2
```

```
 3: 1 1 1
 4: 1 2 2
 5: 2 2 1
 6: 2 2 2
 7: 2 3 1
 8: 2 3 2
 9: 3 3 1
10: 3 4 2
11: 3 4 1
12: 3 4 2
```

查询相异行：

```
>unique(DT)
    A B C
 1: 1 1 1
 2: 1 1 2
 3: 1 2 2
 4: 2 2 1
 5: 2 2 2
 6: 2 3 1
 7: 2 3 2
 8: 3 3 1
 9: 3 4 2
10: 3 4 1
```

查询重复行：

```
> DT[duplicated(DT)]
   A B C
1: 1 1 1
2: 3 4 2
```

其中函数调用 duplicated() 返回逻辑类型向量：

```
> duplicated(DT)
[1] FALSE FALSE TRUE FALSE FALSE FALSE FALSE FALSE FALSE FALSE FALSE TRUE
```

查询首个重复行的行号：

```
>anyDuplicated(DT)
[1] 3
```

查询相异行数：

```
>uniqueN(DT)
[1] 10
```

若某两行在列 A 和列 B 上的值相同,则这两行重复,则使用参数 by 设置列 A 和列 B：

```
>unique(DT, by=c("A", "B"))
   A B C
1: 1 1 1
2: 1 2 2
3: 2 2 1
4: 2 3 1
5: 3 3 1
6: 3 4 2
```

查询在列 A、列 B 上重复的首行行号：

```
>anyDuplicated(DT, by = c("A", "B"))
[1] 2
```

查询在列 A、列 B 上的相异行数：

```
>uniqueN(DT, by = c("A", "B"))
[1] 6
```

假设有如下含有 NA 和 NaN 的向量：

```
> DTx = data.table(A=c(NA, NaN, 3, 10, NA, NaN, NA, 9,3,2), B=LETTERS[1:10])
> DTx
        A B
 1:  NA A
 2: NaN B
 3:   3 C
 4:  10 D
 5:  NA E
 6: NaN F
 7:  NA G
 8:   9 H
 9:   3 I
10:   2 J
```

那么,查询含 NA 和 NaN 的相异行数：

```
>uniqueN(DTx, na.rm = FALSE, by = "A")
[1] 6
```

查询含 NA 和 NaN 的相异行：

```
> unique(DTx, na.rm = FALSE, by = "A")
     A B
1:  NA A
2: NaN B
3:   3 C
4:  10 D
5:   9 H
6:   2 J
```

查询除去 A 等于 NA 或 A 等于 NaN 后的相异行数：

```
> uniqueN(DTx, na.rm = TRUE, by = "A")
[1] 4
```

函数 na.omit 用于删除含有缺失值的行。例如,假设有数据表：

```
>T = data.table(x=c(1,NaN,NA,3), y=c(NA_integer_, 1:3), z=c("a", NA_character_,
"b", "c"))
>T
     x  y   z
1:   1 NA   a
2: NaN  1 <NA>
3:  NA  2   b
4:   3  3   c
```

删除所有缺失值：

```
>na.omit(T)
   x y z
1: 3 3 c
```

删除列 x 中含有缺失值的行：

```
>na.omit(T, cols="x")
   x  y z
1: 1 NA a
2: 3  3 c
```

删除列 x 或列 y 中含有缺失值的行：

```
>na.omit(T, cols=c("x", "y"))
   x y z
1: 3 3 c
```

14.5 上   卷

上卷(roll up)就是逐级分组汇总。假设有数据表：

```
> DT = data.table(x=rep(c("a","b","c"),3),y= sample(1:6,9, TRUE),
s = as.factor(sample(c("A","B","C","D"), 9, TRUE)),v=1:9)
> DT
   x y s v
1: a 1 B 1
2: b 5 C 2
3: c 2 A 3
4: a 5 B 4
5: b 1 C 5
6: c 1 C 6
7: a 4 A 7
8: b 5 C 8
9: c 6 D 9
```

按 x 分组，查询各个分组在列 v 上的小计：

```
> rollup(DT, sum(v), by = c("x"))
      x V1
1:    a 12
2:    b 15
3:    c 18
4: <NA> 45
```

按 x 分组，各个组内再按照列 s 分组，查询各个分组在列 v 上的小计：

```
> rollup(DT, sum(v), by = c("x","s"))
     x   s V1
 1:  a   B  5
 2:  b   C 15
```

```
 3:    c    A   3
 4:    c    C   6
 5:    a    A   7
 6:    c    D   9
 7:    a  <NA>  12
 8:    b  <NA>  15
 9:    c  <NA>  18
10: <NA><NA>   45
```

按 x 分组的结果如下：

```
1: a 1 B 1
4: a 5 B 4
7: a 4 A 7

2: b 5 C 2
5: b 1 C 5
8: b 5 C 8

3: c 2 A 3
6: c 1 C 6
9: c 6 D 9
```

以 x 等于 a 的组为例，组内继续按列 s 分组：

```
7: a 4 A 7

1: a 1 B 1
4: a 5 B 4
```

所以查询结果中 x 等于 a，s 等于 A 的小计为 7；x 等于 a，s 等于 B 的小计为 5。

查询结果的前 6 行是按 x 和 s 分组小计；第 7～9 行是按 x 的分组小计；最后一行（第 10 行）是总计。使用只读变量查询（rollup（DT，lapply（.SD，sum），by＝c（"x"，"s"），.SDcols＝"v"））也能实现同样功能。

按 s 的组内小计、x 的分组小计以及总计形成三级：1、2、3。用二进制 00、01、11 分别标识这三个级别，这个标识列称为"位掩码列"。参数 id 控制是否显示级别标识：

```
> rollup(DT, sum(v), by = c("x","s"), id = TRUE)
    grouping    x      s       V1
 1:        0    a      B        5
 2:        0    b      C       15
 3:        0    c      A        3
 4:        0    c      C        6
 5:        0    a      A        7
 6:        0    c      D        9
 7:        1    a    <NA>      12
 8:        1    b    <NA>      15
 9:        1    c    <NA>      18
10:        3  <NA>   <NA>      45
```

或者：

```
> rollup(DT, c(list(count=.N), lapply(.SD, sum)), by = c("x","s"), id=TRUE)
    grouping  x    s       count  y    v
 1:        0  a    B          2   6    5
 2:        0  b    C          3  11   15
 3:        0  c    A          1   2    3
 4:        0  c    C          1   1    6
 5:        0  a    A          1   4    7
 6:        0  c    D          1   6    9
 7:        1  a    <NA>       3  10   12
 8:        1  b    <NA>       3  11   15
 9:        1  c    <NA>       3   9   18
10:        3  <NA> <NA>       9  30   45
```

函数 cube 也能实现相同的功能：

```
> cube(DT, sum(v), by = c("x","s"), id=TRUE)
    grouping  x    s       V1
 1:        0  a    B       5
 2:        0  b    C       15
 3:        0  c    A       3
 4:        0  c    C       6
 5:        0  a    A       7
 6:        0  c    D       9
 7:        1  a    <NA>    12
 8:        1  b    <NA>    15
 9:        1  c    <NA>    18
10:        2  <NA> B       5
11:        2  <NA> C       21
12:        2  <NA> A       10
13:        2  <NA> D       9
14:        3  <NA> <NA>    45
```

14.6　连　　接

函数 merge 用来快速连接两个数据表。连接方式有 6 种：左连接、右连接、全连接、内连接、半连接和反连接。

保留数据表 A 所有行，把数据表 A 中与数据表 B 中的在列 V1 上等值的行串接在一起，这种连接称为"左连接"：merge(A,B,all.x＝TRUE,by＝"V1")。若数据表 A 与数据表 B 中匹配列的列名不同，可以用 by.x＝"V1",by.y ＝"V2"设置进行匹配的列。

保留数据表 B 的所有行，把数据表 A 中与数据表 B 中的在 V1 上等值的行串接在一起。这种连接称为"右连接"：merge(A,B,all.y＝TRUE,by＝"V1")。

保留数据表 A 和数据表 B 中的所有行，把两者在 V1 上等值的行串接成一行，这种连接称为"全连接"：merge(A,B,all＝TRUE,by＝"V1")。

只把两者在 V1 上等值的行串接成一行，这种连接称为"内连接"：merge(A,B,by＝"V1")。

下面从 mtcars 数据集筛选了两个数据表，然后连接。首先把数据框的行名变换为数据表的列：

```
DTmtcars <- as.data.table(mtcars)
DTmtcars <- cbind(data.table(name = rownames(mtcars), DTmtcars))
```

筛选第 5~9 行作为数据表 A：

```
> DTA <- DTmtcars[5:9, .(name, mpg, cyl)]; DTA
                 name  mpg  cyl
1: Hornet Sportabout  18.7  8
2:           Valiant  18.1  6
3:        Duster 360  14.3  8
4:         Merc 240D  24.4  4
5:          Merc 230  22.8  4
```

筛选第 1~5 行作为数据表 B：

```
> DTB <- DTmtcars[1:5, .(name, gear)]; DTB
                 name  gear
1:         Mazda RX4   4
2:     Mazda RX4 Wag   4
3:        Datsun 710   4
4:     Hornet 4 Drive   3
5: Hornet Sportabout   3
```

按照 name 连接数据表 A 和数据表 B：

```
> merge(DTA, DTB, by='name')
                 name  mpg  cyl  gear
1: Hornet Sportabout  18.7   8     3
```

按照 name 连接数据表 A 和数据表 B，结果中包含数据表 A 的所有行：

```
> merge(DTA, DTB, by='name', all.x = T)
                 name  mpg  cyl  gear
1:        Duster 360  14.3   8    NA
2: Hornet Sportabout  18.7   8     3
3:          Merc 230  22.8   4    NA
4:         Merc 240D  24.4   4    NA
5:           Valiant  18.1   6    NA
```

按照 name 连接数据表 A 和数据表 B，结果中包含数据表 A 的所有行，也包含数据表 B 的所有行：

```
> merge(DTA, DTB, by='name', all = T)
                 name   mpg  cyl  gear
1:        Datsun 710   NA    NA    4
2:        Duster 360  14.3    8    NA
3:     Hornet 4 Drive   NA    NA    3
4: Hornet Sportabout  18.7    8     3
5:         Mazda RX4   NA    NA    4
6:     Mazda RX4 Wag   NA    NA    4
7:          Merc 230  22.8    4    NA
8:         Merc 240D  24.4    4    NA
9:           Valiant  18.1    6    NA
```

注意：与 SQL 不同，NA 和 NA、NaN 和 NaN 在 merge 函数中相匹配。

DT[i,j,on] 把数据表 DT 中的行按参数 on 的要求连接到数据表 i 上。其中,i 中用于设置被连接的数据表,on 用于指定连接的列,j 用于选择输出列。j 中能以"i."为前缀引用数据表 i 的列,以"x."为前缀引用 DT 中的列。

例如,有数据表 A 和 B:

```
>A = data.table(x=rep(c("b","a","c"),each=3), y=c(1,3,6), v=1:9)
>B = data.table(x=c("c","b", "d"), v=8:6, foo=c(6,4,2))
>A
   x y v
1: b 1 1
2: b 3 2
3: b 6 3
4: a 1 4
5: a 3 5
6: a 6 6
7: c 1 7
8: c 3 8
9: c 6 9

> B
   x v foo
1: c 8   6
2: b 7   4
3: d 6   2
```

把数据表 A 按照列 x 和列 v 等值连接到数据表 B。如果从数据表 A 中找不到在列 x 和列 v 上与数据表 B 等值的行,则结果中该行在数据表 A 其余列上的值为 NA:

```
> A[B, on=.(x, v)]
   x  y v foo
1: c  3 8   6
2: b NA 7   4
3: d NA 6   2
```

把数据表 B 按照列 x 和列 v 等值连接到数据表 A:

```
>B[A, on=.(x, v)]
   x v foo y
1: b 1  NA 1
2: b 2  NA 3
3: b 3  NA 6
4: a 4  NA 1
5: a 5  NA 3
6: a 6  NA 6
7: c 7  NA 1
8: c 8   6 3
9: c 9  NA 6
```

把数据表 B 按照列 x 和列 v 等值连接到数据表 A,仅保留等值的行:

```
> B[A, on=.(x, v), nomatch=0]
   x v foo y
1: c 8   6 3
```

以列 v 为行的标识列,查询不在数据表 B 中但在数据表 A 中的行,这种连接称为"反连接"：

```
A[!B, on = "v"]
   x y v
1: b 1 1
2: b 3 2
3: b 6 3
4: a 1 4
5: a 3 5
6: c 6 9
```

14.7　集　合　运　算

对集合求并集、交集、差集和判断相等的内置函数是 union、intersect、setdiff 和 setequal。例如：

```
>X <- 1:5
>Y <- 4:7
>intersect(X,Y)
[1] 4 5
> union(X,Y)
[1] 1 2 3 4 5 6 7
> setdiff(X,Y)
[1] 1 2 3
> setequal(X, Y)
[1] FALSE
```

内置函数作用于两个向量。在内置函数前面加一个 f 就是 data.table 包中的函数。而 data.table 包中函数作用于两个具有相同列的数据表。例如，假设有两个数据表 X 和 Y：

```
X<- data.table(a=c(1,2,2,2,3,4,4))
Y<- data.table(a=c(2,3,4,4,4,5))
```

计算 X 和 Y 的交集，结果集中不含重复行：

```
>fintersect(X, Y)
   a
1: 2
2: 3
3: 4
```

由于返回结果的数据表只有 1 列，链接列索引[[1]]查询则以向量返回结果：

```
> fintersect(X, Y)[[1]]
[1] 2  3  4
```

计算 X 和 Y 的交集，在结果集中保留重复行：

```
> fintersect(X, Y, all=TRUE)[[1]]
[1] 2  3  4  4
```

计算 X 和 Y 的差集，结果集中不含重复行：

```
> fsetdiff(X, Y)[[1]]
[1] 1
```

计算 X 和 Y 的差集,结果集中保留重复行:

```
> fsetdiff(X, Y, all=TRUE)[[1]]
[1] 1 2 2
```

计算 X 和 Y 的并集,结果集中不含重复行:

```
> funion(X, Y)[[1]]
[1] 1 2 3 4 5
```

计算 X 和 Y 的并集,结果集中保留重复行:

```
> funion(X, Y, all=TRUE)[[1]]
[1] 1 2 2 2 3 4 4 2 3 4 4 4 5
```

判断 X 和 Y 两个数据表是否相等:

```
>fsetequal(X, Y)
[1] FALSE
```

14.8　更　　新

更新数据表包括对列的增删改和对行的增删改。运算符": ="用来通过引用新增、更新和删除列。一般用法是 LHS : = RHS 形式:

```
DT[i, LHS := RHS, by = ...]
DT[i, c("LHS1", "LHS2") := list(RHS1, RHS2), by = ...]
```

其中,i 是对行进行筛选的条件。LHS 是列名或者列索引。如果当前数据表中不存在 LHS 中的列,则表示新增该列。RHS 是进行替换的值。RHS 的值会被循环使用以达到满足条件 i 的行数。如果 RHS 是 NULL,则删除列。

根据列索引或列名查询列,如 DT[[3]]、dt[["v3"]],或 dt $ v3,返回向量;而 DT[,3],或 dt[,"v3"]则返回数据表。使用列名访问的常见表达式有:DT[,.(v1)]或 dt[,list(v1)]查询 v1 列;DT[,.(v2,v3,v4)]或 DT[,v2:v4]查询 v2、v3 和 v4 列;DT[, !c("v2","v3")]查询除了 v2 和 v3 列以外的其他列。

假设有数据表:

```
DT = data.table(a = LETTERS[c(3L,1:3)], b = 4:7)
```

表达式中 3L 的后缀 L 表示整数类型。

```
> DT
   a b
1: C 4
2: A 5
3: B 6
4: C 7
```

增加数值列 c:

```
> DT[, c := 8]
> DT
   a b c
1: D 4 8
```

```
2: A 5 8
3: B 6 8
4: C 7 8
```

增加整数列 d：

```
> DT[, d := 9L]
> DT
   a b c d
1: D 4 8 9
2: A 5 8 9
3: B 6 8 9
4: C 7 8 9
```

删除列 c：

```
> DT[, c := NULL]
> DT
   a b d
1: D 4 9
2: A 5 9
3: B 6 9
4: C 7 9
```

增加两列 e 和 f，分别是列 d 增 1 和 d 乘 2：

```
> DT[, c('e', 'f') := .(d+1L, d * 2L)]
> DT
   a   b   d   e   f
1: A   0  10  11  20
2: B  18   9  10  18
3: C  18   9  10  18
4: D   4   9  10  18
```

计算各行在列 b、列 d 和列 e 上的绝对值。使用 lapply 和只读变量 .SD：

```
> DT[, paste0('abs_', c('b', 'd', 'e')) := lapply(.SD, abs), .SDcols = c('b', 'd',
'e')]
> DT
   a   b   d   e   f  abs_b  abs_d  abs_e
1: A  00  10  11  20     0     10     11
2: B  18   9  10  18    18      9     10
3: C  18   9  10  18    18      9     10
4: D   4   9  10  18     4      9     10
```

更新每行在列 b、列 d 上的值为其平方：

```
> cols <- c('b', 'd')
> DT[, (cols) := lapply(.SD, '^', 2L), .SDcols = cols]
> DT
   a   b    d
1: C  16   81
2: A  25   81
3: B  36   81
4: C  49   81
```

把 e、f 改名为 ee、ff：

```
> setnames(DT,c("e","f"),c("ee","ff"))
```

使用 set() 更新给定的行和列的值,这要比 := 更灵活、更快。假设有数据表:

```
DT <- data.table(a = LETTERS[c(3L,1:3)], b = 4:7)
>DT
   a  b
1: C  4
2: A  5
3: B  6
4: C  7
```

把第 1 行第 2 列的值改为 9:

```
> set(DT,i=1L,j=2L,value=9)
> DT
   a  b
1: C  9
2: A  5
3: B  6
4: C  7
```

把第 2 行和第 3 行在第 2 列上的值改为 9:

```
> set(DT,i=c(2:3),j=2L, value=9)
> DT
   a  b
1: C  9
2: A  9
3: B  9
4: C  7
```

恢复数据表 DT:

```
> DT <- data.table(a = LETTERS[c(3L,1:3)], b = 4:7)
```

按列 a 分组,增加分组号为 grp 列:

```
> DT[, grp := .GRP, by = a]
> DT
> DT
   a b grp
1: C 4   1
2: A 5   2
3: B 6   3
4: C 7   1
```

函数 setname 可以修改给定的列名和行名。把名字为 ff 的列,改名为 new:

```
> setname(DT,"ff","new")
```

函数 setcolorder 用来修改列的顺序。例如:

```
>setcolorder(DT, c("grp","x","y","v"))
```

会使得列 grp 的顺序从末列调整到首列。

假设有数据表 DT：

```
   a  b  d
1: D  4  9
2: A  5  9
3: B  6  9
4: C  7  9
```

修改第 2 行在 d 列的值为 −8：

```
> DT[2, d := -8L]
> DT
   a  b  d
1: D  4   9
2: A  5  -8
3: B  6   9
4: C  7   9
```

对于 b 大于 4 的行，将其在列 b 上的值改为列 d 上值的 2 倍：

```
> DT[b > 4, b := d * 2L]
> DT
   a   b   d
1: D   4   9
2: A  -16 -8
3: B  18   9
4: C  18   9
```

对于 a 等于 A 的行，将其在列 b 上的值改为 0：

```
> DT["A", b := 0L, on = "a"]
> DT
   a  b   d
1: D  4   9
2: A  0  -8
3: B 18   9
4: C 18   9
```

如果批量更新数据表中的值，则使用函数 set()。具体用法如下：

```
set(x, i = NULL, j, value)
```

其中：

- x：数据表或数据框。
- i：进行更新的行，可选。默认对所有行更新。
- j：进行更新的列，列的字符名字或者数值位置。
- value：用来替换 x[i,j]的值。

给定一个具有 10 万行的矩阵、一个具有 10 万行的数据框和一个具有 10 万行的数据表。下面的脚本比较使用运算符<−和运算符:＝以及 set 函数修改矩阵、数据框、数据表中元素的值的速度：

```
M = matrix(1, nrow=100000, ncol=100)
DF = as.data.frame(M)
DT = as.data.table(M)
system.time(for (i in 1:1000) DF[i, 1L] <- i)
```

```
system.time(for (i in 1:1000) DT[i, V1 := i])
system.time(for (i in 1:1000) set(DT, i, 1L, i ))
system.time(for (i in 1:1000) M[i,1L] <- i)
```

结果显示数据表的 set 函数比∶＝运算明显快；数据表快于数据框：

```
user   system elapsed
0.08    0.05    0.35

user   system elapsed
0.10    0.02    0.23

user   system elapsed
0.00    0.00    0.02

user   system elapsed
0.00    0.01    0.00
```

对数据表的更新注意应用面向向量的程序设计范型。例如：

把所有列改为字符类型：

```
DT[, lapply(.SD, as.character)]
```

把数值列标准化：

```
DT[, lapply(.SD, scale), .SDcols = is.numeric]
```

对列名含有 Length 或 Width 的列乘以 2：

```
DT = as.data.table(iris)
DT[, .SD * 2, .SDcols = patterns("(Length)|(Width)")]
```

14.9　行列变换

关系数据库中的表必须满足第一范式要求，即某行在某列上的值不可再分。例如，不能把一个家庭的多个孩子作为一列，把一个人的多个联系方式作为一列等，所以常见做法是把每个孩子作为一列，把每个联系方式作为一列，这种一列对多列的情形称为"多值映射"。把多值映射变换为单值映射，就是把列变换为行。对表保持语义的列变行称为 melt，行变列称为 dcast。包 shape2 实现了对表的行列变换。

【例 14-15】已知某学期开出三门课程（course），每门课程为一列。把数据表转换为每学生、每课程一行的数据表。数据表 DT 如下：

```
library(data.table)
data<- "student_id class_id course1 course2 course3
        1 3 98 100 NA
        2 2 96 NA  NA
        3 2 90 94  97
        4 3 84 87  72
        5 2 90 85  NA"
DT <- fread(data); DT
```

```
    student_id class_id course1 course2 course3
1:          1        3      98     100      NA
2:          2        2      96      NA      NA
3:          3        2      90      94      97
4:          4        3      84      87      72
5:          5        2      90      85      NA
```

以 student_id 和 class_id 作为当前数据表的行标识,以 course 作为目标列名,把当前表中的行(student_id,course1,course2,course3)变换为(student_id,course),脚本如下:

```
library(shape2)
DTm <- melt(DT, id.vars = c("student_id", "class_id")
    , measure.vars = c("course1", "course2", "course3")
    , variable.name = "course"
    , value.name = "grade")
```

结果如下:

```
     student_id class_id   course grade
1:           1        3  course1    98
2:           2        2  course1    96
3:           3        2  course1    90
4:           4        3  course1    84
5:           5        2  course1    90
6:           1        3  course2   100
7:           2        2  course2    NA
8:           3        2  course2    94
9:           4        3  course2    87
10:          5        2  course2    85
11:          1        3  course3    NA
12:          2        2  course3    NA
13:          3        2  course3    97
14:          4        3  course3    72
15:          5        2  course3    NA
```

如果不设置 value.name="grade",则使用默认值列名 value。如果不设置 id.vars,那么默认使用数据表中 measure.vars 以外的列。

【例 14-16】 把例 14-15 中的 DTm 再变换回 DT。

```
dcast(DTm, student_id + class_id ~ course, value.var = "grade")
```

结果如下:

```
    student_id class_id course1 course2 course3
1:          1        3      98     100      NA
2:          2        2      96      NA      NA
3:          3        2      90      94      97
4:          4        3      84      87      72
5:          5        2      90      85      NA
```

公式"student_id+class_id～course"表示以列 student_id 和列 class_id 联合列 course 的枚举值 course1、course2 和 course3 作为结果数据表中的列,而 value.var="grade" 表示把相应的列 grade 上的值作为列 course1、course2 和 course3 的值。

第 15 章

描述性统计与探索性分析

描述性统计(descriptive statistics)指用概要和图形简单地了解数据。探索性数据分析则试图从数据中发现未知,包括变量之间的相关性、事件之间的因果、离群点、未来趋势等。描述性统计是为了认识数据,探索性分析是为了理解数据。概率、统计、线性代数是描述性统计与探索性分析的基础。概率用来预测未来事件发生的可能性;而统计则观察过去事件发生的频率。

有经验的司机常说,"十次事故九次快"。从个体观察得到的样本经过统计推断可以得到关于总体的结论;而直接从大数据中分析事件的相关性也能得出这样的结论。所以,基于样本的统计推断和基于大数据的分析是进行数据分析的不同途径。

15.1　总体与样本

总体(population)是在一个特定研究中所感兴趣的个体的集合。总体分为有限总体和无限总体。例如,全省大学生是一个有限总体。样本(sample)是从一个总体中选择出来的个体的集合,通常被期望能代表总体。

用于描述总体的特征的度量(metric)称为参数,例如总体的平均数。用于描述样本特征的度量称为统计量,例如样本的平均数。

描述性统计是通过汇总、聚合和可视化理解数据的统计过程。通常通过计算平均数、标准差、极差等统计量取得对数据的集中趋势和变异性的认识;通过条形图或者直方图了解数据的分布。

其他常用的描述性统计度量如表 15-1 所示。

表 15-1　描述性统计度量

度　　量	含　　义
绝对数	反映客观现象总体在一定时间、一定地点下的总规模、总水平的综合性数据,比如全省学生数、全国总人口等
相对数	是指两个有联系的指标计算而得出的数值,反映客观现象之间的数量联系紧密程度。相对数一般以倍数、百分数等表示,倍数＝比较值(比数)/基础值(基数)。倍数一般用来表示上升、增长幅度,一般不表示减少幅度
百分比	是相对数中的一种,表示一个数是另一个数的百分之几,也称为百分率或百分数。百分比的分母是 100,也就是用 1% 作为度量单位,因此便于比较
百分点	是指以百分数的形式表示的相对指标的变动幅度,1% 等于 1 个百分点

续表

度 量	含 义
频数	一个观测在整体中出现的次数
频率	某一事件发生的次数与全部事件发生的次数之比。频率通常用比例或百分数表示
比例	是指在总体中各观测占总体的比重,通常反映总体的构成和比例,即部分与整体之间的关系
比率	是样本(或总体)中各不同类别观测之间的比值,由于比率不是部分与整体之间的对比关系,因而比值可能大于 1
同比	指的是与历史同时期的数据相比较而获得的比值,反映事物发展的相对性
环比	指与上一个统计时期的值进行对比获得的值,主要反映事物逐期发展的情况

变量是因个体不同而变化的特征,如身高、体重、肺活量等。在实验研究中,研究者通过操控一个变量(自变量)并测量另一个变量(因变量)来研究两个变量之间的关系。所以,在实验研究中仅测量了一个变量。在相关研究中,两个变量都被测量了。

在统计学中,统计数据主要分为四种类型:定类(nominal)、定序(ordinal)、定距(interval)、定比(ratio)。定类数据也称名义数据,仅仅是类别标签,没有次序关系,也没有大小关系,例如"是""否"。即便把"是"编码为 1,"否"编码为 0 也没有次序关系。定序数据则用数字表示位置,从而有次序关系但没有大小,不能做四则运算。例如,"学位"有学士、硕士和博士,学士学位低于硕士学位,但学士和硕士不能做加法或减法运算。各个定序变量的值之间没有确切的间隔距离。定距数据有单位,但是没有绝对零点,可以进行加减运算,但不能进行乘除运算。例如"气温",可以说中午气温比早晨气温高 10℃。但早晨气温与中午气温相乘或相除都没有意义。东北地区昼夜温差 10℃ 等于海南岛的昼夜温差 10℃。定距数据可以进行线性变换,例如把摄氏温度变换为华氏温度($F = 9C/5 + 32$)。定比数据既有测量单位,也有绝对零点,例如"身高"。某人今年的身高和去年的身高可以相减,也可以相除。

数学中的变量分为两大类:离散变量(discrete variable)和连续变量。离散变量由不同的类别组成定义域,在相邻两个类别之间不存在其他取值。例如,性别的定义域是{男,女}。有的离散变量的各个取值之间存在大小、高低等"序"的关系。例如,学位的取值有学士、硕士、博士,学生成绩的取值有优、良、中、差等。如果在任意两个观测值之间还存在无限多可能的取值,则该变量为连续变量,例如体重。离散变量也称为类别变量。离散变量中存放定类数据或定序数据;连续变量中存放定距数据或定比数据。

变量的类型非常重要。因为变量类型决定了能够使用或者不能使用哪种统计方法。由于类别变量不能进行基本的算术运算,所以需要用一些代替的统计量和统计方法,如中位数、众数、斯皮尔曼等级相关和卡方检验等。

采样(sampling),也称为抽样,就是指从给定的概率分布总体中抽取一部分观测。如果获取全部观测的代价很高,那么抽样有助于降低成本。但是,结果不可能完全准确,但会接近基于总体得出的结果。所以所选的样本应该能够代表总体,不能有任何偏离。在样本统计量和相应的总体参数间所存在的差异称为取样误差。

抽样方法有简单随机抽样(simple random sampling)、分层抽样(stratified sampling)、整群抽样(cluster sampling)等。

简单随机抽样适合总体中的观测属于同一类的情形,每个观测都有相等的被抽取机会。

根据某个特征把总体划分成 N 组,称为 N 层(stratum),然后从每层中选择观测,称为分层抽样。一个层中的观测属于同一类,而与其他层中的观测异类。所以,当总体本身有多类观测时,就可以使用这种抽样方法。从单独的层中抽取样本时可以采用随机抽样或其他任何抽样技术,但要求样本中每个层的比例应与总体中的比例相同。

整群抽样可以通过两种方式进行:单阶段整群抽样(single-stage cluster sampling)和两阶段整群抽样(two-stage cluster sampling)。前者随机抽取一个整群并使用整群中的每个观测;后者首先随机选择一个整群,然后从被选中的整群中随机选择观测。

对于不平衡数据集,即有的类别的观测数量很多而有的类别的观测数量很少的数据集,如果只从样本多的类别中选择少一点儿的观测,而尽量多地使用少样本的类别中的观测,从而让数据集类别均衡的方法称为欠采样。过采样则创建少数分类的副本,以便获得与多数分类相同的样本数量,让样本数量在类别上均衡。

假设对平面坐标系中一个圆内的点采样。如果一个点使用圆心相对于坐标原点的夹角(范围 $[0,360°]$)和距离(不超过半径 r)来描述,那么以均匀分布抽取夹角和距离两个变量上的值,将会使得一半的点位于二分之一的半径以内的“小圆”中,另一半的点位于其余环中。由于环的面积比小圆的面积大,在圆心附近发生了过采样。如果通过坐标变换把圆心移动到原点,那么圆内每个点的 x、y 坐标的范围都是 $[-r,r]$。从 $[-r,r]$ 上进行随机均匀采样,然后判断 $\sqrt{x^2+y^2}$ 是否小于或等于半径,是则抽取,否则舍弃。这样的采样结果是均匀的。

15.2　概　率　分　布

围棋只有黑色棋子和白色棋子,把所有黑色棋子和白色棋子放在一个罐子里,从罐子里摸出黑子是一个事件{黑子}。玩麻将开局时掷出两个骰子的点数之和为 6 是一个事件{2,4}。

事件 A 将要发生的可能性大小称为概率,以 $P(A)$ 表示,取值范围为 $[0,1]$。其中 0 表示事件确定不会发生,而 1 表示事件确定会发生。

事件 A 和事件 B 是独立的,当且仅当 $P(A \bigcap B)=P(A) \times P(B)$,其中 $A \bigcap B$ 表示事件 A 和事件 B 同时发生。

已知事件 B 发生,事件 A 发生的概率:

$$P(A \mid B) = \frac{P(A \bigcap B)}{P(B)}$$

随机变量(random variable)并非传统意义上的变量,例如方程 $x+1=0$ 中的 x;而是从实验过程中发生的事件到数值的映射。例如,抛硬币是一个随机过程,每抛一次就是一次实验,每次实验可能的结果有两个:正面向上或正面向下。那么随机变量 X 可以定义为

$$X = \begin{cases} 1, & \text{硬币正面朝上} \\ 0, & \text{硬币正面朝下} \end{cases}$$

随机变量描述了这个随机过程:正面朝上就映射到数值 1;正面朝下就映射到数值 0。

有两种类型的随机变量:离散随机变量和连续随机变量。抛硬币就是离散随机变量,其取值是有限、可枚举的。降水量就是一个连续随机变量,可以有无穷多个值。

随机变量一般使用大写字母表示。每次实验结果,也就是每个取值的可能性称为概率。所有实验结果的概率称为分布。

假设随机变量 X 定义为骰子顶部的数字,那么 X 的取值只有 6 个:1、2、3、4、5、6。一般情况下,每掷出一次骰子,这 6 个数字出现的概率都是 1/6。这种情况下的随机变量 X 的概率分布如图 15-1 所示。

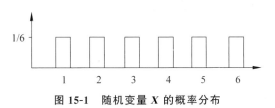

图 15-1　随机变量 X 的概率分布

假如这个骰子永远不会出现"4",而出现"6"的概率是出现其他数字的概率的 2 倍,则此时的概率分布为如图 15-2 所示。

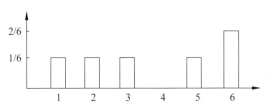

图 15-2　情况改变后随机变量 X 的概率分布

从这个概率分布很容易得出:

数字为 5 的概率:$P(X=5)=1/6$。

数字大于 4 的概率:$P(X>4)=1/6+2/6=1/2$。

假设随机变量 X 是某地区每天的降水量(单位:毫米)。如果横坐标 X 为降水量;纵坐标 P 是该随机变量的概率,降水量等于 2 毫米的概率 $P(X=2)$ 是多少?

由于随机变量 X 是连续的,$X=2$ 的概率既无法度量也没有物理意义。而 $X<2$ 的概率则可以度量。连续随机变量取任何一个点处的概率为 0,$P(X=2)=0$。概率密度函数用以描述连续随机变量的概率分布,刻画一个取值在某个区间内的可能性。假设概率密度函数为 $f(X)$,在点 $X=2$ 附近,比如[1.9,2.1],在函数曲线下方阴影部分的面积可作为概率度量,并可通过定积分计算:

$$\int_{1.9}^{2.1} f(X)$$

概率密度函数曲线下方全部阴影部分的面积为 1。

常见的概率分布有均匀分布、正态分布、泊松分布等。均匀分布中某范围内的值的概率都为 p,而在该范围之外的都是 0。正态分布,通常也称为高斯分布,特点是在左右方向上标准偏差相同。泊松分布一般在一个方向上数据点的发散程度非常高,而在另一个方向上的发散程度却非常低。

15.3　联 合 分 布

假设智商(Intelligence,I)有低和高两个取值:i^0 表示低;i^1 表示高;题目的难度(Difficulty,D)有容易和困难两个取值:d^0 表示容易;d^1 表示困难;评分(Grade,G)有 A、

B、C 三个取值。如果想知道事件"高智商高分"($I=i$ 和 $G=A$)的概率 $P(I=i^1,G=A)$,则需要观测两个随机变量 I 和 G 的联合分布,如表 15-2 所示。

表 15-2　联合分布(joint distribution)

I	D	G	$P(I,D,G)$
i^0	d^0	A	0.126
i^0	d^0	B	0.168
i^0	d^0	C	0.126
i^0	d^1	A	0.009
i^0	d^1	B	0.045
i^0	d^1	C	0.126
i^1	d^0	A	0.252
i^1	d^0	B	0.0224
i^1	d^0	C	0.0056
i^1	d^1	A	0.06
i^1	d^1	B	0.036
i^1	d^1	C	0.024

三个类别变量共形成 $2\times2\times3=12$ 个组合,从而表 15-2 中有 12 行。表 15-2 中最后一列是每种组合的概率。12 个概率累加起来是 1。

在 Intelligence $=i^1$ 的条件下,Grade 的分布称为条件分布,也称联合分布在 Intelligence 上的条件分布。

如果仅考虑评分为 A 的观测的分布(condition on A),那么需要在联合分布表中把其他评分取值全部删掉,如表 15-3 所示。

表 15-3　条件分布

I	D	G	$P(I,D,G)$	
i^0	d^0	A	0.126	
i^0	d^0	B	0.168	$\times$
i^0	d^0	C	0.126	$\times$
i^0	d^1	A	0.009	
i^0	d^1	B	0.045	$\times$
i^0	d^1	C	0.126	$\times$
i^1	d^0	A	0.252	
i^1	d^0	B	0.0224	$\times$
i^1	d^0	C	0.0056	$\times$
i^1	d^1	A	0.06	
i^1	d^1	B	0.036	$\times$
i^1	d^1	C	0.024	$\times$

条件分布结果如表 15-4 所示。

表 15-4 条件分布结果

I	D	G	$P(I,D,G)$
i^0	d^0	A	0.126
i^0	d^1	A	0.009
i^1	d^0	A	0.252
i^1	d^1	A	0.06

但是最右侧列的概率之和不为 1 了：对其进行规范化处理，即得到在 $G=A$ 条件下联合概率的分布了，如图 15-3 所示。

I	D	G	$P(I,D,G)$
i^0	d^0	A	0.126
i^0	d^1	A	0.009
i^1	d^0	A	0.252
i^1	d^1	A	0.06

$\Longrightarrow$

I	D	$P(I,D)$
i^0	d^0	0.282
i^0	d^1	0.02
i^1	d^0	0.564
i^1	d^1	0.134

图 15-3 条件分布结果的规范化处理

如果仅仅考虑某一个随机变量的取值，则称为联合分布在该随机变量上的边缘分布。例如，联合分布在随机变量 D 上的边缘分布就是把容易和困难两个取值上的概率分别累加。如图 15-4 所示。

I	D	$P(I,D)$
i^0	d^0	0.282
i^0	d^1	0.02
i^1	d^0	0.564
i^1	d^1	0.134

D	$P(D)$
d^0	0.846
d^1	0.154

图 15-4 边缘分布

15.4 可视化分布

类别变量在全部取值上的频数称为频数分布。

【例 15-1】 计算钻石数据集 diamonds 中每种颜色的钻石频数分布。

```
> table(diamonds$color)

    D     E     F     G     H     I     J
 6775  9797  9542 11292  8304  5422  2808
```

计算比例：

```
> prop.table(table(diamonds$color))
        D          E          F          G          H          I          J
0.12560252 0.18162773 0.17690026 0.20934372 0.15394883 0.10051910 0.05205784
```

把比例转换为百分比：

```
> prop.table(table(diamonds$color)) * 100
        D          E          F          G          H          I          J
12.560252  18.162773  17.690026  20.934372  15.394883  10.051910   5.205784
```

增加边际和：

```
> addmargins(prop.table(table(diamonds$color)))
        D          E          F          G          H          I          J
0.12560252 0.18162773 0.17690026 0.20934372 0.15394883 0.10051910 0.05205784
       Sum
1.00000000
```

上例用到的用于创建频数分布的函数描述如表 15-5 所示。

表 15-5　用于创建频数分布的函数

函　　数	描　　述
table(var1,var2,…,varN)	从 N 个类别变量(因子)生成 N 维交叉表(contingency table)
xtabs(formula,data)	在数据框或矩阵上根据公式(formula)生成 N 维交叉表
prop.table(table,margins)	根据边际参数 margins 计算比值(fractions)
margin.table(table,margins)	根据边际参数 margins 计算和
addmargins(table,margins)	增加边际汇总(summary margins,默认求和)
ftable(table)	紧凑的"平"的交叉表

【例 15-2】　使用条形图展示钻石颜色的频数分布：

```
ggplot(diamonds, aes(x = color)) +
  geom_bar() +
  theme_classic()
```

结果如图 15-5 所示。

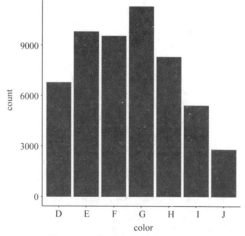

图 15-5　类别变量的频数分布

对于连续变量,或者取值范围较大的类别变量,就无法在每个取值上都计算频数。这种情况下,就应按照区间计算频数。这些区间称为"分箱"。

【例 15-3】　使用直方图展示钻石价格的频数分布。

```
ggplot(diamonds,aes(x = price)) +
  geom_histogram() +
  theme_classic()
```

默认的分箱数是 30,结果如图 15-6 所示。

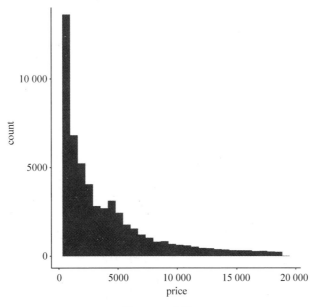

图 15-6　分箱

概率密度实际上是对直方图中的频数 $h(x)$ 进行归一化处理来估计概率:

$$p(x=k) = \frac{h(k)}{\sum\limits_{x \in X} h(x)}$$

15.5　样本平均数的分布

尽管选自同一个总体,但是两个独立的样本多半是不同的。样本平均数的分布是在一个总体中所有可能的固定大小(n)的随机样本平均数的集合。

考虑一个只含有 4 个数据的总体:2,4,6,8。那么取自这个总体的 $n=2$ 的样本平均数的集合就是 $n=2$ 的样本平均数分布。总共有 $4 \times 4 = 16$ 个不同的样本,其平均数 M 如表 15-6 所示。

表 15-6　平均数

第一个数	第二个数	平均数 M
2	2	2
2	4	3

续表

第一个数	第二个数	平均数 M
2	6	4
2	8	5
4	2	3
4	4	4
4	6	5
4	8	6
6	2	4
6	4	5
6	6	6
6	8	7
8	2	5
8	4	6
8	6	7
8	8	8

那么样本平均数的分布如表 15-7 所示。

表 15-7   平均数的分布

M	0	2	3	4	5	6	7	8	9
频数	0	1	2	3	4	3	2	1	0

比较样本平均数与总体平均数,可以看出,样本平均数聚集在总体平均数(5)附近;样本平均数分布近似正态分布。

实际情况中,总体和样本都很多,几乎无法枚举出所有样本的平均数 M。中心极限定理指出了样本分布的形状、集中趋势和变异性;同时指出样本平均数趋于正态分布的速度很快,当 $n=30$ 时,分布就几乎是正态分布了。对于任意平均数为 μ,标准差为 σ 的总体,大小为 n 的样本平均数的分布具有平均数 μ,标准差 $\dfrac{\sigma}{\sqrt{n}}$,并且当 n 趋于无穷时,分布趋于正态分布。这就是中心极限定理。大数定律指出,样本容量 n 越大,样本平均数同总体平均数接近的可能性越大。

样本平均数分布的标准差称为标准误(standard error)。标准误用来衡量抽样误差,标准误越小,表明样本统计量与总体参数越接近,用样本推断总体参数的可靠性越高。

标准误测量了一个样本平均数 M 和总体平均数 μ 之间的标准距离。它表明使用样本平均数估计总体平均数的误差有多大。统计推断使用样本数据来给出关于总体参数的一般结论,所以,标准误在统计推断中扮演重要角色。

系统误差指在同一条件下多次测量时恒定的误差。例如,某个皮尺由于使用过久而被拉长,那么凡使用这个皮尺进行的测量都存在系统误差。

过失误差指在测量、记录或者计算过程中不应有的错误。例如,录入时把 9 录为键盘旁边的 0 等。

随机误差也称为偶然误差,指相同条件下多次测量时,数据绝对值的变化时大时小,符号的变化时正时负。但均值趋于 0。例如,偶然的天气因素(如气温、气压、湿度、风力等)对 1000 米跑造成的误差。

15.6　描述性统计

描述性统计的目标是认识数据。通常使用数据分布的形状、集中趋势和变异性来了解数据的整体特征。从数据分布形状上看,几乎所有分布都可分为两类:对称分布和偏态分布。如果通过中心画一条垂直线能够使分布的一侧成为另一侧的镜像,那么该分布是对称的。如果把变小变细的部分称为分布的尾,那么尾在右侧的偏态分布称为正偏态分布(右侧是 X 轴的正方向);尾在左侧的偏态分布称为负偏态分布。

15.6.1　集中趋势

集中趋势用以测量分布中心的位置。集中趋势的目的是找到最典型的或最能代表整个组的单个数值。有三种集中趋势的度量:平均数、中位数和众数。每个度量适用于不同情形。

给定随机变量 X,N 是总体的个数,有限总体的平均数定义为

$$\mu = \frac{\sum X}{N}$$

设 n 是样本大小,那么样本平均数(均值)的定义为

$$M = \frac{\sum X}{n}$$

假设有两组独立样本,其样本个数分别是 n_1 和 n_2,变量分别是 X_1 和 X_2,整体平均数为

$$M = \frac{\sum X_1 + \sum X_2}{n_1 + n_2}$$

样本平均数容易受极端数据的影响,中位数对极值缺乏敏感性。中位数是把数据按照从小到大的顺序排列,位于中间的数据。如果有 N 个数,当 N 为奇数时,则中间数的位置为 $(N+1) \div 2$;当数据个数为偶数时,中位数为中间两个数的平均数,中间两个数是 $N \div 2$ 位置上的数和 $N \div 2 + 1$ 位置上的数。对应连续变量,通常使用平均数。然而当一个分布含有几个与其他取值非常不同的极值时,那么平均数就不能很好地代表整个分布了。而中位数不受极值的影响。另外,NA 值影响了平均数,但不影响中位数。对于有序的类别变量,中位数则是较合理的、常用的集中趋势度量。

众数是一组数据中出现次数最多的数据,即频数最大的数据。注意,众数不是频数。众数可能不止一个。众数是描述类别变量(非有序)集中趋势的唯一选择。

15.6.2　变异性

如果一个分布中的数据都是相同的,那么该分布没有变异性(variation);如果数据之间

有微小的不同,那么存在轻微变异;如果在数据之间有很大不同,则存在明显变异性。变异性是一个分布中数据分散程度的描述。

以分布的平均数作为参照点,计算所有数据与平均数的距离:$X-\mu$。由于这个距离有正有负,而且其总和一定为 0,因此可通过平方把符号去掉,然后使用所有平方值计算一个平均数,称为方差(variance)。标准差(standard deviation)就是方差的平方根。方差和标准差度量了变异性。

平方和(SS):所有数据与平均数的距离($X-\mu$)平方的总和:

$$SS = \sum (X - \mu)^2$$

总体方差:

$$\sigma^2 = \frac{SS}{N}$$

总体标准差:

$$\sigma = \sqrt{\sigma^2}$$

样本平方和(SS):所有数据与平均数的距离($X-M$)平方的总和:

$$SS = \sum (X - M)^2$$

样本方差:

$$s^2 = \frac{SS}{n-1}$$

样本标准差:

$$s = \sqrt{s^2}$$

在公式中使用 $n-1$ 代替了 n,目的是得到一个较大结果,使样本方差成为对总体方差的较精确无偏估计。如果从很多不同样本中得到的样本统计量的平均数等于相应的总体参数,则样本统计量是无偏的;反之,样本统计量是有偏的。

假设总体中的 N 个点分布在如图 15-7 所示数轴上。其均值的位置(虚线圆圈)假设如图 15-8 所示。

图 15-7   N 个点的分布

图 15-8   均值

如果样本(实线圆圈)刚好分布在总体均值左右,如图 15-9 所示。

图 15-9   样本分布

那么用这 4 个样本的方差估计总体的方差偏离不大;但是,很多情况下,样本的分布并不是期望的那样(均匀),例如极有可能像如图 15-10 那样分布。

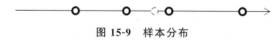

图 15-10   很多情况下的样本分布

此时样本均值在三角形标记的位置上,偏离总体均值很多。这样样本的方差就会比总体的方差小,甚至很小。此时样本方差就低估了总体方差。所以在样本方差的计算中使用 $n-1$ 作为分母而不是 n 作为分母以进行更好的统计。

假设一个 $n=3$ 的样本,平均数 $M=6$。如果第 1 个数被随机确定为 3,第 2 个数被随机确定为 9,那么第 3 个数就不能再任意确定,只能为 6。一般而言,一个有 n 个数据的样本,最初的 $n-1$ 个数据可以自由变化,而最后一个是被限制的。这种情况下,称为样本的自由度(degree of freedom,df)为 $n-1$。自由度决定样本中可以自由改变的数据的个数。

变异系数(coefficient of variation)适用于不同组间观察指标的度量衡单位不相同,或虽单位相同但均数相差较大时的变异程度的比较。例如,比较某学生 50 米跑的成绩与 1000 米跑的成绩哪个稳定时,遇到的问题是 50 米跑的单位是秒;而 1000 米跑的单位是分钟。变异系数又称"离散系数",是概率分布离散程度的一个归一化量度。变异系数定义为标准差与均值之比:

$$CV = \frac{s}{\bar{x}}$$

变异系数兼顾了标准差和均值,避免了数据度量单位不同或者均值不等的限制。在生物学中,CV 小于 0.1 认为是稳定的。R 语言实现方法:$sd(x)/mean(x)$。

使用描述集中趋势的均值 μ 和描述变异性的标准差 σ 就可以很好地描述任何一种分布,一般表示为:$\mu \pm \sigma$。

除了使用方差、标准差、变异系数度量变异性,还有极差(range)、四分位距、均方差(mean square deviation)、均方误差(mean square error)、绝对中位差(median absolute deviation)等。极差就是最大值与最小值之差,也是数据分散程度的度量。极差描述了数据的范围,但无法描述其分布状态,且对极值敏感,极值的出现使得数据集的极差有很强的误导性。一个分布中最大值与最小值之差也称为全距。四分位距是一个稳健(robust)的度量,通常与中位数组合使用。当存在离群点时,绝对中位差用来稳健地估计标准差。设 M_e 是中位数,分散系数(coefficient of dispersion)的定义如下:

$$CD = \frac{MAD}{M_e} = \frac{\frac{1}{n}\sum_{i=1}^{n}|x_i - M_e|}{M_e} = \frac{1}{n}\sum_{i=1}^{n}\left|\frac{x_i - M_e}{M_e}\right|$$

均方误差:

$$MSE = \frac{1}{n}\sum_{i=1}^{n}(x_i - a)^2$$

使用杠杆可以实现四两拨千斤,力学中使用力矩度量力的作用效果。同理,距(moment)是综合数据的大小和发生的概率的度量。第一中心矩(the first central moment)度量集中的趋势,就是平均数;第二中心矩(the second central moment)度量离散的趋势,即方差;第三中心矩(the third central moment)度量偏态,即分布对称的程度,正态分布的第三中心距是 0,表示左右对称,正数表示向左偏,负数表示向右偏;第四中心矩(the fourth central moment)度量峰态,即分布的尖峰程度,正态分布的第四中心矩是 $3\sigma^4$。对第四中心距进行规范的就是 Kurtosis 系数。Kurtosis 等于 0 表示等同于正态分布;如果小于 0,表示比正态分布更平、更低,尾部更薄;如果大于 0,表示比正态分布更尖、更高,尾部更厚。

其他描述性统计使用的方法和度量有箱线图（转点、中位数、须、四分位距等）、直方图（离差、分组大小、分组数、拟合优度等）、聚集性（熵、Gini 系数、Lorenz 曲线）等。最常用的就是标准差和四分位距。实现描述性统计的 R 函数如表 15-8 所示。

表 15-8　实现描述性统计的 R 函数

描　　述	R　函　数	描　　述	R　函　数
均值（mean）	mean()	范围（minimum，maximum）	range()
标准差（standard deviation）	sd()	四分位数	quantile()
方差（variance）	var()	四分位距（interquartile range）	IQR()
最小值（minimum）	min()	通用函数	summary()
最大值（maximum）	max()	茎叶图（stem-and-leaf plot）	stem()
中位数（median）	median()		

通过样本分布与正态分布偏离程度显著性检验（significance test）可判断样本分布的正态性。正态性检验（normality test）的方法有 Kolmogorov-Smirnov（K-S）检验、Shapiro-Wilk 检验等。Kolmogorov-Smirnov 检验用于检验样本是否来自特定分布（包括正态分布）。使用 Kolmogorov-Smirnov 检验来比较样本的累积分布函数（CDF）与理论正态分布的 CDF 之间的差异检验正态性。Kolmogorov-Smirnov 正态性检验可用 R 函数调用 ks.test(x,"pnorm",mean＝mean(x),sd＝sd(x))。Shapiro-Wilk 检验是一种经典的正态性检验方法，适用于不超过 2000 个观测的较小样本。检验的原假设是"样本分布是正态的"。R 函数 shapiro.test 实现了单变量 Shapiro-Wilk 正态性检验。如果 p 值大于 0.05 意味着样本的分布与正态分布没有显著差异，可以接受原假设。正态性检验对样本敏感，小容量样本很容易通过检验。与 Q-Q 图（Quantile-Quantile plot）综合判断样本的正态性更可靠些。Q-Q 图展示给定样本与正态分布之间的偏离程度，其中 45°角的参考线表示完全吻合。

【例 15-4】　使用茎叶图展示 setosa 类鸢尾花的 Sepal.Length 分布。

```
> stem(iris[1:50,1])
  The decimal point is 1 digit(s) to the left of the |

  42 | 0
  44 | 0000
  46 | 000000
  48 | 000000000
  50 | 0000000000000000
  52 | 0000
  54 | 0000000
  56 | 00
  58 | 0
```

茎叶图的效果类似直方图。分位数函数 quantile 返回向量的分位数分布。

【例 15-5】　计算 setosa 类鸢尾花的 Sepal.Length 的 0%、25%、50%、75%、100%四分位数。

```
#calculate quartiles
quantile(iris[1:50,1], probs = seq(0, 1, 1/4))
  0%  25%  50%  75% 100%
 4.3  4.8  5.0  5.2  5.8
```

【例 15-6】　计算 setosa 类鸢尾花的 Sepal.Length 的五分位数。

```
#calculate quintiles
quantile(iris[1:50,1], probs = seq(0, 1, 1/5))
  0%  20%  40%  60%  80% 100%
4.30 4.70 4.96 5.10 5.32 5.80
```

【例 15-7】　计算 setosa 类鸢尾花的 Sepal.Length 的十分位数。

```
#calculate deciles
quantile(iris[1:50,1], probs = seq(0, 1, 1/10))
  0%  10%  20%  30%  40%  50%  60%  70%  80%  90% 100%
4.30 4.59 4.70 4.80 4.96 5.00 5.10 5.10 5.32 5.41 5.80
```

在描述性统计中往往需要检验数据的正态性。假设有服从未知分布 P 的样本 $X_1, \cdots,$ X_n，如果想要检验 P 等于特定分布 P_0 的假设，即在以下假设之间决策：

$$H_0 : P = P_0$$

$$H_1 : P \neq P_0$$

可使用 Kolmogorov-Smirnov 检验。

【例 15-8】　检验 setosa 类鸢尾花的 Sepal.Length 和 Sepal.Width 是否来自同一分布。

```
> ks.test(iris[1:50,1], iris[1:50,2])
        Exact two-sample Kolmogorov-Smirnov test
data:  iris[1:50, 1] and iris[1:50, 2]
D = 0.98, p-value < 2.2e-16
alternative hypothesis: two-sided
```

【例 15-9】　检验 setosa 类鸢尾花的 Sepal.Length 的正态性。

```
>ks.test(iris[1:50,1], "pnorm", mean = mean(iris[1:50,1]), sd = sqrt(var(iris[1:
50,1])))
        Asymptotic one-sample Kolmogorov-Smirnov test
data:  iris[1:50, 1]
D = 0.11486, p-value = 0.5245
alternative hypothesis: two-sided
```

数学期望（mathematic expectation）是试验中每次可能结果的概率乘以对应值的总和，简称期望。简单来说期望就是加权平均值。假设每次掷骰子赌注 1 元，如果掷出 6 则赢 3 元，掷出 5 则赢 2 元。那么六种可能的结果的净值如下：

1：−1 元

2：−1 元

3：−1 元

4：−1 元

5：2 元收益−1 元赌注＝＋1 元

6：3 元收益−1 元赌注＝＋2 元

每种结果的概率是 1/6。1/6 ≈ 0.167。把概率和净值相乘，然后累加起来，就是数学期望：

$$-1 \times 0.167 + (-1) \times 0.167 + (-1) \times 0.167 + (-1) \times 0.167$$
$$+1 \times 0.167 + 2 \times 0.167 = -0.167$$

如果下注 100 次，最后趋近于输掉 16.7 元。

15.7   探索性数据分析

探索性数据分析是数据分析中的重要环节，其目标是理解数据。

描述性统计相当于探索单个变量的总体特征。例如，用直方图、箱线图探索其分布。探索性数据分析则关注探索变量间的关系，也称为探索协变化。协变化是两个或多个变量的值以一种相关的方式一起变化。识别出协变化的最好方式是，将两个或多个变量的关系可视化，然后进行相关分析、因果分析等。

探索两个类别变量相关性的一般步骤是：应用条形图可视化；使用交叉表描述统计量；假设检验（卡方独立性检验等）。

探索类别变量与连续变量相关性的一般步骤是：按类别变量分组的箱线图、直方图、概率密度曲线可视化；按类别变量分组汇总；假设检验（t 检验、方差分析）等。

探索连续变量相关性的一般步骤是：可视化和计算线性相关系数。对于两个连续变量，应用散点图、折线图可视化；对于三个连续变量可用气泡图可视化；散点图矩阵用于多个自变量可视化。

15.7.1   皮尔逊相关

标准差和方差是用来描述单个变量的，但我们常常遇到含有多个变量的数据集，例如身高与体重、数学成绩与外语成绩等。面对这样的数据集，我们想了解身高与体重之间、数学成绩与外语成绩之间是否存在相关性。协方差就是这样一种用来度量两个随机变量关系的统计量。方差的定义如下：

$$\mathrm{var}(X) = \frac{\sum_{i=1}^{n}(X_i - \overline{X})(X_i - \overline{X})}{n-1}$$

定义协方差：

$$\mathrm{cov}(X,Y) = \frac{\sum_{i=1}^{n}(X_i - \overline{X})(Y_i - \overline{Y})}{n-1}$$

协方差度量了两个变量协同偏离各自平均数（离均差）的程度。协同偏离指两个变量同时增加或者减少。如果变量 Y 跟着变量 X 同时变大，那么协方差就是正值；否则，就是负值。如果协方差为正，则说明两个变量正相关，结果为负就说明负相关。

协方差的性质：

$$\mathrm{cov}(X,X) = \mathrm{var}(X)$$
$$\mathrm{cov}(X,Y) = \mathrm{cov}(Y,X)$$

相关系数是英国统计学家皮尔逊（K. Pearson）提出的，因而又称皮尔逊相关系数

（Pearson correlation coefficient）。在概念上，皮尔逊相关系数：

$$r = \frac{X \text{ 和 } Y \text{ 共同变化的程度}}{X \text{ 和 } Y \text{ 单独变化的程度}}$$

X 和 Y 共同变化的程度使用协方差度量；X 和 Y 单独变化的程度使用标准方差度量。所以，r 定义为两个变量之间协方差和标准方差之比：

$$r = \frac{\text{cov}(X,Y)}{s_X s_Y}$$

其中：

$$\text{cov}(X,Y) = \frac{\sum_{1}^{n}(X_i - \overline{X})(Y_i - \overline{Y})}{n-1}$$

$$s_X = \sqrt{\frac{\sum_{1}^{n}(X_i - \overline{X})^2}{n-1}}, \quad s_Y = \sqrt{\frac{\sum_{1}^{n}(Y_i - \overline{Y})^2}{n-1}}$$

也就是：

$$r = \frac{\sum_{1}^{n}(X_i - \overline{X})(Y_i - \overline{Y})}{\sqrt{\sum_{1}^{n}(X_i - \overline{X})^2 \sum_{1}\sum(Y_i - \overline{Y})^2}}$$

其中，$\text{cov}(X,Y)$ 为变量 X 与 Y 的协方差，s_X 为 X 的标准方差，s_Y 为 Y 的标准方差。用标准方差去除变量的离均差的目的是消除量纲影响，把离均差换算为没有单位的一个比率。例如研究身高与体重是否相关时，就要消除身高的单位 cm 和体重单位 kg 不同造成的影响。

两个变量的离均差相乘的目的是反映变量离均差间的"一致性"：X 离均差增大，Y 离均差增大，相乘结果也增大。如果一个变量 X 和另外一个变量 Y 趋于同时变大或者变小，则称这两个变量相关（correlation）。

皮尔逊相关系数的 R 函数实现：

```
pearsonCoefficient <- function(X,Y){
    XMean <- mean(X)
    YMean<-mean(Y)
    r <- sum((X-XMean) * (Y-YMean))/sqrt(sum((X-XMean)^2) * sum((Y-YMean)^2))
    r
}
```

X 和 Y 不相关，通常认为 X 和 Y 之间不存在线性关系，但并不能排除 X 和 Y 之间可能存在其他关系；若 X 和 Y 独立，则必有 X 和 Y 不相关。

若变量 X 增加，变量 Y 也相应增加，称为正相关，此时相关系数属于 $(0,1)$；如果相关系数为 1，则称为完全正相关，如图 15-11 所示。

若变量 X 增加，变量 Y 却减少，称为负相关，此时相关系数属于 $(-1,0)$；如果相关系数为 -1，则称为完全负相关，如图 15-12 所示。

如果相关系数为 0，则称为零相关或者无相关。零相关表示变量 X 和 Y 没有线性关

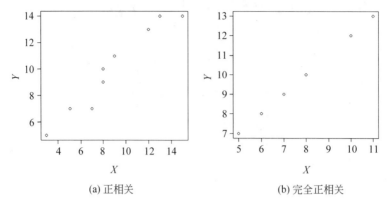

(a) 正相关   (b) 完全正相关

图 15-11　正相关和完全正相关

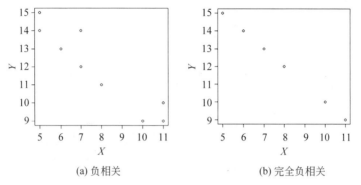

(a) 负相关   (b) 完全负相关

图 15-12　负相关和完全负相关

系,但是否有其他关系不知道,例如,圆 $y=x^2$ 上的点零相关,但存在关系。

$0<|r|<1$ 表示变量之间存在不同程度的线性相关,直观上看:

$|r|\leqslant0.3$:不存在线性相关。

$0.3<|r|\leqslant0.5$:存在线性相关,但是相关不明显。

$0.5<|r|\leqslant0.8$:存在强线性相关,存在明显的相关。

$|r|>0.8$:存在极强的线性相关。

从散点图上看,这些点可能趋于一条直线,即线性相关;也可能趋于一条曲线。

相关并不意味着存在因果。例如,学生出勤率与考试成绩正相关,并不意味着因为常听课所以成绩高。相关系数很大也可能并不显著相关,需要做假设检验进行判断。

皮尔逊相关的假设检验的基本问题在于总体中是否存在相关。原假设是“在总体中不存在相关”;备选假设是“在总体中存在相关”。

通常,样本的统计量与总体的参数总是存在一些不同(取样误差),因此,样本相关与相应的总体相关总是存在误差。也就是说,即使总体完全不相关,也可能存在相关的样本。假设检验的目的在于对于下面两个命题进行取舍:样本的非零相关是取样误差的结果和样本的非零相关代表了总体真实的非零相关。

皮尔逊假设检验的自由度 $\mathrm{df}=n-2$。因为当只有两个点时,样本一定是完全正相关或者完全负相关。只用含有多于 2 个点的数据时,样本相关才能自由变化。

当样本 $n=30$ 并且 α 水平是 0.05 时,自由度是 28,双尾检验的值为 0.361。因此,样本的相关系数必须大于或等于 0.361 才能得出显著相关的结论。任何为 $-0.361 \sim 0.361$ 的样本相关系数都被认为处于取样误差范围,因而不显著。

r^2 称为决定系数(determination coefficient),这个值表示了变量 Y 的变异由变量 X 的变异而确定的概率。例如,如果 $r=0.8$ 或者 $r=-0.8$,意味着 Y 的 64%(0.8^2) 的变异是由 X 确定的。r^2 也可以作为预测准确性的度量,例如使用高中的成绩预测大学申请者的学习能力。

假设数据集中有 n 个变量,则协方差矩阵为

$$\boldsymbol{C}_{n \times n} = (c_{i,j})$$

其中:

$$c_{i,j} = \mathrm{cov}(X_i, X_j)$$

这里只是随机向量协方差矩阵真实值的一个估计,即由样本的统计量来估计,随着样本取值的不同会发生变化,故而所得的协方差矩阵是依赖采样样本的,并且样本的数量越多,样本在总体中的覆盖面越广,则所得的协方差矩阵越可靠。

经标准化的样本数据的协方差矩阵就是原始样本数据的相关矩阵。这里所说的标准化指正态化,即将原始数据处理成均值为 0,方差为 1 的标准数据。

【例 15-10】　某班 10 名学生引体向上(X)和俯卧撑(Y)的测量结果如下,计算相关系数。

引体向上	俯卧撑
3	7
6	11
8	10
7	7
10	14
6	9
11	14
5	7
5	6
7	5

解:

第一步,计算 X 的均值和 Y 的均值:7 和 9。

第二步,计算 X 与 X 均值之差,Y 与 Y 的均值之差,计算二者内积为 52,得协方差:$52 \div (10-1) \approx 5.78$。

第三步,计算 X 和 Y 的标准差:2.39、3.2。

第四步,计算相关系数:$5.78 \div (2.39 \times 3.2) \approx 0.76$。

cor.test()和 cor()都是 R 内置包里的函数,两者的差别仅为 cor()只给出相关系数一个值,cor.test()给出相关系数、p 值等。

```
cor(X,Y)
[1] 0.76
```

10 个学生的测量结果未必能够代表总体。可以使用 cor.test 函数进行显著性检验,原假设变量间不相关(即相关系数为 0):

```
> cor.test(X,Y)
        Pearson's product-moment correlation

data:   X and Y
t = 3.2538, df = 8, p-value = 0.01163
alternative hypothesis: true correlation is not equal to 0
95 percent confidence interval:
0.2383558 0.9384174
sample estimates:
      cor
0.7547178
```

cor.test 函数返回结果中的 t 是个统计量；df 是自由度；p-value 是 t 检验的显著性水平；confidence interval 是置信区间；cor 是估计的相关系数。因为 p-value＝0.011 63，远远小于 0.05，所以拒绝"不相关"的原假设，X 和 Y 显著相关，相关系数为 0.754 717 8。

【例 15-11】 使用 mtcars 数据集，分析油耗（mpg）和车身质量（wt）的相关性。

首先绘制散点图，观察两个变量是否线性关系：

```
ggplot(data=mtcars) +
  geom_point(aes(x = wt, y = mpg )) +
  theme_bw()
```

结果如图 15-13 所示。

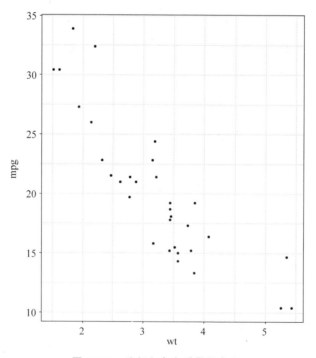

图 15-13　油耗和车身质量散点图

然后检验变量 mpg 和 wt 的正态性：

```
> shapiro.test(mtcars$mpg)
        Shapiro-Wilk normality test
```

```
data:  mtcars$mpg
W = 0.94756, p-value = 0.1229
> shapiro.test(mtcars$wt)
        Shapiro-Wilk normality test
data:  mtcars$wt
W = 0.94326, p-value = 0.09265
```

两个 p 值均高于显著性水平 0.05,有证据说明是正态分布。如果数据不是正态分布,建议使用非参数相关性检验,比如 Spearman(斯皮尔曼)和 Kendall(肯德尔)基于等级的相关性检验。

皮尔逊相关性检验:

```
> res <- cor.test(mtcars$wt, mtcars$mpg, method = "pearson");res
        Pearson's product-moment correlation
data:  mtcars$wt and mtcars$mpg
t = -9.559, df = 30, p-value = 1.294e-10
alternative hypothesis: true correlation is not equal to 0
95 percent confidence interval:
-0.9338264  -0.7440872
sample estimates:
        cor
-0.8676594
```

p 值约为 0,小于显著性水平 0.05,拒绝原假设,mpg 和 wt 显著相关,相关系数为 $-0.867\ 659\ 4$。

15.7.2　斯皮尔曼等级相关

皮尔逊相关系数衡量了两个连续变量之间的线性相关程度,要求连续变量的取值服从正态分布;斯皮尔曼等级相关系数衡量两个变量的秩(取值的排名,不是其原始值)的相关程度,不假设变量服从正态分布,也不要求必须是连续变量,通常用于计算类别变量与连续变量之间的相关性;肯德尔系数与斯皮尔曼系数都是等级相关系数,即其值与两个相关变量的具体值无关,而仅仅与其值的大小关系有关。

斯皮尔曼等级相关来源于一个观察:如果 X 的最小值与 Y 的最小值相对应,X 的次小值与 Y 的次小值相对应,以此类推,那么 X 和 Y 正相关。若用 (X_i, Y_i),$i=1,2,\cdots,n$,表示两个变量的等级,则此时的相关系数称为斯皮尔曼等级相关系数,也称为斯皮尔曼秩相关系数。"秩"就是排名。计算公式:

$$r_{\mathrm{S}} = 1 - \frac{6\sum d_i^2}{n(n^2-1)}$$

其中,n 表示数据的个数,d_i 表示两个数据排名之差:

$$d_i = \mathrm{rg}(X_i) - \mathrm{rg}(Y_i)$$

无论两个变量的总体分布形态、样本容量的大小如何,都可以用斯皮尔曼等级相关系数来进行研究。表 15-9 中的原始数据用于计算人的智商(X)与每周使用智能手机的小时数(Y)之间的相关性。

表 15-9 智商(**X**)与每周使用智能手机的小时数(**Y**)

智商(**X**)	每周使用智能手机的小时数(**Y**)	智商(**X**)	每周使用智能手机的小时数(**Y**)
106	7	103	29
86	0	97	20
100	27	113	12
101	50	112	6
99	28	110	17

按第一列排序数据,创建一个新列 rank X_i,并为其分配排名值 $1, 2, 3, \cdots, 10$。

接下来,创建第四列 rank Y_i,并且类似地为其分配排名值 $1, 6, 8, \cdots, 4$。

创建第五列 d_i,为 rank X_i 与 rank Y_i 之差;

创建最后一列,计算 d_i 的平方。

结果如表 15-10 所示。

表 15-10 创建新列

X_i	Y_i	rank X_i	rank Y_i	d_i	d_i^2
86	0	1	1	0	0
97	20	2	6	-4	16
99	28	3	8	-5	25
100	27	4	7	-3	9
101	50	5	10	-5	25
103	29	6	9	-3	9
106	7	7	3	4	16
110	17	8	5	3	9
112	6	9	2	7	49
113	12	10	4	6	36

d_i 的平方的累加是 194,代入斯皮尔曼等级相关系数公式:

$$r_S = 1 - \frac{6 \times 194}{10 \times (10^2 - 1)}$$

得 $r_S = 1 - 194 \div 165 = -29 \div 165 \approx -0.175\,757\,575$,$p = 0.627\,188$(使用 t 分布)。

尽管负值表明看手机的时间越长智商越低,但系数表明智商和看手机的时间之间的相关性非常低。

斯皮尔曼等级相关系数的计算可以由函数 cor 实现。

【例 15-12】 假设有两个变量:

```
X<- c(0.1, 0.15, 0.2, 0.25, 0.3, 0.35, 0.4, 0.45, 0.5, 0.55)
Y<- c(1, 0.95, 0.95, 0.9, 0.85, 0.7, 0.65, 0.6, 0.55, 0.42)
```

使用 R 函数 cor 代入 X 及 Y 计算斯皮尔曼等级相关系数:

```
cor(X, Y, method = "spearman")
[1] -0.9969651
```

计算结果是斯皮尔曼等级相关系数＝－0.996 965 1

假设 X、Y 无关,即 $H_0: r_s=0$,HA$:r_s \neq 0$。

使用 cor.test 代入 X 及 Y 计算斯皮尔曼等级相关系数并进行假设检验。由于有数值相同的数据(排序相同:tied rank),因此要设定 exact＝FALSE:

```
cor.test(X, Y, alternative = "two.sided", method = "spearman", exact = FALSE)
        Spearman's rank correlation rho
data:  X and Y

S = 329.5, p-value = 3.698e-10
alternative hypothesis: true rho is not equal to 0
sample estimates:  rho  -0.9969651
```

计算结果是斯皮尔曼等级相关系数＝－0.996 965 1

计算结果 $p<0.05$,$H_0: r_s=0$,不成立,X、Y 有关。

如计算结果 $p>0.05$,$H_0: r_s=0$,成立,X、Y 无关。

如果要检验 $H_0: r_s \geqslant 0$ & HA$: r_s<0$ 或 $H_0: r_s>0$ & HA$: r_s \leqslant 0$,alternative＝"less"。

如果检验 $H_0: r_s \leqslant 0$ & HA$: r_s>0$ 或 $H_0: r_s<0$ & HA$: r_s \geqslant 0$,alternative＝"greater"。

如果用于计算皮尔逊相关系数的两个变量 X 和 Y 是定序类型,那么其结果就是斯皮尔曼等级相关系数。

【例 15-13】 把两组定比数据 3,4,8,10,13 和 12,10,11,9,3 转换为定序数据,然后计算皮尔逊相关系数。

```
> X <- c(3,4,8,10,13)
> Y <- c(12,10,11,9,3)
> cor.test(rank(X), rank(Y), method = "pearson")
        Pearson's product-moment correlation
data:  rank(X) and rank(Y)
t = -3.5762, df = 3, p-value = 0.03739
alternative hypothesis: true correlation is not equal to 0
95 percent confidence interval:
-0.99343752 -0.08610194
sample estimates:
cor
-0.9
```

p 值为 0.037 39,小于显著性水平 0.05,X 和 Y 显著相关,相关系数是－0.9。

15.7.3 肯德尔相关

肯德尔相关认为如果随机变量 X 和 Y 相关,那么 X 和 Y 的相对排名也相同。对于随机变量 X 和 Y 的两对观测值 x_i,y_i 和 x_j,y_j,如果 $x_i<x_j$ 时 $y_i<y_j$,或者 $x_i>x_j$ 时 $y_i>y_j$,则称这两对观测是同序对(concordant pairs);如果 $x_i<x_j$ 时 $y_i>y_j$,或者 $x_i>x_j$ 时 $y_i<y_j$ 就是异序对(disordant pairs)。忽略 $x_i=x_j$ 和 $y_i=y_j$ 的情况。肯德尔相关不假设随机变量服从正态分布。

首先对随机变量排序,得到每个样本的排名;然后对排名对 (X_r,Y_r) 按照 X 排序;计算

同序对数 n_c 和逆序对数 n_d；按如下公式计算肯德尔相关系数：

$$r = \frac{n_c - n_d}{\frac{1}{2}n(n-1)}$$

其中，n 是样本容量，分母是所有可能的 (x_i, y_i) 对数。

【例 15-14】 两个裁判 X 和 Y 对运动员打分后的排名如表 15-11 所示，计算肯德尔相关系数。

表 15-11　裁判对运动员打分后的排名

运动员	裁判 X	裁判 Y	运动员	裁判 X	裁判 Y
1	2	3	4	5	5
2	4	4	5	1	2
3	3	1			

先把表 15-11 按 X 升序排序，然后观察 Y 的排名，如表 15-12 所示。

表 15-12　裁判 Y 相对于 X 的打分排名

裁判 X	裁判 Y	裁判 X	裁判 Y
1	2	4	4
2	3	5	5
3	1		

裁判 Y 的打分排名随裁判 X 的打分排名升序的 Y 的排名对有 $(2,3)$，$(2,4)$，$(2,5)$；$(3,4)$，$(3,5)$；$(1,4)$，$(1,5)$ 和 $(4,5)$，这样，同序对有 8 对；异序对有 $(2,1)$，$(3,1)$，即异序对有 2 对，如图 15-14 所示。

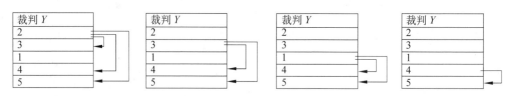

图 15-14　同序对和异序对

根据肯德尔相关系数公式，分子为 $8-2=6$，分母为 $5\times(5-1)\div2=10$，结果为 0.6。

肯德尔相关分类如下：

（1）如果两变量具有较强的正相关关系，则同序对数量比较大。

（2）如果两变量具有较强的负相关关系，则同序对数量比较小。

（3）如果两变量的相关性较弱，则同序对数量和异序对数量大致相等。

R 函数 cor(X,Y,method="kendall") 可用来计算肯德尔相关系数。

相关分析是基本的探索性分析技术，用于揭示变量间关联的程度。紧密关联的变量提示需要进一步探索是否存在因果关系或者其他关系。条件概率分析（Conditional Probability Analysis, CPA）是探索因果关系的途径之一。大多数数据集上的两两相关并不能展现未知，此时应采用多变量方法进行探索性数据分析。

R 函数 cor 计算相关系数,cor.test 计算相关系数和 p 值。用法如下:

```
cor(x, y, method = c("pearson", "kendall", "spearman"))
cor.test(x, y, method=c("pearson", "kendall", "spearman"))
```

如果数据中含有缺失值,那么使用 use 参数,例如:

```
cor(x, y, method = "pearson", use = "complete.obs")
```

15.8 z 分 数

线性回归等模型的目的是寻找最优拟合直线,前提条件是需要对所有变量归一化,使其范围和分布具有可比性。z 分数是主要的归一化方法。

从观测中直接得到的原始的、没有经过转换的分数称为原始分数 X。一个 z 分数由两部分组成:符号(+和−)和数值。符号部分表示这个分数比平均数高(+)还是低(−);数值是该分数到平均数的距离:

$$z = \frac{X - \mu}{\sigma}$$

分布中的每个 X 值都可以转换成一个相应的 z 分数。这个转换的结果是把关于 X 值的分布变成了关于 z 分数的分布。这个分布具有以下性质:

(1) z 分数分布的形状同原始分布的形状完全相同。

(2) z 分数分布的平均数总是为 0。

(3) z 分数分布的标准差总是为 1。

z 分数分布被称为标准化分布。把分布标准化使得对来自不同分布的不同分数进行比较成为可能。

虽然在考虑总体的时候经常使用 z 分数,对于样本也可以定义 z 分数:样本中每个值 X 都可转换成 z 分数,一个 z 分数由两部分组成:符号(+和−)和数值。符号部分表示这个分数比样本平均数高(+)还是低(−);数值是该分数到样本平均数的距离:

$$z = \frac{X - M}{s}$$

z 分数需要知道总体标准差才能计算标准误。但是大多数情况下,总体的标准差是未知的,这种情况下,就可以使用 t 分数来代替 z 分数。如前文所述:

样本方差:

$$s^2 = \frac{SS}{n - 1}$$

样本标准差:

$$s = \sqrt{s^2}$$

样本平均数分布的标准差 M 的标准误:

$$\sigma_M = \frac{\sigma}{\sqrt{n}} \quad \text{或者} \quad \sigma_M = \sqrt{\frac{\sigma^2}{n}}$$

现在使用样本方差代替总体方差,形成估计标准误:

$$s_M = \frac{s}{\sqrt{n}} \quad 或者 \quad s_M = \sqrt{\frac{s^2}{n}}$$

一个好的评分函数之所以"好",是因为满足以下性质:

(1)易于理解。能够被直观地解释和理解。身体质量指数,即体质指数(Body Mass Index,BMI),是国际上常用的衡量人体胖瘦程度以及是否健康的一个指标。其计算公式为 $\frac{体重}{身高^2}$。BMI就很容易理解,因为比如从直观上看,肥胖的人体重也大,所以BMI的计算公式中把体重作为分子。"根据身高调整体重"解释了肥胖的原因。

(2)易于计算。BMI只需计算一个平方数和一个分数。

15.9 假设检验

假设检验是一种统计方法,它使用样本数据评估关于总体参数的假设。假设检验的基本思想是反证:首先提出一个假设 H_0,称为原假设(null hypothesis),再使用统计方法计算假设成立的可能性(p 值)。如果可能性低于0.05或者0.01,则认为假设 H_0 不成立。原假设不成立,则只好接受备选假设(alternative hypothesis)。

虽然人们常说"窥一斑而知全豹",但未必是豹。只根据样本统计量推断总体参数有可能犯错。问题是犯错的可能性有多大就可以接受这种推断呢?统计学家基于小概率反证法思想开发了假设检验这一统计方法来回答。先提出原假设(也称为零假设),接着在原假设为真的前提下,把从样本计算出的统计量值与统计学家建立的这些统计量应服从的概率分布进行对比,就可以知道得到目前结果的可能性(p 值)有多大。若很小,则认为是基本不会发生的小概率事件,拒绝原假设,从而接受备选假设;否则就是不能拒绝原假设(具有统计学上的意义)。

p 值是在原假设为真时,样本统计量出现的概率。p 值越小,拒绝原假设的证据越充分。从某种意义上来说,p 值体现了如果原假设成立,一个人看到样本时的奇怪程度。p 值越小,我们获得的样本在原假设成立的前提下越不可能出现。而当 p 值小到一定程度(5%)时,称为"统计上显著"(statistically significant),有证据拒绝原假设,因为可能性这么小的事件几乎不可能发生。

A 和 B 两个人通过抛硬币决定谁买单:正面 A 买单,反面 B 买单。抛了5次,结果都是正面。抛5次得到了5个正面,这就是样本。把"硬币是均匀的"作为原假设,连抛5次都是正面的概率就是0.5的5次方,也就是0.03125,这就是所说的 p 值。经验表明,得到这样的结果实在太不可能了。与其相信这样的小概率事件真的发生了,不如相信这枚硬币根本就是不均匀的。

考虑在 H_0 的假设下,可能得到的样本平均数和不太可能得到的样本平均数,即大概率样本和小概率样本。那么什么是"大",什么是"小"?即应选择一个特定的概率值,这个值称为假设检验的显著性水平,也称为 α 水平。不太可能出现的值构成了临界区域。如果从研究数据中得出了临界数据中的样本平均数,那么拒绝原假设。在统计学中,常用 $p=0.05$。因为"抛硬币买单"的实验样本对应的 p 值小于0.05,所以就可以拒绝了假设"硬币均匀",认为硬币是偏向正面的。

可能错误地拒绝了原假设,只是拒绝的可能性足够小而已。p 值小于 0.05 也并不意味着备选假设为真的概率是 0.95,因为 p 值只相对于原假设而言,与备选假设的真假无关。

原假设陈述没有任何改变,什么也没有发生,因此称为"虚无",使用符号 H_0 表示。原假设的一般形式如下:

H_0:总体参数 $=$、$\leqslant$ 或 $\geqslant$ 某值。

备选假设陈述了存在改变、差异或相关。使用符号 H_1 表示:

H_1:总体参数 $\neq$、$>$ 或 $<$ 某值。

备选假设可以只陈述存在改变,不关心是增加还是减少。在一些情况下,研究者可以规定改变的方向,这种假设导致了方向性假设检验。假设检验有三种类型:

单尾检验(one-tailed test):备选假设中含有 $<$ 或 $>$。

双尾检验(two-tailed test):备选假设中含有 $\neq$。

【例 15-15】　已知某省 6 岁儿童每周观看手机时长是正态分布的,平均数为 12 小时,标准差为 2 小时。研究者选取了 16 个 6 岁儿童,指导其父母增加户外活动以减少观看手机时长。1 年后,测量统计观看手机时长并计算样本平均数。如果样本平均数与总体平均数显著不同,那么研究者就能做出增加户外活动对儿童观看手机时长有影响的结论。

步骤 1:陈述假设。

H_0:增加户外活动,6 岁儿童的每周观看手机时长平均数仍然是 12 小时。使用统计语言表述:

$$H_0:\mu_{\text{增加户外活动后的6岁儿童}} = 12 \text{ 小时}$$

H_1:增加户外活动,6 岁儿童的每周观看手机时长不是 12 小时。使用统计语言表述:

$$H_1:\mu_{\text{增加户外活动后的6岁儿童}} \neq 12 \text{ 小时}$$

由于备选假设中含有 $\neq$,因此这是无方向双尾假设检验。

步骤 2:为判定设定标准。α 水平为 0.05。

步骤 3:收集数据计算样本统计量。这个例子中的统计量就是样本平均数 M。

现在就可以对样本平均数和原假设进行比较,这是假设检验的核心步骤。样本平均数 z 分数的计算公式:

$$z = \frac{M - \mu}{\sigma_M}$$

μ 是从原假设中得到的总体平均数。样本平均数的 z 分数为

$$z = \frac{\text{样本平均数} - \text{假设的总体平均数}}{\text{样本平均数与假设的总体平均数之间的标准误}}$$

步骤 4:做出判定。

如果 $n=16$ 的样本平均数 $M=14$ 小时,由于已知总体 $\mu=12$,$\sigma=2$,那么样本平均数的标准误差为

$$\sigma_M = \sqrt{\frac{\sigma^2}{n}} = \sqrt{\frac{2^2}{16}} = 0.5$$

样本平均数的 z 分数为

$$z = \frac{M - \mu}{\sigma_M} = \frac{14 - 12}{0.5} = 4.0$$

标准正态分布表也称为 z 表、标准正态表,是标准正态分布中 z 分数左侧面积列表。标准正态分布表中行表示 z 分数小数点前后各 1 位,列表示 z 分数小数点后第 2 位。行和列交叉位置的数据表示 z 分数左侧的面积。当 α 水平为 0.05 时,因为检验是否相等,就是双尾检验,允许左右各有误差,即 $α÷2=0.025$。正态分布曲线右侧尾部下面积是 0.025 时,左边的面积则是 $1-0.025=0.975$。所以要在表中找到 0.975,从 0.975 所在行水平往左得到行标签 1.9,垂直向上得到列标签 0.06,把两个数加起来就是 z 分数 1.96,即正态分布曲线尾部面积是 0.025 时的 z 分数为 1.96。因为 4.0 大于 1.96,所以拒绝原假设。结论是增加户外活动对儿童观看手机时长有影响。

【例 15-16】　一位教授想知道"基于演示"的教学方法会不会影响学生的期末考试平均分数,目前平均分数为 82。

该教授在某教学班中应用了"基于演示"的教学方法后,进行期末考试。对期末考试分数简单随机取样如下:81,82,90,93,94,94,84,85,96,88,88,99。

进行如下假设检验:

$$H_0: \mu = 82$$
$$H_1: \mu \neq 82$$

```
> group2 <- c(81, 82, 90, 93, 94, 94, 84, 85, 96, 88, 88, 99)
> t.test(group2, mu=82)
        One Sample t-test

data:  group2
t = 4.4857, df = 11, p-value = 0.0009226
alternative hypothesis: true mean is not equal to 82
95 percent confidence interval:
85.82004 93.17996
sample estimates:
mean of x
    89.5
```

由于 p 值(0.000 922 6)小于 0.05,因此拒绝原假设,接受备选假设。

在方向性假设检验或者单尾检验中,统计假设(H_0 和 H_1)规定了总体平均数的增加或者减少。

【例 15-17】　已知正常情况下 6 岁儿童的总体平均观看手机时长为 12 小时/周。这个分布是正态的,标准差为 4。研究者随机选择了 4 个 6 岁儿童,并指导他们的父母增加户外活动。研究者预测增加户外活动可减少 6 岁儿童观看手机时长。1 年后,研究者测量和统计了每个儿童的每周观看手机时长,得到样本平均数 $M=15.5$ 小时。

步骤 1:陈述假设。

原假设:时长没有减少。

$$H_0: \mu \geqslant 12$$

备选假设:时长减少。

$$H_1: \mu < 12$$

步骤 2:找出临界区。

为了找出临界区,需要看当 H_0 正确时所有可能得到的 $n=4$ 的样本平均数的分布。因

为总体是正态的,所以该分布是正态的,平均数 $\mu=12$,标准差:

$$\sigma_M = \frac{\sigma}{\sqrt{n}} = \frac{4}{\sqrt{4}} = 2$$

当 α 水平 $=0.05$ 时,就是让标准正态分布的概率等于 $1-0.05$ 的 z 分数。查正态分布表得最不可能出现的 5% 由 $z=1.645$ 开始。

步骤 3:得到样本数据。

样本平均数 $M=15.5$。相应的 z 分数为

$$z = \frac{M-\mu}{\sigma_M} = \frac{15.5-12}{2} = 1.75$$

步骤 4:判定。

样本平均数的 z 分数为 1.75,大于 1.645,说明样本平均数在临界区中。如果 H_0 是正确的,这是非常不可能出现的结果。因此拒绝 H_0。结论是增加户外活动可减少 6 岁儿童观看手机时长。

双样本 t 检验(two sample t-test)用于检验两个总体的平均数是否相等。在 R 中使用 t.test(group1,group2,var.equal=TRUE)实现。var.equal=TRUE 表示"假设方差相等"。

【例 15-18】　不同专业的学生测试成绩不同。

随机抽取两组学生,一组来自数学专业,另一组来自英语专业。这两组的测试成绩如下:

数学专业:80,80,90,90,90,91,82,73,83,64,75,89

英语专业:81,82,90,93,94,94,84,85,96,88,88,99

在 R 中把成绩组织到向量中:

```
>group1 <- c(80, 80, 90, 90, 90, 91, 82, 73, 83, 64, 75, 89)
>group2 <- c(81, 82, 90, 93, 94, 94, 84, 85, 96, 88, 88, 99)
```

双样本 t 检验:

$$H_0 : \mu_1 = \mu_2 (平均数相等)$$

$$H_1 : \mu_1 \neq \mu_2 (平均数不等)$$

```
> t.test(group1,group2,var.equal=TRUE)
        Two Sample t-test
t = -2.4528, df = 22, p-value = 0.02257
alternative hypothesis: true difference in means is not equal to 0
95 percent confidence interval:
-13.37995  -1.12005
sample estimates:
mean of x mean of y
    82.25     89.50
```

因为 p 值(0.022 57)小于 0.05,拒绝原假设,接受备选假设:平均值不等。

双样本 t 检验的参数如下:

```
t.test(x, y, alternative="two.sided", mu=0, paired=FALSE, var.equal=FALSE,
conf.level=0.95)
```

其中：

- x,y：两个向量。
- alternative：备选假设。取值有 two.sided、less 或者 greater。
- mu：假设的平均数。
- paired：是否使用 paired t-test。
- var.equal：是否假设两组的方差相同。
- conf.level：置信水平。

15.10　卡　方　检　验

皮尔逊卡方检验（Pearson's chi-square test），简称卡方检验，是用于类别数据的统计检验。卡方检验有三种类型：

- 变量独立性检验：检验两个类别变量是否独立，H_0：两个变量独立。例如，检验泰坦尼克号船舱等级与生存是否相互独立。
- 拟合优度检验：检验类别变量的频率分布是否与预期不同。
- 同质性检验：检验两组频数是否来自同一总体，若是，则每一类出现的概率应该是差不多的。例如，检验不同方法的结果是否一致。

【例 15-19】　已知不同性格（内向/外向）人的颜色喜好观测，如表 15-13 所示。研究性格与颜色偏好是否独立。

表 15-13　颜色喜好汇总表

性　　格	红　　色	黄　　色	绿　　色	蓝　　色
内向	10	3	15	22
外向	90	17	25	18

样本分布的频数称为观察频数，如表 15-14 所示。

表 15-14　不同性格的颜色喜好频数表

性　　格	红　　色	黄　　色	绿　　色	蓝　　色	
内向	10	3	15	22	50
外向	90	17	25	18	150
合计	100	20	40	40	$n=200$

H_0：性格与颜色喜好独立。

H_1：性格与颜色喜好不独立。

下面首先计算期望的频数 f_e。一旦确定了 f_e，那么就可以计算卡方来确定观察频数与期望频数（原假设）之间的拟合程度。

首先从频数表得到只有边际分布的频数表，如表 15-15 所示。

表 15-15　不同性格的颜色喜好频数表（边际分布）

性　　格	红　色	黄　色	绿　色	蓝　色	
内向					50
外向					150
合计	100	20	40	40	$n = 200$

因为样本容量是 200，计算出颜色喜好比例：

- 200 中的 100 喜好红色：50%。
- 200 中的 20 喜好黄色：10%。
- 200 中的 40 喜好绿色：20%。
- 200 中的 40 喜好绿色：20%。

按照原假设，两种性格的颜色喜好应有相同的比例，这就是期望值。按照如下公式计算期望值：

$$f_e = \frac{行边际和 \times 列边际和}{总和}$$

性格内向的 50 人期望的频数分别是：$50 \times 50\% = 25, 50 \times 10\% = 5, 50 \times 20\% = 10, 50 \times 20\% = 10$。

性格外向的 150 人的期望的频数分别是：$150 \times 50\% = 75, 150 \times 10\% = 15, 150 \times 20\% = 30, 150 \times 20\% = 30$。

不同性格的人期望的频数如表 15-16 所示。

表 15-16　不同性格的颜色喜好频数表（期望，对应原假设）

性　　格	红　色	黄　色	绿　色	蓝　色	
内向	25	5	10	10	50
外向	75	15	30	30	150
合计	100	20	40	40	$n = 200$

卡方公式：

$$\chi^2 = \sum \frac{(f_0 - f_e)^2}{f_e}$$

度量了观察频数与期望频数之间的差异。例如"内向、偏好绿色"的卡方统计量如下：

$$\frac{(f_0 - f_e)^2}{f_e} = \frac{(15 - 10)^2}{10} = 2.5$$

计算表 15-16 所示性格和颜色偏好所有取值组合的累加和：

$$\chi^2 = \sum \frac{(f_0 - f_e)^2}{f_e} = \frac{(10 - 25)^2}{25} + \frac{(3 - 5)^2}{5} + \frac{(15 - 10)^2}{10} + \frac{(22 - 10)^2}{10} + $$
$$\frac{(90 - 75)^2}{75} + \frac{(17 - 15)^2}{15} + \frac{(25 - 30)^2}{30} + \frac{(18 - 30)^2}{30}$$

转换为 R 表达式：

$$(10-25)^2/25 + (3-5)^2/5 + (15-10)^2/10 + (22-10)^2/10 +$$
$$(90-75)^2/75 + (17-15)^2/15 + (25-30)^2/30 + (18-30)^2/30$$

计算结果为 35.6。

较大差异导致了较大卡方值,说明原假设应当被拒绝。为了确定一个卡方值是否显著地大,必须首先确定自由度,然后查卡方分布表。计算自由度的公式如下:

$$df = (R-1)(C-1)$$

其中,R 是频数表中的行数,C 是频数表中的列数。

在 R 中使用卡方独立性检验(chi-square test of independence)的步骤举例说明如下。

【例 15-20】 假设调查得知不同性格的颜色偏好如表 15-13 所示。检验性格与颜色偏好是否独立。

首先把数据安排在交叉表中:一个变量的所有取值作为列,另一个变量的所有取值作为行:

```
data <- matrix(c(10, 3, 15, 22, 90, 17, 25, 18), ncol = 4, byrow = TRUE)
colnames(data) <- c("Red","Yellow","Green","Blue")
rownames(data) <- c("introversion","extroversion")
data <- as.table(data) ; data
            Red Yellow Green Blue
introversion 10     3    15    22
extroversion 90    17    25    18
```

然后进行卡方检验:

```
chisq.test(data)
        Pearson's Chi-squared test
data:  data
X-squared = 35.6, df = 3, p-value = 9.098e-08
```

最后报告卡方检验结果:

因为 p 值约等于 0,小于 0.05,所以拒绝原假设。性格和颜色偏好显著相关,$\chi^2(3, N = 200) = 35.6, p = 9.098 \times 10^{-8}$。

【例 15-21】 分析泰坦尼克号生存与船舱等级的相关性。

准备数据:

```
install.packages("titanic")
library("titanic")
summary(titanic_train)
titanic<-titanic_train[,1:3]
titanic$Pclass <- as.character(titanic$Pclass)
titanic$Survived<- as.character(titanic$Survived)
```

可视化:

```
ggplot(titanic, aes(x = Pclass, fill = Survived)) +
  geom_bar(position = "dodge")
```

计算交叉表:

```
ct = table(titanic$Pclass, titanic$Survived)
```

卡方检验:

```
chisq_test(ct)
#A tibble: 1 × 6
      n statistic          p    df method           p.signif
* <int>     <dbl>      <dbl> <int> <chr>            <chr>
1   891    103. 4.55e-23     2 Chi-square test ****
```

因为 p 值约等于 0，小于 0.05，所以拒绝原假设。生存和船舱等级显著相关，$\chi^2(2, N = 891) = 103, p = 4.55 \times 10^{-23}$。

当只有一个类别变量时，称为卡方拟合优度检验，目的是检验变量的分布与期望的分布是否显著不同。原假设是分布相同；备选假设是分布不同。卡方拟合优度检验步骤如下：

（1）计算期望的频数。通常通过把每个类别期望的分布与总观测数 N 相乘得到。

（2）计算卡方统计量。通过把观测的频数与期望的频数代入卡方公式得到。

（3）查找临界值。类别数量减一称为自由度（df）。查卡方临界值表可知在给定显著性水平和自由度的临界值。例如当 $\alpha = 0.05, \mathrm{df} = 2$ 时，临界值是 5.99。

（4）确定是否拒绝原假设。如果卡方统计量的值大于临界值，那么观测的分布与期望的分布在统计意义上显著不同（$p < \alpha$），拒绝原假设，接受备选假设。

报告卡方拟合优度检验结果中要包含自由度、样本容量、卡方统计量的值以及 p 值，例如 $\chi^2(1, N = 428) = 0.44, p = 0.505$，表示自由度为 1，样本容量为 428 的卡方统计量为 0.44，p 值是 0.505。

15.11　抽　　样

对大数据进行分析时，通常面对两个特别具有挑战性的问题：一是有限的存储空间与无限的数据流之间的矛盾；二是有限的算力与分析结果的及时性矛盾。

解决的方案可分为两类：一是采用分布式系统并行计算；二是抽样，从整个数据集中抽取一组有效样本，用样本的分析结果来推断关于总体的结论。统计学的理论研究结果表明抽样能够有效解决大数据的统计推断问题，但是如何高效地选择能够提高统计推断准确度的样本仍然是大数据分析中的研究问题之一。

假如有问题：我国大学生的平均身高是多少？一种解决方案是把某年度每个大学生的身高进行度量，然后计算平均数，这就是"大数据、小算法"解决方案；另一种解决方案使用样本的身高来推断总体的身高。

抽样一般有六个步骤。第一步是界定总体，例如把某省某年度全体参与国家标准体测的学生作为总体。第二步是设计抽样框（sampling frame）。抽样框也称为抽样结构，是对观测特征的描述，完整性和唯一性是对抽样框的基本要求。完整是指包含了所有的观测；唯一是指标识了每个观测。例如，所有参加国家标准体测的学生都有一条记录；年度、学校和学籍号三个特征可用来标识某个参加国家标准体测的学生。第三步是设置样本数量，样本数量越大，推断就越准确。第四步是选择抽样方法。第五步是抽取样本。第六步是评估样本质量，检验样本的偏差程度。

抽样方法有简单随机抽样、分层抽样、整群抽样、系统抽样（systematic sampling）等。

简单随机抽样把总体中的每个观测以相同的概率被选到样本中。简单随机抽样可减小选择偏差。

分层抽样则根据不同的特征,如性别等,把观测分成组(group,称为层),再根据组占比从组中随机选择样本。分层抽样要求各层之间的差异很大,层内个体或单元差异小。分层抽样的样本是从每个层内抽取若干观测构成,所以分层随机样本确保了总体中每个群体的观测都包括在样本中。例如,从鸢尾花数据集的三种类别中分别随机抽取 5 个作为样本。

整群抽样把总体分为若干组,称为群(cluster),并随机选择一个群,把其中所有观测作为样本,要么整群抽取,要么整群不被抽取。整群抽样要求群与群之间的差异比较小,群内个体或单元差异大。例如,鸢尾花数据集中有三种类别,随机抽取其中一种。

系统抽样随机选择第一个样本,然后使用固定的"抽样间隔"选择其他样本。假设从鸢尾花数据集中系统抽样,样本容量是 5。那么随机地从第 3 个鸢尾花开始,每隔 $150/5 = 30$ 个观测抽取一个样本,下一个样本是 33,以此类推,抽样结果是:3,33,63,93,123。

有放回抽样指从总体集合中抽取一个样本后,再把这个样本放回总体;无放回抽样指从总体集合中抽取一个样本后,不把这个样本放回总体,以后就抽不到这个样本了。

R 内置函数 sample 用来随机抽样。例如,鸢尾花数据集 iris 的总体为 $N = 150$ 个(界定总体),iris 数据集本身就是抽样框,具有完整性和唯一性。假设抽取样本 $s = 5$ 个。脚本如下:

```
> N<-nrow(iris)
> s<-5
```

选择简单随机抽样方法,无放回:

```
> samples <-sample(N,s);samples
[1] 105  55  15  97  51
```

把这 5 个整数作为行号读取 iris 数据集即可:

```
> iris[samples,]
    Sepal.Length Sepal.Width Petal.Length Petal.Width    Species
105          6.5         3.0          5.8         2.2  virginica
55           6.5         2.8          4.6         1.5 versicolor
15           5.8         4.0          1.2         0.2     setosa
97           5.7         2.9          4.2         1.3 versicolor
51           7.0         3.2          4.7         1.4 versicolor
```

无放回的抽样结果中没有重复样本;而放回抽样的结果就有重复样本。例如,下面的有放回抽样结果中 57 重复了两次:

```
> sample(N,s,TRUE);
[1]  57  27  57 100  51  93  81 137  46  96   7  15 114  24  34
```

sampling 包的 strata 函数用于分层抽样。仍然使用 iris 鸢尾花的数据集,以 Species 种属作为分层标准,把数据分成 3 层,计算各层占比,然后按比例抽样。脚本如下:

计算各层占比:

```
> table(iris$Species)
    setosa versicolor  virginica
        50         50         50
```

分层抽样,从每层中抽取一个样本:

```
>samples <- strata(iris, c("Species"), size=c(1,1,1),
method="srswor"); samples
      Species ID_unit Prob Stratum
22      setosa     22 0.02      1
96  versicolor     96 0.02      2
142 virginica     142 0.02      3
```

其中,ID_unit 是样本在数据集中的行号,Prob 是被抽取的概率,Stratum 是层号。函数 getdata 用函数 strata 的结果查询数据集:

```
> getdata(iris, samples)
Sepal.Length Sepal.Width Petal.Length Petal.Width Species ID_unit Prob Stratum
42      4.5        2.3         1.3        0.3     setosa     42 0.02      1
63      6.0        2.2         4.0        1.0 versicolor     63 0.02      2
134     6.3        2.8         5.1        1.5  virginica    134 0.02      3
```

函数 cluster 实现了以等概率或不等概率整群抽样。例如,在 iris 鸢尾花的数据集上,按 Petal.Length 把总体分成 5 群:

```
> samples <- cluster(iris, clustername="Petal.Length", size=5, method=
"srswor"); samples
Petal.Length ID_unit  Prob
1       1.9       45 0.1162791
2       1.9       25 0.1162791
3       3.0       99 0.1162791
4       5.0      114 0.1162791
5       5.0       78 0.1162791
6       5.0      147 0.1162791
7       5.0      120 0.1162791
8       5.2      148 0.1162791
9       5.2      146 0.1162791
10      6.3      108 0.1162791
```

查询 Petal.Length 的不同长度值:

```
> length(table(iris$Petal.Length))
[1] 43
```

可以看到,共有 43 个不同的长度值。长度 3.0 的鸢尾花只有 1 个;长度 5.0 的鸢尾花有 4 个;长度 5.2 的鸢尾花有 2 个等。先从 43 个值中随机抽取 5 个,比如是 1.9、3.0、5.0、5.2 和 6.3,然后按 Petal.Length 的 5 个不同的长度取值随机抽取鸢尾花形成一组返回。

参数 method 的默认值是无放回简单随机抽样 srswor。还可以是有放回简单随机抽样 srswr、泊松抽样 poisson、系统抽样 systematic。

还有一类抽样方法被称为不等概率抽样,因为并非总体中的每个观测都有相同的概率被选择加入样本。探索性分析中经常使用这种抽样以帮助研究者获取对总体的初步理解。但是,这种抽样方法产生的样本不能用来推断它们来自的总体,因为它们通常不具有代表性。

不等概率抽样分为两种:有放回不等概率抽样和无放回不等概率抽样。前者主要方法是 PPS 抽样,后者主要方法是布鲁尔(Brewer)抽样。PPS 抽样按概率比例抽样,使得总体中含量大的部分被抽中的概率也大,以提高样本的代表性,减小抽样误差。

第 16 章

挖掘型分析

挖掘型数据分析指的是应用数据挖掘技术发现数据中隐含的、事先并不知道的知识的过程。概念、规则、定理、模式、规律等都是知识的表现形式。数据挖掘往往能够发现令人"眼前一亮"的知识。数据挖掘是为了洞察数据。

机器学习是数据挖掘的手段。对机器来说,承担了学习者的角色;对于人类来说,则承担了"指导者"的角色。机器向指导者学习;指导者训练机器。机器学习的目的是得到从数据到期望输出的模型。模型就是把数据映射的期望输出的函数。例如,学习到一个线性模型就是应用一定的办法来确定系数和截距,当得到这两个参数后,也就得到了线性模型,在新的数据上应用模型的过程称为"预测"。

16.1　数据挖掘任务

通过数据挖掘所要解决的问题称为数据挖掘任务,即分类、聚类、回归(regression)、关联规则(association rule)等。

归纳、演绎是两种基本的知识推理形式。归纳(induction)是从特殊到一般的推理过程。给定一组实例(instance),归纳推理试图从中推导出知识,比如规则或者模式。演绎(deduction)推理既可以是一个从一般到特殊的过程,也可以是一个从特殊到一般的过程。分类问题、回归问题和聚类问题都是基于归纳学习的模式:从给定实例中归纳推理出模型,这个模型即知识的表示。当新的实例到来时,就可以应用该模型进行演绎推理,形成结论。

实例就是现实世界中的事物。实例可以是具体的,也可以是抽象的。超市顾客的一次购物、一个人的体重、学生的一次考试等都是实例。在 R 语言中把实例称为观测(简记为obs)。

属性是实例的可观察、可测量的特征,例如购物时间、金额等。对于分类问题和回归问题,用于表示类别或结果的属性称为目标属性(target attribute),影响目标属性的实例的其他属性称为输入属性(input attribute)。R 语言中把属性称为变量。变量分为两种:响应变量(response variable)和解释变量(explanatory variable)。响应变量也称为因变量(dependent variable),变量的值随着解释变量的变化而变化;解释变量解释了响应变量变化的原因,也称为自变量(independent variable)。

模型(model)是从自变量到因变量的映射,一元线性回归公式、决策树等都是模型。

训练集(training set)是用于建立模型的一组实例。训练集仅仅是所有可能实例的一个子集,从统计角度来说,就是一组样本。从该样本训练的模型是否适用于所有可能的实例(总体)是一个重要的性能指标。一个模型 M 称为过拟合(overfitting)模型,如果对于该问题存在另外一个模型 M'，M' 在训练集上的性能比 M 差，但在总体上（前所未有的数据）的性能优于 M。

预测（prediction）是在任意实例上应用模型得到输出的过程。例如，应用分类模型到某个实例上，得到的输出是其类别。

分类问题就是把观测映射到某个已知类别。二分类的输出是一个评分，用一个阈值来将其切分到两个类别。而多分类的输出是观测在每个类别上的评分，根据评分来确定样本的类别标签。

回归问题可以看作分类问题的泛化，类别属性从离散值泛化为连续值。

聚类问题可以看作没有预先给出类别的分类问题，而究竟有几个类别需要由聚类算法去发现。聚类模型的训练集不需要类别标签。聚类算法假设在训练集中有两种属性存在：可观测的属性（observable attribute）和隐藏的属性（hidden attribute）。聚类模型的建立过程主要是簇的识别过程。如果这些簇互不相交，即一个实例至多属于一个簇，这种聚类称为crisp 聚类；否则，称为 soft 聚类。

识别和构建高性能模型的关键是找到影响响应变量的重要的自变量，这类问题称为特征选择（feature selection）问题。

对于单变量来说，以下情况之一满足则应放弃该变量：

（1）缺失样本比例过大且难以填补的特征，使用缺失百分比（missing percentage）来度量缺失程度。

（2）连续变量的方差接近 0，说明其特征值趋向单一值的状态，对训练模型作用不大。

（3）类别变量的枚举值样本数量分布严重不平衡，集中在单一某枚举值上。

研究多变量之间的关系时，区分两种情况：

（1）自变量与自变量之间的相关性。相关性越高，模型稳定性越差，样本微小扰动都会带来大的参数变化。从相关性高的特征中选择一个即可。

（2）自变量和因变量之间的相关性。相关性越高，说明变量对模型预测目标越重要，应保留。

连续变量与连续变量的相关性可用皮尔逊相关系数或者斯皮尔曼等级相关系数度量。皮尔逊相关系数假设变量服从正态分布，而斯皮尔曼等级相关系数不假设变量服从的分布。

连续变量和类别变量的相关性可用方差分析（ANalysis Of VAriance，ANOVA）或者肯德尔相关系数度量。ANOVA 用于检验不同组的平均数是否存在显著差异。例如，研究一班、二班和三班的学生的期末考试平均分是否有显著区别。班为类别变量，有一、二、三共三个取值；分数为连续变量。ANOVA 的原假设是三个班的分数没有显著区别。计算组内偏差（即 MSE）和组间偏差（Mean Squares Among all groups，MSA）。如果 MSE 小于MSA，说明存在至少一个分布相对于其他分布较远，则可以考虑拒绝原假设。计算肯德尔相关系数时先对样本排序，若排序后，定序类别变量和连续变量的排名完全相同，则肯德尔相关系数为 1，两变量正相关。若定序类别变量和连续分类变量的排名完全相反，则系数为－1，完全负相关。而如果定序类别变量和连续分类不相关，则系数为 0。

类别变量和类别变量的相关性可用卡方独立性检验。

按照平均准确率递减方法，随机森林模型能够给出变量的重要性排序。

【例 16-1】　把鸢尾花的分类（Species）作为类别变量，训练随机森林分类模型，计算变量的重要性。

```
library(party)
> cf <- cforest(Species ~ .
+           , data= iris
+           , control=cforest_unbiased(mtry=2, ntree=50)) ;cf

        Random Forest using Conditional Inference Trees

Number of trees:  50

Response:  Species
Inputs:  Sepal.Length, Sepal.Width, Petal.Length, Petal.Width
Number of observations:  150
```

然后计算重要性：

```
> varimp(cf)
Sepal.Length  Sepal.Width Petal.Length  Petal.Width
0.034909091  0.001090909  0.314545455  0.273454545
```

从结果看到，花瓣长度（Petal.Length）的重要性最大。

给定若干变量，数据挖掘算法用来完成数据挖掘任务。数据挖掘算法可分为两大类：无监督（unsupervised）算法和有监督（supervised）算法。无监督算法只以自变量作为输入，输出模型；有监督算法则以自变量和因变量（标签变量）作为输入，输出模型，试图发现自变量和因变量之间的函数关系。

如果有监督算法（见图16-1）的因变量是连续变量，则称为有监督的回归算法；如果有监督算法的因变量是类别变量，则称为有监督的分类算法。

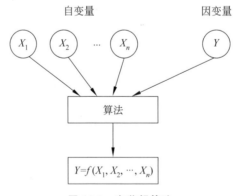

图 16-1 有监督算法

无监督算法可分为聚类算法和关联规则算法两类。聚类算法试图发现实例最合适的类属，也就是把实例划分到若干簇中。关联规则算法则试图发现事务中的项目共现规则。

16.2 决策树分类

在天气数据集 weather 中有 14 个样本，这些样本记录了如何根据天气的四个特征，即天气（Outlook）、气温（Temperature）、湿度（Humidity）和风力（Wind）情况来决定是否出去玩（Play）。Outlook 的取值有晴（Sunny）、雨（Rainy）、多云（Overcast）；气温的取值有热（Hot）、温暖（Mild）、凉（Cool）；湿度的取值有高（High）、正常（Normal）；风力的取值有强风（Strong）和弱风（Weak）。天气数据集 weather 如表 16-1 所示。

表 16-1　天气数据集 weather

NO.	Outlook	Temperature	Humidity	Wind	Play
1	Sunny	Hot	High	Weak	No
2	Sunny	Hot	High	Strong	No
3	Overcast	Hot	High	Weak	Yes
4	Sunny	Mild	High	Weak	Yes
5	Rainy	Cool	Normal	Weak	Yes
6	Rainy	Cool	Normal	Strong	No
7	Overcast	Cool	Normal	Strong	Yes
8	Sunny	Mild	High	Weak	No
9	Sunny	Cool	Normal	Weak	Yes
10	Rainy	Mild	Normal	Weak	Yes
11	Sunny	Mild	Normal	Strong	Yes
12	Overcast	Mild	High	Strong	Yes
13	Overcast	Hot	Normal	Weak	Yes
14	Rainy	Mild	High	Strong	No

给定一个天气观测 obs，即晴、热、湿度正常、弱风，则出去玩吗？

观测 obs 无法通过以上 14 个样本检索出结论，也就是说，无法通过查询得出结论。

根据天气各个特征的取值选择出去玩与否称为"决策"。假设决策规则是：首先考虑天气，如果多云，则出去玩；如果晴，而且湿度正常，则出去玩；如果有雨而且弱风，则出去玩。其他情况不出去玩。根据这个决策规则，观测 obs 的决策为"出去玩"。可以把决策规则表示为一棵树，称为决策树，如图 16-2 所示。

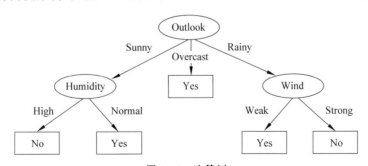

图 16-2　决策树

在图 16-2 所示的决策树中，椭圆是内部结点，表示天气的特征；矩形框是叶子结点，表示分类标签。边是特征的取值。从树根到叶子的路径就是一条决策规则。该决策中共有 5 条决策规则，其中 3 条是"出去玩"的规则，另外 2 条是"不出去玩"的规则。把每条路径上结点和边的标签写出来就是规则的表述。例如，最左边的路径表示规则（Outlook，Sunny，

Humidity,High,No),意思是"Outlook 等于 Sunny,而且 Humidity 等于 High,No"。当对一个新的观测 obs 进行决策时,只需要按照观测在各个特征上的值从决策树中选择一条路径即可完成决策。

那么新的问题是,如何从 14 个样本中构造一棵决策树。

如果特征 Outlook 的每个取值对应的标签都跟 Overcast 一样(全为 Yes 或全为 No),那么根据该特征就能决策;否则还需要其他特征共同形成决策路径,向特征取值对应标签全为 Yes 或全为 No 的方向努力。首先选择一个特征作为根结点。初始有 4 个特征可被选择:Outlook、Temperature、Humidity 和 Wind。哪个是"最好"的选择呢? 应当把能够迅速决策的特征作为根结点。例如,很容易发现,只要天气多云(Outlook 等于 Overcast)就出去玩,路径长度为 1。那么应当考虑把 Outlook 作为根结点。但是,只能根据 14 个样本设计度量而不能使用正在形成的决策树中的度量。观察发现,造成"迅速决策"的原因是 Outlook 等于 Overcast 时的样本的分类标签都是 Yes。也就是说这种情况下的 4 个样本的分类标签是"纯"的,完全一样。特征的取值与类别标签一致的程度称为"纯度"。如果使用 Outlook 的三个不同取值把 14 个样本划分到三个子集中去,使得这种划分与根据其他特征取值进行的划分相比,划分后的纯度增加最高,则确定选择 Outlook 作为根结点。用同样的方法,递归地选择其他内部结点。所有孩子结点"纯度"的加权和与父结点"纯度"之差称为"信息增益"。决策树算法从根结点开始,递归选择信息增益最大的特征,直到叶子结点。

把 4 个候选特征作为树结点,那么所有可能的各个分支结点上的样本标签分别如下:

```
Outlook      Sunny      No, No, No, Yes, Yes
             Overcast   Yes, Yes, Yes, Yes
             Rainy      Yes, Yes, No, Yes, No
Temperature  Hot        No, No, Yes, Yes
             Mild       Yes, No, Yes, Yes, Yes, No
             Cool       Yes, No, Yes, Yes
Humidity     High       No, No, Yes, Yes, No, Yes, No
             Normal     Yes, No, Yes, Yes, Yes, Yes, Yes
Wind         Weak       No, Yes, Yes, Yes, No, Yes, Yes, Yes
             Strong     No, No, Yes, Yes, Yes, No
```

对于 Outlook 特征的 3 个子结点,其结点上样本的"纯度(属于同一类的程度)"不同:Overcast 最纯,Sunny 和 Rainy 混乱些。

此时需要一个度量来计算"混乱"程度。"混乱"程度越高,"纯度"越低。这个度量应具有 3 个性质:

(1) 当 Yes 或 No 的频数其中之一为 0 时,度量值为 0。

(2) 当 Yes 或 No 的频数相同时,度量值最大。

(3) 不仅对于两个分类适用,对于多个分类同样适用,多类情况的度量值能够从两类情况的度量值计算得到。

信息熵(entropy)就具有以上 3 个性质。信息熵的定义如下:

$$\text{entropy}(p_1, p_2, \cdots, p_n) = -p_1 \log p_1 - p_2 \log p_2 \cdots - p_n \log p_n$$

其中,$p_1, p_2, \cdots, p_n$ 是样本的频数,$\sum_1^n p_i = 1$。假设 $n = 3$,则有

$$\text{entropy}(p_1, p_2, p_3) = \text{entropy}(p_1, p_2 + p_3) + (p_2 + p_3)\text{entropy}\left(\frac{p_2}{p_2 + p_3}, \frac{p_3}{p_2 + p_3}\right)$$

特征 Outlook 在 14 个样本中有 9 个 Yes 标签和 5 个 No 标签,那么关于该特征的 14 个样本的信息熵是

$$entropy(9/14,5/14)=0.940$$

按照特征 Outlook 的 3 个取值对 14 个样本进行划分,各个子集的信息熵分别如下:

$$entropy(2/5,3/5)=-2/5\log(2/5)-3/5\log(3/5)\approx0.971$$
$$entropy(4/4,0)=-\log(1)-0\log(0)=0$$
$$entropy(3/5,2/5)=-3/5\log(3/5)-2/5\log(2/5)\approx0.971$$

以每个子集的样本频数作为权值,计算 3 个子集信息熵的加权平均:

$$(5/14)\times0.971+(4/14)\times0+(5/14)\times0.971\approx0.693$$

把这个度量值作为使用 Outlook 划分得到的 3 个子集的综合"纯度"。"纯度"的增加量是

$$gain(Outlook)=0.940-0.693=0.247$$

用同样的方法计算出相对于其他特征的划分得出样本子集"纯度"的增加量分别是

$$gain(Temperature)=0.029$$
$$gain(Humidity)=0.152$$
$$gain(Wind)=0.048$$

由于相对于特征 Outlook 划分得到的纯度增加量最大,因此选择其作为决策树的根结点。这个变化量称为信息增益(information gain)。

接着,在每个子集上递归地进行计算,当 Outlook 等于 Sunny 时:

```
Outlook    Sunny     No, No, No, Yes, Yes
                     Temperature
                             Hot     No, No
                             Mild    Yes, No
                             Cool    Yes
Outlook    Sunny     No, No, No, Yes, Yes
                     Humidity
                             High    No, No, No
                             Normal  Yes, Yes

Outlook    Sunny     No, No, No, Yes, Yes
                     Wind
                             Weak    Yes, No, No
                             Strong  Yes, No
```

分别相对于 Temperature、Humidity 和 Wind 划分,计算信息增益:

$$gain(Temperature)=0.571$$
$$gain(Humidity)=0.971$$
$$gain(Wind)=0.020$$

由于相对于 Humidity 的划分得出的信息增益最大,因此选择特征 Humidity 作为子结点。由于已经"纯"了,那么所构造决策树当前分支就完成了:

```
Outlook    Sunny     No, No, No, Yes, Yes
                     Humidity
                             High    No, No, No
                             Normal  Yes, Yes
```

从数据中学习到决策树以后,就可以使用这个决策树对新的数据集中的观测进行类别标签预测。这就需要对每个观测从决策树的根结点出发,应用边上的特征取值进行划分,寻找叶子结点的路径。

决策树经历了三次改进,即 ID3、C4.5、CART,这三次改进的主要区别在于一个根据信息增益划分特征、一个根据信息增益率划分特征、一个根据基尼指数划分特征。

16.3　朴素贝叶斯分类

朴素贝叶斯分类器(Naive Bayes classifier)能够处理任意数量的独立变量,不管是连续的还是离散的。尽管朴素贝叶斯分类器样本的特征独立的假设过于简单,但朴素贝叶斯分类器仍能够取得相当好的效果。虽然朴素贝叶斯分类器的性能不及随机森林等其他分类器,但是朴素贝叶斯分类器只需少量训练数据。

假设有随机变量 X、Y。在事件 $Y=y$ 出现的情形下事件 $X=x$ 的概率表示为条件概率:

$$P(X=x \mid Y=y)$$

简记为 $P(X\mid Y)$。条件概率 $P(X\mid Y)$ 也被称为后验概率(posterior probability),而 $P(X)$ 是其对应的先验概率(prior probability)。"$\mid$"的含义是"给定(given)、在……情形下"。

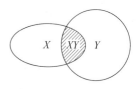

图 16-3　条件概率

如图 16-3 所示,事件 $X=x$ 发生的概率表示为左侧的椭圆;事件 $Y=y$ 发生的概率表示为右侧的圆;事件 $X=x$ 发生而且事件 $Y=y$ 发生的概率则是二者相交部分(阴影部分)。那么

$$P(X=x \mid Y=y)=\frac{P(X=x,Y=y)}{P(Y=y)}$$

同理

$$P(Y=y \mid X=x)=\frac{P(X=x,Y=y)}{P(X=x)}$$

因为分子相同,所以

$$P(Y=y \mid X=x)P(X=x)=P(X=x \mid Y=y)P(Y=y)$$

从而得贝叶斯公式:

$$P(Y=y \mid X=x)=\frac{P(X=x \mid Y=y)P(Y=y)}{P(X=x)}$$

给定观测的一组特征 $X=(X_1,X_2,\cdots,X_d)$ 和分类 $C=(c_1,c_2,\cdots,c_n)$,$x=(x_1,x_2,\cdots,x_d)\in C_k$ 的概率($k=1,\cdots,n$)表示为

$$P(C \mid X_1=x_1,X_2=x_2,\cdots,X_d=x_d)$$

简记为

$$P(C \mid X_1,X_2,\cdots,X_d)$$

根据贝叶斯定理:

$$P(C \mid X_1,X_2,\cdots,X_d)=\frac{P(C)P(X_1,X_2,\cdots,X_d \mid C)}{P(X_1,X_2,\cdots,X_d)}$$

在这个分式中,因为分母独立于类别变量 C,而且特征变量的值已知,可以看作常数。根据链式法则:

$$P(C)P(X_1,X_2,\cdots,X_d \mid C) = P(C)P(X_1 \mid C)P(X_2,\cdots,X_d \mid C,X_1)$$
$$= P(C)P(X_1 \mid C)P(X_2 \mid C,X_1)P(X_3,\cdots,X_d \mid C,X_1,X_2)$$
$$= P(C)P(X_1 \mid C)P(X_2 \mid C,X_1)\cdots P(X_d \mid C,X_1,X_2,X_3,\cdots,X_{d-1})$$

现在"朴素"的条件独立假设开始发挥作用:每个特征 X_i,对于其他特征 X_j,是条件独立的($i \neq j$)。这就意味着

$$P(X_i \mid C,X_j) = P(X_i \mid C)$$

那么联合概率可以表示为

$$P(C)P(X_1 \mid C)P(X_2 \mid C)\cdots P(X_d \mid C)$$

即

$$P(C)\prod_{i=1}^{d} P(X_i \mid C)$$

这样,根据独立假设:

$$P(C \mid X_1,X_2,\cdots,X_d) = \frac{1}{Z}P(C)\prod_{i=1}^{d} P(X_i \mid C)$$

其中,Z 是仅依赖于特征变量的 X_i 的缩放因子。当特征变量的值已知时,是一个常数。

朴素贝叶斯分类器需要知道先验概率。先验概率可以由大量的重复实验所获得的各类样本出现的频率来近似获得,其基础是"大数定律"。由于朴素贝叶斯分类是在样本取得某特征值时对它属于各类的概率进行推测,并无法获得样本真实的类别归属情况,因此分类决策一定存在错误率。

只要知道先验概率 $P(C)$ 和独立特征的概率分布 $P(X_i|C)$,就可以设计出一个朴素贝叶斯分类器。先验概率不是一个分布函数,仅仅是一个值,它表达了样本空间中各个类的样本数量所占样本容量的比例。依据大数定理,当训练集中样本数量足够多且来自样本空间的随机选取时,可以以训练集中各类样本所占的比例来估计 $P(C)$ 的值:

$$P(C=c_k) = \frac{c \text{ 类的样本数量}}{\text{样本容量}}$$

条件概率分布 $P(X_i|C)$ 需要对训练集中样本特征的分布情况进行估计。估计方法可以分为参数估计和非参数估计。参数估计先假定条件概率密度具有某种确定的分布形式,如正态分布、二项分布,再用已经具有类别标签的训练集对概率分布的参数进行估计。非参数估计是在不知道或者不假设类的条件概率密度的分布形式的基础上,直接用样本集中所包含的信息来估计样本的概率分布情况。所有的模型参数都可以通过训练集的相关频率来估计。

这样得到了朴素贝叶斯分类模型。朴素贝叶斯分类器包括了模型和相应的决策规则。将一个待分类样本划归到后验概率最大的那一类中:这就是最大后验概率(MAP)决策。这样的分类器称为最大后验概率分类器。当采取最大后验概率决策时,分类错误概率取得最小值。相应的分类器定义为

$$\text{classify}(x_1,x_2,\cdots,x_d) = \operatorname*{argmax}_{c} P(C=c_k)\prod_{i=1}^{d} P(X_i=x_i \mid C=c_k)$$

一般地,朴素贝叶斯分类分为三个阶段:

(1)特征选择。预处理带标签样本。

(2)训练分类器。计算每个类别在训练样本中的出现频率 $P(C=c_k)$;计算每个特征对每个类别的条件概率估计 $P(X_i=x_i|C=c_k)$。

(3)预测。用分类器进行分类。

【例 16-2】 假设需要判读一段文本是否属于"体育运动"。训练集有 5 个句子,如表 16-2 所示。

表 16-2　训练集

文　　本	分 类 标 签
A great game(一场超级棒的比赛)	Sports(体育运动)
The election was over(选举结束)	Not sports(不是体育运动)
Very clean match(没内幕的比赛)	Sports(体育运动)
A clean but forgettable game(一场难以忘记的比赛)	Sports(体育运动)
It was a close election(这是一场势均力敌的选举)	Not sports(不是体育运动)

现在需要使用朴素贝叶斯分类器来自动分类新的文本,例如 A very close game 属于 Sports(体育运动)吗?

假设一个文本中的每个单词都与其他单词无关,那么:

$$P(\text{A very close game} \mid \text{Sports}) = P(\text{A} \mid \text{Sports}) \times P(\text{very} \mid \text{Sports}) \times$$
$$P(\text{close} \mid \text{Sports}) \times P(\text{game} \mid \text{Sports})$$

首先计算每个类别的先验概率:对于训练集中的给定文本,$P(\text{Sports})$ 是 $3\div 5=0.6$;$P(\text{Not Sports})$ 是 $2\div 5=0.4$。

然后计算 $P(\text{A}|\text{Sports})\times P(\text{very}|\text{Sports})\times P(\text{close}|\text{Sports})\times P(\text{game}|\text{Sports})$。

$P(\text{game} \mid \text{Sports})$ 等于 game 在 Sports 类别中的频数 2 除以 Sports 类的单词总数 $3+3+5=11$,结果是 $P(\text{game}|\text{Sports})=2/11$。但是 close 没有出现在任何类别中,就是说 $P(\text{close} \mid \text{Sports})=0$。如果把它与其他概率相乘:$P(\text{A}|\text{Sports})\times P(\text{very}|\text{Sports})\times 0 \times P(\text{game}|\text{Sports})$,则等于 0。通过使用一种被称为拉普拉斯平滑的方法解决这个问题:为每个计数添加 1,并将所有可能的单词数加到除数上。所有可能的单词是{A,great,very,over,it,but,game,election,close,clean,the,was,forgettable,match}。所有可能的单词数是 14,应用拉普拉斯平滑的方法得到全部结果的先验概率,如表 16-3 所示。

表 16-3　先验概率

word	$P(\text{word}|\text{Sports})$	$P(\text{word}|\text{Not Sports})$
A	$\dfrac{2+1}{11+14}$	$\dfrac{1+1}{9+14}$
very	$\dfrac{1+1}{11+14}$	$\dfrac{0+1}{9+14}$
close	$\dfrac{0+1}{11+14}$	$\dfrac{1+1}{9+14}$
game	$\dfrac{2+1}{11+14}$	$\dfrac{0+1}{9+14}$

把 $P(word|Sports)$ 累乘,得

$$P(A \text{ very close game} \mid Sports) = 0.000\ 046\ 08$$

把 $P(word|Not\ Sports)$ 累乘,得

$$P(A \text{ very close game} \mid Not\ Sports) = 0.000\ 014\ 29$$

与 $P(Sports)$ 和 $P(Not\ Sports)$ 分别相乘后取最大值,得出结论:A very close game 属于 Sports(体育运动)。

【例 16-3】 使用鸢尾花数据集训练朴素贝叶斯分类器:

```
library(e1071)
classifier<-naiveBayes(iris[,1:4], iris[,5])
```

评估分类器的准确率,把斜对角上的数加起来除以所有数的和就是准确率:

```
table(predict(classifier, iris[,-5]), iris[,5])
            setosa versicolor virginica
  setosa       50        0         0
  versicolor    0       47         3
  virginica     0        3        47
```

之后就可以用朴素贝叶斯分类器判断一朵鸢尾花属于哪一类了。

16.4 K 最近邻分类

K 最近邻分类算法认为,给定一个观测,如果 K 个最邻近(最相似)的观测中的大多数观测属于某个类别,那么该观测也属于这个类别。

图 16-4 中的圆表示给定的观测,该观测属于"三角"类还是"方形"类?如果设置最近邻参数 $K=3$,"三角"类的观测占比为 2/3,所以给定的观测被划分到"三角"类;如果设置最近邻参数 $K=5$,"方形"观测的占比例为 3/5,所以给定的观测被划分到"方形"类。

由于主要靠周围有限的邻近的样本,KNN 分类算法较其他算法更为适合用于分类的交叉或重叠较多的数据集。该算法不要求线性可分,对不平衡数据集、噪声、不相关特征都敏感。通常应用 KNN 分类算法之前需要进行特征选择。

【例 16-4】 从鸢尾花数据集 iris 中选择 6 个观测,其中 setosa 类 3 个,versicolor 类 3 个,编号从 1 到 6。从 setosa 类其余观测中再选择一个,编号 7。使用 K 最近邻分类算法根据花萼长度(Sepal.Length)和花萼宽度(Sepal.Width)判断一朵鸢尾花是 setosa 还是 versicolor。假设选取的 6 个观测如表 16-4 所示。

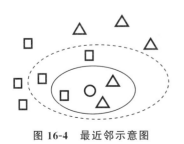

图 16-4 最近邻示意图

表 16-4 6 个鸢尾花观测

序号	花萼长度	花萼宽度	类 别
1	5.1	3.5	setosa
2	4.9	3.0	setosa
3	4.7	3.2	setosa
4	7.0	3.2	versicolor
5	6.4	3.2	versicolor
6	6.9	3.1	versicolor

使用下面的脚本产生如图 16-5 所示的散点图。把花萼长度映射到 x 轴，花萼宽度映射到 y 轴；坐标轴的刻度范围为整个鸢尾花数据集 iris 的花萼长度范围和花萼宽度范围；圆形表示 setosa 类，三角形表示 versicolor 类：

```
s <- iris[c(1:3,51:53),-c(3,4)]
ggplot(data.frame(x=s$Sepal.Length,y=s$Sepal.Width), aes(x=x,y=y)) +
  geom_point(shape=s$Species,cex=5) +
  xlim(range(iris[,1])) +
  ylim(range(iris[,2])) +
  geom_text(x=s$Sepal.Length+0.2,label=1:6) +

  geom_point(x=4.6, y=3.4, pch=15,cex=5) +
  theme_classic()+
  labs(title="鸢尾花分类", x="花萼长度", y="花萼宽度")+
  theme(plot.title=element_text(hjust=0.5))
```

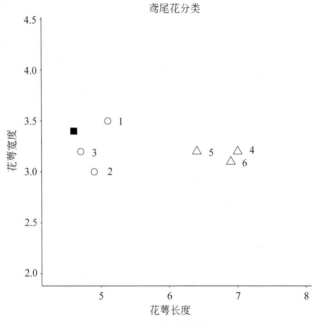

图 16-5　样本的散点图

现在判断第 7 朵鸢尾花（Sepal.Length＝4.6，Sepal.Width＝3.4）所属的类别，该鸢尾花在图 16-5 中使用黑色正方形表示。从散点图观察其位置距离三个已知的圆形表示的 setosa 类鸢尾花更近些，该鸢尾花应属于 setosa 类。

K 最近邻分类算法通过计算距离进行判断。这个鸢尾花分类的例子有 2 个特征，也就是在 2 维实数向量空间，可以使用欧拉距离计算，公式如下：

$$l = \sqrt{(x_1 - x_2)^2 + (y_1 - y_2)^2}$$

样本中鸢尾花的坐标为：1(5.1,3.5)，2(4.9,3.0)，3(4.7,3.2)，4(7.0,3.2)，5(6.4,3.2)，6(6.9,3.1)。

需判断鸢尾花的坐标为：7(4.6,3.4)。

鸢尾花 7 到鸢尾花 1 的距离计算如下：

$$l = \sqrt{(x_1 - x_2)^2 + (y_1 - y_2)^2} = \sqrt{(4.6 - 5.1)^2 + (3.4 - 3.5)^2} = \sqrt{0.251} \approx 0.5$$

同理可得

鸢尾花 7 到鸢尾花 2 的距离 $l = 0.5$。

鸢尾花 7 到鸢尾花 3 的距离 $l = 0.2$。

鸢尾花 7 到鸢尾花 4 的距离 $l = 2.4$。

鸢尾花 7 到鸢尾花 5 的距离 $l = 1.8$。

鸢尾花 7 到鸢尾花 6 的距离 $l = 2.3$。

从小到大排序后为

鸢尾花 7 到鸢尾花 3 的距离 $l = 0.2$。

鸢尾花 7 到鸢尾花 2 的距离 $l = 0.5$。

鸢尾花 7 到鸢尾花 1 的距离 $l = 0.5$。

鸢尾花 7 到鸢尾花 5 的距离 $l = 1.8$。

鸢尾花 7 到鸢尾花 6 的距离 $l = 2.3$。

鸢尾花 7 到鸢尾花 4 的距离 $l = 2.4$。

当 $K = 1$ 时,鸢尾花 7 相邻的鸢尾花为 3,其中 setosa 类占比 100%,鸢尾花 7 属于 setosa 类。

当 $K = 2$ 时,鸢尾花 7 相邻的鸢尾花为 3 和 2,其中 setosa 类占比 100%,鸢尾花 7 属于 setosa 类。

当 $K = 3$ 时,鸢尾花 7 相邻的鸢尾花为 3、2 和 1,其中 setosa 占比 100%,鸢尾花 7 属于 setosa 类。

当 $K = 4$ 时,鸢尾花 7 相邻的鸢尾花为 3、2、1 和 5,其中 setosa 类占比 75%,versicolor 类占比 25%,鸢尾花 7 属于 setosa 类。

当 $K = 5$ 时,鸢尾花 7 相邻的鸢尾花为 3、2、1、5 和 6,其中 setosa 类占比 60%,versicolor 类占比 40%,鸢尾花 7 属于 setosa 类。

当 $K = 6$ 时,鸢尾花 7 相邻的鸢尾花为 3、2、1、5、6 和 4,其中 setosa 类占比 50%,versicolor 类占比 50%,鸢尾花 7 所属无法判断。

【例 16-5】 使用鸢尾花数据集训练和评估 KNN 分类器。

```
install.packages("kknn", dependencies = TRUE)
library(kknn)
```

计算鸢尾花数据集大小,即鸢尾花个数:

```
n <- nrow(iris)
```

从数据集中随机抽取三分之一作为测试集,无放回;其余三分之二作为训练集:

```
rows <- sample(1:n, size =round(n/3), replace = FALSE)
iris.train <- iris[-rows,]
iris.test <- iris[rows,]
```

训练数据集,5 表示距离的度量方法参数 distance 为 Minkowski:

```
iris.kknn <- kknn(Species~ ., iris.train, iris.test, distance = 5)
```

对测试集进行预测:

```
fit <- fitted(iris.kknn)
```

在混淆矩阵中观察分类器性能：

```
table(iris.test$Species, fit)
          fit
           setosa versicolor virginica
  setosa     14        0         0
  versicolor  0       13         0
  virginica   0        3        20
prop.table(table(iris.test$Species, fit))
           setosa versicolor virginica
  setosa     0.28     0.00      0.00
  versicolor 0.00     0.26      0.00
  virginica  0.00     0.06      0.40
```

预测正确的样本在对角线上，分类准确率为 $0.28+0.26+0.4=0.94$。

16.5 一元线性回归

经过相关分析，确信两个变量 X 与 Y 之间线性相关程度较高时，就会进一步期望找到二者之间的线性关系是什么，即 $Y=kX+b$ 中的 k 和 b 是多少。这个问题称为"一元线性回归"。"回归"的含义是"趋于平稳"。相关关系是相互的、对等的；而回归分析研究因果关系。其中 Y 称为因变量，依赖自变量 X。Y 也称为响应变量，相应地，X 称为解释变量。

研究两个变量 X 与 Y 之间关系的一般过程如下：

（1）绘制散点图，观察各个观测是否分布在一条直线附近。

（2）如果是，则根据散点图，找出一条能够表示 X 与 Y 相关关系的最佳直线 $\hat{Y}=kX+b$。"最佳"的度量是：各个观测与这条直线的纵向距离总和（$\sum(y_i-\hat{y}_i)^2, i=1,2,\cdots,N$）最小。直线 $\hat{Y}=kX+b$ 中，k 称为回归系数，b 称为截距。

【例 16-6】 某班 10 名学生引体向上和俯卧撑的测量结果如下，由引体向上测量结果推测俯卧撑测量结果。

引体向上	俯卧撑
3	7
6	11
8	10
7	7
10	14
6	9
11	14
5	7
5	6
7	5

设引体向上为 X，俯卧撑为 Y。绘制散点图（见图 16-6）观察。

回归线的斜率可以看作两个变量的协方差除以自变量的方差，所以回归线系数 k：

$$\sum(X-\overline{X})(Y-\overline{Y})=52$$

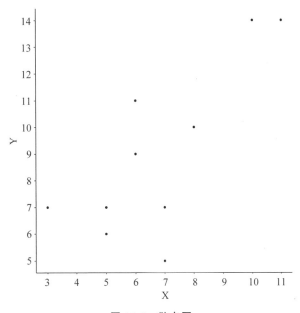

图 16-6　散点图

$$\sum (X - \overline{X})(X - \overline{X}) = 51.6$$

所以，$k = 52 \div 51.6 \approx 1.0$。

截距 b：

$$b = \overline{Y} - k\overline{X} = 9 - 1.0 \times 6.8 = 2.2$$

在 R 中拟合：

```
> lm(Y~X)

Call:
lm(formula = Y~ X)

Coefficients:
(Intercept)          X
      2.147      1.008
```

在散点图上添加拟合的回归线：

```
library(ggplot2)
X <- c(3,6,8,7,10,6,11,5,5,7)
Y <- c(7,11,10,7,14,9,14,7,6,5)
ggplot(data.frame(X,Y), aes(X,Y)) +
  geom_point() +
  scale_x_continuous(limits=c(1,12),n.breaks=12) +
  scale_y_continuous(limits=c(1,14),n.breaks=14) +
  geom_abline(intercept = 2.147, slope = 1.008) +
  theme_classic()
```

结果如图 16-7 所示。

运用 $\hat{Y} = kX + b$ 计算的值就是给定 X 的观测值，对 Y 的估计。这种估计通常称为点估计，实践中估计值与实际的测量值往往不一致，所以估计一个范围而不是估计一个点就具有

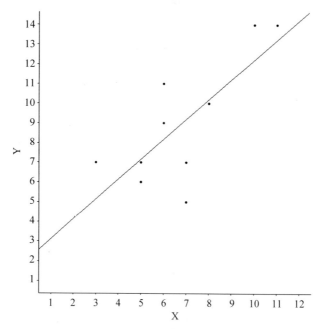

图 16-7   在散点图上增加回归线

更好的操作性。这个范围以区间形式表示，称为预测区间。对于某个确定的 $X=x$，实际的测量值在 $\hat{y}=kx+b$ 附近徘徊，且服从正态分布。测量值以 95% 的概率落入的区间可以根据正态分布的性质计算出来，称为 95% 置信区间。

一般地，在建立线性模型之前，需要观察每个自变量与因变量的关联，剔除离群值。因为离群值对模型拟合效果有极大的负面影响。当建立模型后，还要检验其统计上的显著性。最后才能应用模型进行预测。

【**例 16-7**】   在鸢尾花数据集 iris 中，建立 setosa 类鸢尾花的花萼长度（Sepal.Length）和花萼宽度（Sepal.Width）之间的线性回归模型。

筛选出 setosa 类的观测，保留花萼长度和花萼宽度两个变量：

```
setosa <- iris[which(iris$Species == "setosa"),1:2]
```

使用散点图观察相关性：

```
ggplot(data = iris[which(iris$Species == "setosa"),]) +
  geom_point(aes(x = Sepal.Length, y = Sepal.Width)) +
  theme_bw()
```

结果如图 16-8 所示。由图 16-8 可以看出花萼长度和花萼宽度似乎相关。

通过箱线图剔除离群点：

```
boxplot.stats(setosa$Sepal.Length)
$stats
[1] 4.3 4.8 5.0 5.2 5.8
$n
[1] 50
$conf
[1] 4.910622 5.089378
$out
```

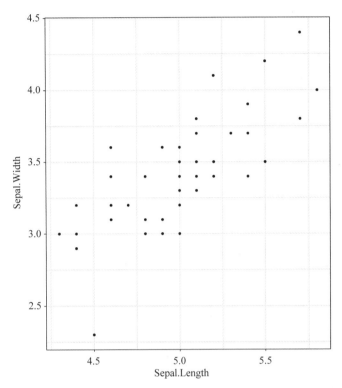

图 16-8 花萼长度和花萼宽度散点图

```
numeric(0)

boxplot.stats(setosa$Sepal.Width)
$stats
[1] 2.9 3.2 3.4 3.7 4.4
$n
[1] 50
$conf
[1] 3.288277 3.511723
$out
[1] 2.3
```

以剔除离群点 2.3 后的观测作为训练集：

```
training <- setosa[-which(setosa$Sepal.Width == 2.3),]
```

检验两个变量间的相关性：

```
cor.test(training$Sepal.Length, training$Sepal.Width)
        Pearson's product-moment correlation

data:  training$Sepal.Length and training$Sepal.Width
t = 7.5372, df = 47, p-value = 0.000000001259
alternative hypothesis: true correlation is not equal to 0
95 percent confidence interval:
0.5790106  0.8451515
sample estimates:
     cor
0.7397622
```

p 值约等于 0,低于显著性水平 0.05,二者显著相关,相关系数为 0.739 762 2。然后再建立线性回归模型:

```
mod <- lm(Sepal.Width ~ Sepal.Length, data = training)
print(mod)
Call:
lm(formula = Sepal.Width ~ Sepal.Length, data = training)

Coefficients:
(Intercept)    Sepal.Length
-0.2329        0.7344
```

所以,线性回归模型为

$$\text{Sepal.Width} = 0.7344 \times \text{Sepal.Length} - 0.2329$$

计算模型的统计显著性:

```
summary(mod)
Call:
lm(formula = Sepal.Width ~ Sepal.Length, data = training)

Residuals:
    Min      1Q  Median       3Q      Max
-0.43903 -0.18591 -0.01872  0.16722  0.51409

Coefficients:
            Estimate Std. Error t value      Pr(>|t|)
(Intercept)  -0.23287    0.48991  -0.475         0.637
Sepal.Length  0.73438    0.09743   7.537 0.00000000126 ***
---
Signif. codes:  0 '***' 0.001 '**' 0.01 '*' 0.05 '.' 0.1 ' ' 1

Residual standard error: 0.2352 on 47 degrees of freedom
Multiple R-squared:  0.5472,    Adjusted R-squared:  0.5376
F-statistic: 56.81 on 1 and 47 DF,  p-value: 0.000000001259
```

原假设是自变量的系数为 0,备选假设是自变量的系数不为 0,即自变量和因变量存在线性关系。从最后一行看到,p 值约等于 0,低于显著性水平 0.05,表明自变量和因变量显著存在线性关系。

均方误差(MSE)是对线性回归模型的预测结果与实际观测匹配程度的度量,反映了模型的可用性。设 n 是总观测数,y_i 是观测 i 在因变量上值;$f(x_i)$ 是对观测 i 的预测值,那么

$$\text{MSE} = \frac{\sum (y_i - f(x_i))^2}{n}$$

模型预测值与观测值越接近,MSE 就越小。可优化算法,使得 MSE 更小,当拟合算法过于追求更小的 MSE 时,通常很难在训练数据中找到仅仅由随机因素产生的关系,从而当模型应用于前所未有的观测时,性能变得很差。例如,对于一个简单线性回归模型就可以解决的回归问题却用多项式回归模型解决,虽然后者的 MSE 远远小于前者,但是当一个新的观测出现时,后者的预测结果反而不准确。这种现象称为过拟合。

为了避免过拟合问题,可使用交叉验证(cross-validation)方法。这种方法的操作步骤:

把数据集分成大致相等的 K 份；取出其中一份 i 作为测试集，其余作为训练集；在测试集 i 上计算 MSE；遍历所有的 K 份作为测试集，得出 K 个 MSE；把 K 个 MSE 的平均数作为模型的度量。

16.6 Logistic 回归

线性回归和 Logistic 回归都是广义线性模型的特例。Logistic 回归等于通过 Sigmoid 函数分类的线性回归，Sigmoid 函数将回归问题转换为分类问题。Logistic 回归还可以看作单层神经网络。

假设有因变量 z 和一组自变量 $x_1, x_2, \cdots, x_n$，其中 z 为连续变量，在线性方程：

$$z = \beta_0 + \beta_1 x_1 + \beta_2 x_2 + \cdots + \beta_n x_n$$

中，各个 β 可以通过最小二乘法估计。如果因变量为二分类变量，假设因变量只能取值 0 或 1，那么线性回归方程就会遇到困难：方程右侧是一个连续的值，取值为负无穷到正无穷，而左侧只能取值 0 或者 1。使用下面的函数将方程值变换为 0 或 1：

$$y = \frac{1}{1 + e^{-z}}$$

给定临界值就可判断参数属于哪一类，一般默认临界值为 0.5：若 $y > 0.5$，则判断为第一类；否则判断为另一类。

一般线性回归模型的矩阵形式为

$$z = \boldsymbol{X}\boldsymbol{\beta}^{\mathrm{T}}$$

那么 Logistic 回归模型可以表示为

$$y = \frac{1}{1 + e^{-z}}$$

函数的图像如图 16-9 所示。

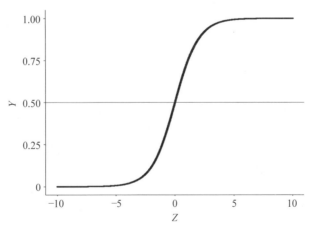

图 16-9 Logistic 回归模型

通过图 16-9 可以看出 $z = \boldsymbol{X}\boldsymbol{\beta}^{\mathrm{T}}$ 的取值范围为 $(-\infty, \infty)$；y 的取值范围为 $[0, 1]$。若临界值是 0.5，则当 $\boldsymbol{X}\boldsymbol{\beta}^{\mathrm{T}} > 0$ 时，$y > 0.5$，令 $y = 1$；当 $\boldsymbol{X}\boldsymbol{\beta}^{\mathrm{T}} \leqslant 0$ 时，$y \leqslant 0.5$，令 $y = 0$。

Logistic 回归通过线性边界将输入分成两个"区域"，每个类别划分一个区域。因此，样本应当是线性可分的。另外,因变量要服从二项分布,各个观测对象间要独立。虽然可以把 Logistic 回归可用于二分类问题,也可用于多分类问题,但是用于二分类问题更为常见,也更容易解释。Logistic 回归的自变量可为连续变量,也可为类别变量。

【例 16-8】 从鸢尾花数据集中取前 99 个样本,共 2 类。训练 Logistic 回归模型并评估,然后预测第 100 个样本属于哪一类。

实现脚本如下:

```
library(nnet)
set.seed(2)
iris2 <- iris[1:99,]
train <- sample(1:nrow(iris2),70)
iris2.train <- iris2[train,]
iris2.test <- iris2[-train,]
iris2.logistic <- multinom(Species~ ., data = iris2.train)
iris2.prediction <- predict(iris2.logistic, iris2.test, type="class")
crossTable <- table(iris2.prediction, iris2.test$Species);crossTable
```

输出为

```
iris2.prediction    setosa    versicolor    virginica
    setosa            13          1              0
    versicolor         0         15              0
```

准确率(accuracy)为对角线概率累加和:

```
sum(diag(prop.table(crossTable)))
[1] 0.9655172
```

使用模型预测第 100 个样本属于哪一类,预测结果为 versicolor,结果正确。

```
predict(iris2.logistic, iris[100,], type="class")
[1] versicolor
Levels: setosa versicolor
```

【例 16-9】 从鸢尾花数据集中随机抽取样本 100 个,共 3 类。训练 Logistic 回归模型并评估。

训练和评估模型的脚本如下:

```
library(nnet)
set.seed(2)
train<- sample(1:nrow(iris),100)
iris.train<- iris[train,]
iris.test<- iris[-train,]
iris.logistic<- multinom(Species~., data = iris.train)
```

把其余的 50 个观测作为测试集,使用测试集评估模型:

```
iris.prediction <-predict(iris.logistic,iris.test,type="class")
table(iris.prediction,iris.test$Species)
```

输出为

```
iris.pre     setosa  versicolor  virginica
setosa         14        0          0
versicolor      1       17          2
virginica       0        0         16
```

计算预测准确率：

```
crossTable<-table(iris.prediction,iris.test$Species)
sum(diag(prop.table(crossTable)))
[1] 0.94
```

Logistic 回归＋矩阵分解，构成了推荐算法中常用的 FM 模型；Logistic 回归＋softmax，可把二分类问题转换为多分类问题。

一般地，建立回归模型前需要观察分类的均衡性。如果分类不均衡，则需要整理出均衡的训练集；还需要根据变量对因变量的重要性选择模型中的自变量。

【例 16-10】　mtcars 数据集中有 11 个变量，其中 am 是一个类别变量，用于表示是否为自动挡。建立因变量 am 的 Logistic 回归模型。假设 vs、gear、carb 为类别变量，可作为自变量。

首先把 vs、gear、carb 由默认的数值类型转换为因子类型：

```
mydata <- mtcars
mydata$vs <- as.factor(mydata$vs)
mydata$gear <- as.factor(mydata$gear)
mydata$carb <- as.factor(mydata$carb)
```

查看因变量的类别比例：

```
table(mtcars$am)
```

输出为

```
 0  1
19 13
```

可看到类别 0 有 19 个观测，类别 1 有 13 个观测，不太均衡。需要通过抽样形成均衡的训练集，并把剩余观测作为测试集。筛选训练集观测：

```
input_ones <- mydata[which(mtcars$am == 1), ]  #all 1's
input_zeros <- mydata[which(mtcars$am == 0), ]  #all 0's
```

抽取 70% 的类 1 观测、与类 1 观测同数量的类 0 观测：

```
set.seed(31)
input_ones_training_obs <- sample(1:nrow(input_ones), 0.7 * nrow(input_ones))
input_zeros_training_obs <- sample(1:nrow(input_zeros), 0.7 * nrow(input_
ones))
training_ones <- input_ones[input_ones_training_obs, ]
training_zeros <- input_zeros[input_zeros_training_obs, ]
```

合并两类观测作为训练集：

```
trainingData <- rbind(training_ones, training_zeros)
```

把剩余观测作为测试集：

```
test_ones <- input_ones[-input_ones_training_obs, ]
test_zeros <- input_zeros[-input_zeros_training_obs, ]
testData <- rbind(test_ones, test_zeros)
```

通过计算信息量实现特征选取：

```
library(smbinning)
factor_vars <- c("vs","gear","carb")
continuous_vars <- names(mydata[,-(8:11)])
```

为 3 个自变量分配 3 行的数据框:

```
iv_df <- data.frame(VARS=c(factor_vars, continuous_vars), IV=numeric(3))
```

计算每个类别变量的信息量:

```
for(var in factor_vars){
  smb <- smbinning.factor(trainingData, y="am", x=var)
  if(class(smb) != "character"){
    iv_df[iv_df$VARS == var, "IV"] <- smb$iv
  }
}
```

按信息量对类别变量进行排序:

```
iv_df <- iv_df[order(-iv_df$IV), ]
iv_df
   VARS    IV
2  gear  0.7153
3  carb  0.5946
1    vs  0.2288
```

选取信息量最大的类别变量 gear 拟合 Logistic 回归模型:

```
logitMod <- glm(am ~ gear, data=trainingData, family=binomial(link="logit"))
```

在测试集上评估模型:

```
predicted <- plogis(predict(logitMod, testData))
```

建立混淆矩阵:

```
table(c(testData$am, ifelse(predicted>0.5,1,0)))
    0  1
 0  7  3
 1  0  4
```

由混淆矩阵知测试集中有 10 个 0 类观测,模型预测出 7 个;测试集中有 4 个 1 类观测,模型预测出 4 个。

计算模型预测准确率:

$$\text{Accuracy} = \frac{4+7}{7+3+4} = \frac{11}{14} \approx 0.79$$

应用 R 表达式计算模型预测准确率:

```
> sum(diag(prop.table(matrix(c(7,3,0,4),nrow=2,byrow=TRUE))))
[1] 0.7857143
```

如果自变量是无序多分类,可使用 nnet::multinom 进行 Logistic 回归:

```
library(nnet)
mod <- multinom(Y ~ X1 + X2, data)
```

16.7 分类算法的性能评估

由于有分类标签,评估分类算法只需比较算法预测的标签和实际的标签即可。是否能够查得准、查得全是分类算法最基本的评价指标。

16.7.1 查准率和查全率

假设有 100 名旅客,其中客观上有 10 名某病毒感染者。查全率(recall)指 10 名感染者有多少被算法分出来了;查准率(precision)指算法分出来的感染者中有多少是客观上的感染者。

可引入记号 P(positive)、N(negative)、T(true)、F(false)来度量查全率和查准率:P 表示算法把观测标记为"阳性"(感染者),N 表示算法把样本标记为"阴性"(非感染者);T 表示算法的标记和客观情况一样,即算法"正确地标记",F 表示算法的标记和客观情况不一样,即算法"错误地标记"。对于二分类问题,共有四种情况:

TP:真阳性,意思是"正确地标记为阳性",即算法判断为感染者,客观上是感染者。

FP:假阳性,意思是"错误地标记为阳性",即算法判断是感染者,但客观是非感染者。

TN:真阴性,意思是"正确地标记为阴性",即算法判断是非感染者,客观上是非感染者。

FN:假阴性,意思是"错误地标记为阴性",即算法判断为非感染者,但客观上是感染者。

所以有

$$Recall = \frac{正确地标记为阳性的观测数}{客观上为阳性的观测数} = \frac{TP}{TP + FN}$$

$$Precision = \frac{正确地标记为阳性的观测数}{所有标记为阳性的观测数} = \frac{TP}{TP + FP}$$

准确率就是模型预测正确了的观测数占总观测数的比例:

$$Accuracy = \frac{预测正确的观测数}{总观测数} = \frac{TP + TN}{TP + TN + FP + FN}$$

一般 0 表示阴性,1 表示阳性,而且阳性多设置为研究者较为关心的标签,例如 1 表示感染者。假设有 10 个观测,真实的分类标签 fact 和算法预测的分类标签 pred 如下:

```
df= data.frame(fact=c(1,1,1,0,1,0,0,0,0,1),pred=c(1,1,0,0,0,0,0,0,0,0))
```

首先建立交叉表:

```
> table(df)
       pre d
fact   0   1
   0   5   0
   1   3   2
```

该交叉表称为混淆矩阵。其含义如下:

	预测为 0	预测为 1
实际为 0	5	0
实际为 1	3	2

说明事实上标签为 0 的观测有 5+0=5 个；而预测标签为 0 的观测有 5+3=8 个。事实上标签为 1 的观测有 3+2=5 个；而预测标签为 1 的观测有 0+2=2 个。如果 0 表示阴性，1 表示阳性，那么预测为 0、事实为 0 称为真阴性；预测为 0、事实为 1 称为假阴性；预测为 1、事实为 1 称为真阳性；预测为 1、事实为 0 称为假阳性。从混淆矩阵可知，真阴性 TN=5，假阴性 FN=3；假阳性 FP=0，真阳性 TP=2。根据查全率的定义：

$$\frac{\text{TP}}{\text{TP}+\text{FN}} = \frac{2}{2+3} = 0.4$$

根据查准率的定义：

$$\frac{\text{TP}}{\text{TP}+\text{FP}} = \frac{2}{2+0} = 1$$

与二分类模型不同，多分类模型的混淆矩阵是一个 $k \times k$ 的矩阵，其中 k 表示分类的类别数。例如，有三分类模型的混淆矩阵如下：

	预测为类别 1	预测为类别 2	预测为类别 3
实际为类别 1	10	3	5
实际为类别 2	1	15	6
实际为类别 3	2	4	20

TP 和 FN：从第一行可知，类别 1 有 18 个观测，其中有 10 个被分类器正确预测，而有 3 个被预测成类别 2，5 个被预测成类别 3。因此对类别 1 而言，TP=10（正确预测成类别 1 的观测数量），FN=8（被预测为其他类别的观测数量）。用同样的方法计算类别 2 和类别 3 的 TP、FN。

FP：从第一列可知，共 10+1+2=13 个观测预测为类别 1，其中正确的有 10 个，错误的有 3 个，因此 FP=3（被错误预测成类别 1 的观测数量）。用同样的方法计算类别 2 和类别 3 的 FP。

TN：总的观测数量是 18+22+26=66。从第一列可知有 13 个观测预测为类别 1，因此 66-13=53 个观测被预测为类别 2 或类别 3；而从第一行可知有 8 个观测本来是类别 1 却被错误地预测为其他类别（即 FN），因此正确地预测为非类别 1 的观测有 53-8=45 个。用同样的方法计算类别 2 和类别 3 的 TN。

16.7.2 ROC 曲线

ROC（Receiver Operating Characteristic）曲线展示随着假阳性率（False Positive Rate，FPR）增长真阳性率（True Positive Rate，TPR）的变化情况。它以假阳性率为横坐标，真阳性率为纵坐标，如图 16-10 所示。假阳性率指错误地预测为阳性的观测数量在所有事实上阴性观测中的比例：

$$\text{FPR} = \frac{\text{FP}}{\text{FP}+\text{TN}}$$

真阳性率指正确地预测为阳性的观测数量在所有事实上阳性观测中的比例：

$$\text{TPR} = \frac{\text{TP}}{\text{TP}+\text{FN}}$$

真阳性率度量模型的敏感性（sensitivity）；假阳性率度量模型的特异性（1-specificity）。ROC 曲线展示了模型的分类性能，曲线越是靠近对角线越差。图 16-10 中靠近对角线

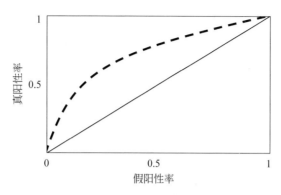

图 16-10 ROC 曲线

的虚曲线表示性能较好。用 ROC 曲线,能够在假阳性率和真阳性率之间进行权衡,找到优化的模型。曲线下方的区域面积(Area Under the Curve＝AUC)为 1 意味着能够百分之百地区分阳性和阴性;面积为 0.5 表示无法区分阳性和阴性。

【例 16-11】 假设有 10 个观测,每个观测的 ID、评分 score 和真实标签 fact 如表 16-5 所示。

表 16-5 10 个观测

ID	1	2	3	4	5	6	7	8	9	10
score	0.9	0.87	0.81	0.76	0.7	0.65	0.6	0.5	0.4	0.3
fact	1	1	1	1	1	0	0	0	0	0

根据表 16-5 所示观测绘制 ROC 曲线。

其中有 5 个阳性,5 个阴性。把阈值设置为 0.9,即评分大于或等于阈值 0.9 的观测认为是阳性,预测标签就是[1,0,0,0,0,0,0,0,0,0],而事实上的标签是[1,1,1,1,1,0,0,0,0,0],此时混淆矩阵的情形如表 16-6 所示。

表 16-6 混淆矩阵的情形(阈值为 0.9)

预测标签,事实标签	含 义	频 数
1,1	TP	1
1,0	FP	0
0,1	FN	4
0,0	TN	5

表 16-6 实际上是预测标签和事实标签频数交叉表,即混淆矩阵的线性表示。

根据定义:

$$TPR = \frac{1}{1+4} = 0.2$$

$$FPR = \frac{0}{0+5} = 0$$

因此得到了第一个点(0,0.2)。

当阈值设置为 0.8 时,预测结果是[1,1,0,0,0,0,0,0,0,0],此时混淆矩阵的情形如表 16-7 所示。

表 16-7　混淆矩阵的情形(阈值为 0.8)

预测标签,事实标签	含　义	频　数
1,1	TP	3
1,0	FP	0
0,1	FN	2
0,0	TN	5

根据定义:

$$TPR = \frac{3}{3+5} = 0.375$$

$$FPR = \frac{0}{0+5} = 0$$

因此得到了第二个点(0,0.375)。

按照步长 0.1 逐渐减少阈值,可以分别算出 TPR 和 FPR,如表 16-8 所示。

表 16-8　TPR 和 FPR

阈　值	FPR	TPR
0.7	0	1
0.6	0.4	1
0.5	0.6	1
0.4	0.8	1
0.3	1	1
0.2	1	1
0.1	1	1

用下面的脚本绘制 ROC 曲线:

```
library("ggplot2")
ggplot(data=data.frame(FPR=c(0, 0, 0, 0.4, 0.6, 0.8, 1), TPR=c(0.2, 0.375, 1, 1,
1, 1, 1)),
  aes(FPR, TPR)) +
  geom_point(size=2) +
  geom_path() +
  coord_fixed() +
  theme_bw()
```

结果如图 16-11 所示。

pROC 可用来绘制 ROC 曲线。仍然使用上个例子。首先安装和装入 pROC 包:

```
install.packages("pROC")
library(pROC)
```

把预测的评分放入向量 score;把真实的分类标签放入向量 fact:

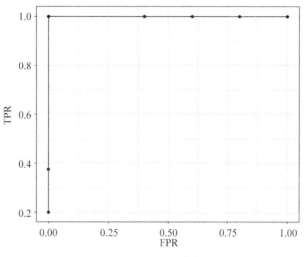

图 16-11　ROC 曲线

```
score <- c(0.9, 0.87, 0.81, 0.76, 0.7, 0.65, 0.6, 0.5, 0.4, 0.3)
fact <- c(1,1,1,1,1,0,0,0,0,0)
```

绘制 ROC 曲线：

```
plot(roc(fact, score) ,
  print.auc=TRUE,              #输出 AUC 曲线下面积
  auc.polygon=TRUE,            #展示 AUC 曲线下面积的多边形
  grid=c(0.1, 0.2),            #展示背景的网格
  max.auc.polygon=TRUE,        #曲线上方的部分
  auc.polygon.col="lightgrey", #AUC 曲线下面积的多边形的颜色
  print.thres=TRUE,            #输出阈值
  legacy.axes=FALSE            #默认为 FALSE,为 TRUE 则输出 1- specificity
)
```

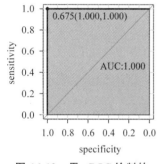

图 16-12　用 pROC 绘制的
　　　　　ROC 曲线

结果如图 16-12 所示。

AUC 值越大的分类器,正确率越高:

AUC＝1,是完美分类器,采用这个分类器时,存在至少一个阈值能得出完美预测。

0.5＜AUC＜1,存在阈值使得分类器的预测有价值。

AUC＝0.5,跟随机猜测一样,分类器的预测没有价值。

AUC＜0.5,分类器的预测比随机猜测还差。

pROC 包中的 aSAH 数据集共有 7 个变量,113 个蛛网膜下腔出血观测。前 6 行为

```
> head(aSAH)
    gos6 outcome gender  age wfns s100b ndka
29  5    Good    Female  42  1    0.13  3.01
30  5    Good    Female  37  1    0.14  8.54
31  5    Good    Female  42  1    0.10  8.09
32  5    Good    Female  27  1    0.04  10.42
33  1    Poor    Female  42  3    0.13  17.40
34  1    Poor    Male    48  2    0.10  12.75
```

其中,outcome 为分类标签。把 s100b 和 ndka 作为预测评分,绘制 ROC 曲线进行比较的脚本如下:

```
data(aSAH)
rocobj1 <- plot.roc(aSAH$outcome, aSAH$s100b,main="ROC comparison", percent=
TRUE )
rocobj2 <- lines.roc(aSAH$outcome, aSAH$ndka, percent=TRUE, lty="dotted")
testobj <- roc.test(rocobj1, rocobj2)
text(50, 50, labels=paste("p-value =", format.pval(testobj$p.value)), adj=c(0, .5))
legend("bottomright", legend=c("s100b", "ndka"), lty=c("solid","dotted"), lwd=2)
```

结果如图 16-13 所示。

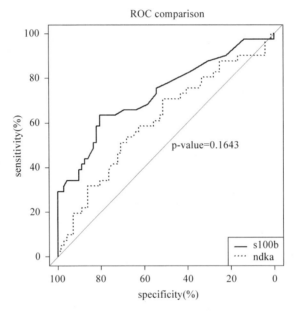

图 16-13 进行比较的 **ROC** 曲线

在三分类问题中,需要将每个类别分别作为正类,其余类别作为负类,计算对应的 FPR 和 TPR。最终得到三条 ROC 曲线,这三条 ROC 曲线可以绘制在同一个图中。

16.8 K 均值聚类

聚类就是把观测按照相似性分到不同的集体中去。每个集体称为一个簇。K 均值聚类(K-means clustering)算法是一种典型的聚类算法。K 是期望的簇的个数,"均值"的含义是把簇中所有观测的均值作为该簇的代表,称为"簇中心"。算法将 n 个观测划分到 K 个簇中,使得同一簇中的观测相似,而不同簇中的观测相异;通过随机选择 K 个观测作为初始的代表,再计算其他观测与每个簇的代表的相似度,比如距离相似,把该观测划分到最相似的簇中;不断重复这一过程直到收敛为止。

【**例 16-12**】 假设有 5 个观测,如表 16-9 所示。

表 16-9　5 个预测

观　　测	x	y
O_1	1	1
O_2	2	2
O_3	3	4
O_4	4	4
O_5	5	5

令 $K=2$，应用 K 均值聚类算法聚类。

随机选取观测 O_1 和 O_5 作为两个初始簇心：$M_1=O_1=(1,1)$，$M_2=O_5=(5,5)$。然后计算其他观测与各个簇中心的距离 d。

对于观测 O_2：

$$d(M_1,O_2)=\sqrt{(1-2)^2+(1-2)^2}=\sqrt{2}$$
$$d(M_2,O_2)=\sqrt{(5-2)^2+(5-2)^2}=\sqrt{18}$$

因为 2 小于 18，所以观测 O_2 属于簇 M_1。

对于观测 O_3：

$$d(M_1,O_3)=\sqrt{(1-3)^2+(1-4)^2}=\sqrt{13}$$
$$d(M_2,O_3)=\sqrt{(5-3)^2+(5-4)^2}=\sqrt{5}$$

因为 5 小于 13，所以 O_2 属于簇 M_2。

对于观测 O_4：

$$d(M_1,O_4)=\sqrt{(1-4)^2+(1-4)^2}=\sqrt{18}$$
$$d(M_2,O_4)=\sqrt{(5-4)^2+(5-4)^2}=\sqrt{2}$$

因为 2 小于 18，所以 O_4 也属于簇 M_2。

至此得到了两个簇：$C_1=\{O_1,O_2\}$，$C_2=\{O_3,O_4,O_5\}$。

计算各个簇中观测的均值并将均值作为新的簇心：

$$M_1=((1+2)/2,(1+2)/2)=(1.5,1.5)$$
$$M_2=((3+4+5)/3,(4+4+5)/3)=(4,4.33)$$

再次计算 5 个观测到簇心的距离并划分，得新的簇：$C_1=\{O_1,O_2\}$，$C_2=\{O_3,O_4,O_5\}$。

计算新的簇心：

$$M_1=((1+2)/2,(1+2)/2)=(1.5,1.5)$$
$$M_2=((3+4+5)/3,(4+4+5)/3)=(4,4.33)$$

由于簇心不再变化，迭代停止。

【例 16-13】　令 $K=3$，对鸢尾花数据集进行 K 均值聚类。

第一步：了解数据集的数据结构。

显示数据集的结构：

```
> str(iris)
'data.frame':    150 obs. of  5 variables:
 $ Sepal.Length: num  5.1 4.9 4.7 4.6 5 5.4 4.6 5 4.4 4.9 ...
 $ Sepal.Width : num  3.5 3 3.2 3.1 3.6 3.9 3.4 3.4 2.9 3.1 ...
 $ Petal.Length: num  1.4 1.4 1.3 1.5 1.4 1.7 1.4 1.5 1.4 1.5 ...
 $ Petal.Width : num  0.2 0.2 0.2 0.2 0.2 0.4 0.3 0.2 0.2 0.1 ...
 $ Species     : Factor w/ 3 levels "setosa","versicolor",..: 1 1 1 1 1 1 1 1 1 1 ...
```

查看数据集的前 5 行：

```
> iris[1:5,]
  Sepal.Length Sepal.Width Petal.Length Petal.Width Species
1          5.1         3.5          1.4         0.2  setosa
2          4.9         3.0          1.4         0.2  setosa
3          4.7         3.2          1.3         0.2  setosa
4          4.6         3.1          1.5         0.2  setosa
5          5.0         3.6          1.4         0.2  setosa
```

观察数据集中每个变量的统计特征：

```
> summary(iris)
```

绘制各个变量的两两散点图观察变量分布和相关情况。从图 16-14 所示两两散点图可以观察到，花瓣的长度和宽度呈正相关。

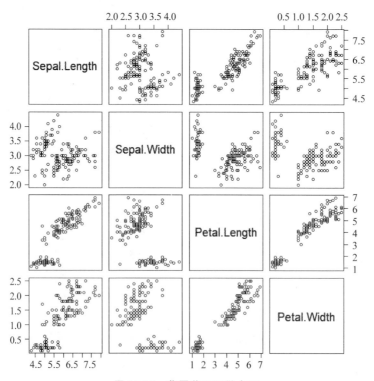

图 16-14　鸢尾花两两散点图

```
> pairs(iris[,1:4])
```

第二步：使用 stats 包 kmeans 函数进行 K 均值聚类。

将数据集复制到 myiris，通过把变量 myiris＄Species 置为空来删除变量 Species：

```
myiris<-iris
myiris$Species <- NULL
```

设置聚类的初始个数为 3，在数据集 myiris 上调用 kmeans 函数聚类：

```
result <- kmeans(myiris,3);result
```

输出结果为

```
K-means clustering with 3 clusters of sizes 62, 50, 38
Cluster means:
  Sepal.Length Sepal.Width Petal.Length Petal.Width
1     5.901613    2.748387     4.393548     1.433871
2     5.006000    3.428000     1.462000     0.246000
3     6.850000    3.073684     5.742105     2.071053

Clustering vector:
  [1] 2 2 2 2 2 2 2 2 2 2 2 2 2 2 2 2 2 2 2 2 2 2 2 2 2 2 2 2 2 2 2 2 2 2 2 2
 [37] 2 2 2 2 2 2 2 2 2 2 2 2 2 2 1 1 3 1 1 1 1 1 1 1 1 1 1 1 1 1 1 1 1 1 1 1
 [73] 1 1 1 1 1 3 1 1 1 1 1 1 1 1 1 1 1 1 1 1 1 1 1 1 1 3 1 3 3 3 3 3 3 1 3
[109] 3 3 3 3 3 1 1 3 3 3 3 1 3 1 3 1 3 3 1 1 3 3 3 3 3 1 3 3 3 3 3 1 3 3 3 1 3
[145] 3 3 1 3 3 1

Within cluster sum of squares by cluster:
[1] 39.82097 15.15100 23.87947
 (between_SS / total_SS =  88.4 %)

Available components:

[1] "cluster"      "centers"      "totss"        "withinss"
[5] "tot.withinss" "betweenss"    "size"         "iter"
[9] "ifault"
```

观察聚类的结果，可以看到：

（1）函数产生了 3 个簇，大小分别为 62、50、38。

（2）函数输出了 3 个簇中各个变量的最终均值（Cluster means）。

（3）函数列出了每个观测所属的簇：1 表示属于簇 1，2 表示属于簇 2，3 表示属于簇 3。

（4）函数显示了 3 个簇的内部距离平方和：39.820 97 和 15.151 00、23.879 47。

（5）between_SS / total_SS＝88.4 ％表示簇间的距离平方和是簇内距离平方和的 88.4％，这个比值越接近 1，聚类效果越好。

（6）在可用成分（Available components）中，

cluster 是指示每个观测被分配的簇号的整数向量。

centers 是簇中心矩阵。

totss 是平方和总计（The total sum of squares）。

withinss 是簇内平方和（Vector of within-cluster sum of squares，one component per cluster）。

tot.withinss 是簇内平方和总计（Total within-cluster sum of squares）。

betweenss 是簇间平方和总计（The between-cluster sum of squares）。

size 是每个簇中观测的数量(The number of points in each cluster)。

iter 是迭代次数。

ifault 是指示算法问题的整数。

把聚类结果和数据集中原始的类别标签 Species 统计到交叉表中:

```
table(iris$Species, result$cluster)
            1   2   3
  setosa    0  50   0
  versicolor 48  0   2
  virginica 14   0  36
```

由交叉表可发现 setosa 类的鸢尾花有 50 个,全部落在簇 2 中;versicolor 类的鸢尾花有 50 个,其中 48 个落在簇 1 中,另外 2 个在簇 3 中;virginica 类的鸢尾花有 50 个,其中 14 个落在簇 1 中,另外 36 个落在簇 3 中。

以 myiris 数据集中的变量 Sepal.Length 和 Sepal.Width 绘制散点图,使用聚类结果中的变量 cluster 的值 1、2、3 作为簇的形状,表示该鸢尾花所属的簇:

```
ggplot() +
  geom_point(data = myiris, aes(x = Sepal.Length, y = Sepal.Width), shape =
result$cluster) +
  theme_bw()
```

结果如图 16-15 所示。

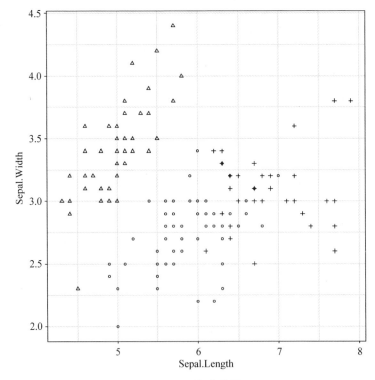

图 16-15 聚类结果

可在图 16-15 中标出每个簇的中心点：

```
ggplot() +
  geom_point(data = myiris, aes(x = Sepal.Length, y = Sepal.Width), shape =
result$cluster) +
  geom_point(data = as.data.frame(result$centers), aes(x = Sepal.Length, y =
Sepal.Width),
       pch = 16, cex=4) +
  theme_bw()
```

结果如图 16-16 所示。

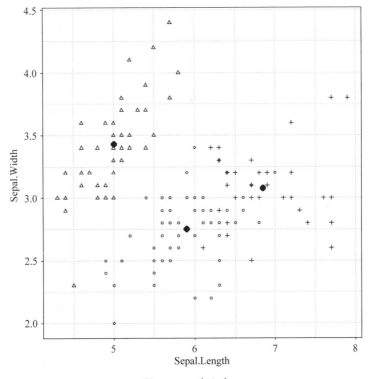

图 16-16　中心点

可使用包 NbClust 确定 kmeans 函数的参数 "簇数量"（centers），即 K 均值聚类算法 K 的取值。

R 中的 kmeans 函数默认使用 Hartigan-Wong 聚类算法。假设要把观测分为 K 个簇，算法如下：

输入：n 个观测，预期簇的个数 K。

输出：K 个簇。

过程：

（1）适当选择 K 个簇的初始中心，一般为随机选取；

（2）在每次迭代中，对任意一个观测，分别求其到 K 个中心的距离，将该观测划分到距离最近的中心所在的簇中；

（3）使用均值更新该 K 个簇的中心的值；

（4）对于所有的 K 个簇中心，重复步骤（2）、步骤（3），簇的中心值的移动距离满足一定条件(迭代次数或收敛程度)时,则迭代结束,完成聚类。

K均值聚类算法的几个主要特点如下:

- 发现球形互斥的簇:由于K均值聚类算法一般是以欧几里得距离作为相似性度量指标,所以K均值聚类算法对于球形互斥的簇的聚类效果会比较好。

- 对低维数据集效果较好:同样的数据量,维度越高,数据矩阵越稀疏,当数据维度比较高时,数据矩阵是一个稀疏矩阵,K均值聚类算法稀疏矩阵数据聚类效果不佳。

- 容易陷入局部最优:对于K均值聚类算法来说,初始聚类中心的确定十分重要,因为不同的聚类中心会使算法沿着不同的路径搜索最优聚类结果,不过对于陷入局部最优这个问题可以从初始聚类中心的选择来进行改进。

- K均值聚类算法基于均值,所以可以对异常值敏感。

标准化和归一化具体介绍如下。

有些数据是有量纲的,比如身高,而有些数据是没有量纲的,例如,男女比例。"无量纲化"是指去除数据的"单位"限制,将其变换为无量纲的数值。不同的数据往往具有不同的量纲。由于数据之间量纲的不相同,各数据不能直接参与运算。比如男生五十米跑的单位是秒,范围是5~11;而肺活量单位毫升,范围是2000~5140,不在一个量纲上,变量间没法比较,不进行处理会影响数据分析的结果。如果将数据统一换到[0,1]的范围,即变换为无量纲的数值,便能够把不同单位或尺度的度量进行比较和算术运算。

"标准化"是指将数据按照比例缩放,使之落入一个特定的区间。当数据中存在离群值,最大值、最小值不确定时,对数据进行标准化。标准化会改变数据的状态分布,但不会改变分布的种类。标准差标准化基于原始数据的平均数 $\bar{x}$ 和标准差 s 对数据进行标准化,是用得最多的数据标准化方法,转换后的数据均值为0,标准差为1,也就是 z 分数分布。假设有观测 $x_1, x_2, \cdots, x_n$,对其进行标准差标准化变换后为

$$y_i = \frac{x_i - \bar{x}}{s}$$

R的scale函数实现均值-标准差标准化:

```
>scale(x)
```

具体用法如下:

```
scale(x, center = TRUE, scale = TRUE)
```

其中,x是数值数据框,当center=TRUE时进行中心化;当scale=TRUE时进行标准化。把每个原始数据减去该组数据的均值称为"中心化",中心化后0就成为均值,以方便模型解释;把每个原始数据除以该组数据的标准差称为"标准化"。scale函数默认将一组数的每个数都减去这组数的均值后再除以这组数的标准差,即既中心化,又标准化,结果为均值为0,标准差为1的数据。

要对变量进行指定均值 $\bar{x}$ 和标准差 s 的标准化,可对scale函数的结果进行线性变换,例如:scale(mydata) $* s + \bar{x}$。

"归一化"是把原始数据映射到[0,1]或者[-1,1]区间中,把有量纲的数据转换为无量纲的数据,是数据标准化中最简单的方式。最大值与最小值之差称为极差,一个观测值与特定的参照点(如最小值、均值、中位数等)的距离称为离差(deviation)。例如,以最小值作为

参照,通过线性变换把原始数据 $x_1, x_2, \cdots, x_n$ 映射到$[0,1]$区间中,称为最大-最小(min-max)归一化:

$$y_i = \frac{x_i - \min\limits_{1 \leqslant j \leqslant n}\{x_j\}}{\max\limits_{1 \leqslant j \leqslant n}\{x_j\} - \min\limits_{1 \leqslant j \leqslant n}\{x_j\}}$$

其中分子是相对于最小值的离差,分母是极差。基于离差的归一化保留了原始数据中存在的关系。如果以均值作为参照,则线性变换为

$$y_i = \frac{x_i - \bar{x}}{\max\limits_{1 \leqslant j \leqslant n}\{x_j\} - \min\limits_{1 \leqslant j \leqslant n}\{x_j\}}$$

极差归一化和均值归一化适合在最大值、最小值固定的情况下使用。例如,在图像处理中灰度值限定在 $[0,255]$ 的范围内,就可以用极差归一化将其处理到$[0,1]$的范围内。当最大值、最小值不确定时,会导致归一化结果不稳定;如果有过大或过小的离群值存在,极差归一化和均值归一化的效果也不会好。

中位数-四分位距(median-IQR)归一化为

$$y_i = \frac{x_i - \text{median}(x)}{\text{IQR}}$$

中位数-中位数绝对离差归一化(median and Median Absolute Deviation normalization, median-MAD):

$$y_i = \frac{x_i - \text{median}(x)}{\text{MAD}}$$

其中,$\text{MAD} = \text{median}(|x - \text{median}(x)|)$。

中位数-四分位距归一化和中位数-中位数绝对离差归一化对离群值不敏感,鲁棒性好些。

对数变换属于非线性归一化。如果数据中不存在极端的最大值或最小值,则进行归一化变换;如果数据中存在较多异常值或噪声,则进行标准化变换,或通过中心化变换避免离群值和极值的影响。基于距离的模型一般在变量极差有较大不同时进行归一化或者标准化,以避免出现"大数吃小数"现象。

所以,标准化和归一化区别在于:标准化会改变数据的状态分布;但归一化不会改变数据的状态分布。标准化只会将数据处理为均值为 0,标准差为 1;而归一化则将数据线性变换到$[0,1]$或者$[-1,1]$区间中。

由于鸢尾花数据集中 4 个变量的单位相同,而且这 4 个变量极差相近,因此无须变换数据。

16.9　EM 聚类

期望最大化(EM)算法是一种实用的无监督学习算法。它可以从不完整(incomplete)数据集中估计参数,广泛应用于处理缺损数据、截尾数据、带有噪声的数据等所谓的不完整数据。

已知两个簇 A 和 B 均服从正态分布,假设参数分别是 μ_A、σ_A、μ_B、σ_B。来自这两个分布样本的概率分别是 P_A、P_B,$P_A + P_B = 1$。

因为已知观测来自正态分布,那么通过极大自然法分别估计 μ_A、σ_A、μ_B、σ_B。通过样本的比例估计参数 P_A。某个样本 x 属于簇 A 的概率是

$$P(A \mid x) = \frac{P(x \mid A) \times P(A)}{P(x)} = \frac{f(x;\mu_A,\sigma_A)P_A}{P(x)}$$

其中,$f(x;\mu_A,\sigma_A)$ 是聚类 A 的正态分布函数:

$$f(x;\mu,\sigma) = \frac{1}{\sqrt{2\pi}\sigma} e^{-\frac{(x-\mu)^2}{2\sigma^2}}$$

如果样本没有标签,也就是簇 A 中有哪些观测、簇 B 中有哪些观测未知,但是知道簇 A 和簇 B 服从正态分布,可从一个随机初始值出发,通过迭代,逐步收敛,分别估计簇 A 的均值和标准差:

$$\mu_A = \frac{P(A \mid x_1)x_1 + P(A \mid x_2)x_2 + \cdots + P(A \mid x_n)x_n}{P(A \mid x_1) + P(A \mid x_2) + \cdots + P(A \mid x_n)}$$

$$\sigma_A^2 = \frac{P(A \mid x_1)(x_1-\mu)^2 + P(A \mid x_2)(x_2-\mu)^2 + \cdots + P(A \mid x_n)(x_n-\mu)^2}{P(A \mid x_1) + P(A \mid x_2) + \cdots + P(A \mid x_n)}$$

这里 x_i 是所有的观测,而不仅仅是簇 A 中的观测。估计 P_A:

$$P_A = \frac{1}{n} \sum_{i=1}^{n} P(A \mid x_i)$$

假设鸢尾花花萼的长度和宽度服从正态分布,抽取 50 朵 A 类鸢尾花,抽取 50 朵 B 类鸢尾花,那么 A 类、B 类鸢尾花花萼长度的均值和标准差可通过极大自然法估计出来。

假设这 100 朵鸢尾花的种类未知,即种类是隐变量。先随机猜一下 A 类鸢尾花花萼长度的正态分布的参数:均值和标准差,然后计算出每朵鸢尾花属于 A 类还是 B 类的概率。有了每朵鸢尾花的归属,就已经大概地将这 100 朵鸢尾花分为 A 类和 B 类两部分,相当于有了类别标签,根据当前的类别标签重新估计 A 类鸢尾花的均值和标准差,B 类的分布参数用同样的方法重新估计。更新了这两个分布的参数后,每一朵鸢尾花属于这两个分布的概率又变了,那么就需要再迭代,直到参数基本不再发生变化为止。

mclust 包是一个用于正态混合模型聚类的包(normal mixture modeling for model-based clustering)。该包使用 EM 算法进行参数估计。聚类函数 Mclust() 的用法如下:

```
Mclust(data, G = NULL, modelNames = NULL,
        prior = NULL,
        control = emControl(),
        initialization = NULL,
        warn = mclust.options("warn"), ...)
```

其中,data 是以向量、矩阵或者数据框表示的数据集。在矩阵或者数据框中,行表示观测,列表示变量。G 是簇的数量($G = 1:9$)。对鸢尾花数据集进行 EM 聚类的脚本如下:

```
result <- Mclust(iris[,-5])
summary(result, parameters=T)
plot(result,what='classification')
```

16.10 Apriori 关联规则

人们到超市购物一般购买多件商品,例如面包、香皂、牙膏等。一般地,一件商品称为一个项目,一次购物称为一个事务(transaction)。一个事务数据库 D 是事务的集合。每个事务使用事务 ID 标识。如果某个事务中包含 k 个项目,那么称这个事务为 k 项集(item set)。在表 16-10 中有 4 个事务。ID 为 1 的事务包含 3 个项目 B、C、F,则事务 1 是一个 3 项集$\{B, C, F\}$。Apriori 算法试图从事务数据库中发现频繁出现的项集,这种项集称为频繁 k 项集。

表 16-10 事务数据库 D

事务 ID	项 目	事务 ID	项 目
1	B,C,F	3	B,F
2	A,C,D	4	A,B,C,F

如果在事务数据库 D 中 $s\%$ 的事务包含项集 X,那么称项集 X 在事务集合 D 中的支持度(support)是 $s\%$,记为 support(X)。支持度度量了项集 X 在事务数据库中出现的概率。

令 $I = \{i_1, i_2, \cdots, i_m\}$ 为项目的集合,在表 16-4 中有 A、B、C、D、E、F 6 个项目。每个项集 X 都是 I 的子集。关联规则是形如 $X \Rightarrow Y$ 的蕴含式,其中 $X \subset I$,$Y \subset I$,而且 $X \cap Y = \varnothing$。

给定关联规则 $X \Rightarrow Y$,如果在事务数据库 D 中 $s\%$ 的事务包含 $X \cup Y$,那么称规则 $X \Rightarrow Y$ 在事务集合 D 中的支持度是 $s\%$,记为 support($X \cup Y$)。支持度度量了关联规则中 X 和 Y 同时出现在事务中的概率。

给定关联规则 $X \Rightarrow Y$,在事务数据库 D 中包含 X 的事务也包含 Y 的概率为

$$\text{confidence}(X \Rightarrow Y) = \frac{\text{support}(X \cup Y)}{\text{support}(X)}$$

那么称 confidence($X \Rightarrow Y$)为关联规则 $X \Rightarrow Y$ 在事务数据库 D 中的置信度(confidence)。

给定一个事务数据库 D,挖掘关联规则的问题就是找到所有大于用户设定的最小支持度(min_support)和最小置信度(min_confidence)的关联规则。挖掘关联规则的问题通常分解成两个子问题:第一个问题是检索出事务数据库中的所有频繁项集,即支持度不低于用户设定的阈值的项集;第二个问题是利用频繁项集挖掘出满足用户最小置信度要求的规则。

为了提高频繁项集的挖掘效率,Apriori 算法利用了两个重要的性质,用于压缩搜索的空间:

性质 1 若 X 为频繁项集,则 X 的所有子集都是频繁项集。

性质 2 若 X 为非频繁项集,则 X 的所有超集均为非频繁项集。

基于这两个性质,Apriori 算法从项目数 $k = 0$ 开始,迭代产生项目数为 $k+1$ 的频繁项集。把项目数为 k 的频繁项集 L_k 自连接,将 L_k 中具有相同 k 前缀的项集连接成项目数为 $k+1$ 的项集,只有该项集的所有项目数为 k 的子集都在 L_k 中,该项集才能作为候选项集。

【例 16-14】 设事务数据库 D 如表 16-10 所示,D 中包含 4 个事务。设最小支持度 min_support $== 50\%$,计算频繁项集。

首先遍历事务数据库 D,计算项目数为 1 的 1 项集$\{A\}$、$\{B\}$、$\{C\}$、$\{D\}$、$\{E\}$、$\{F\}$ 的支持数,如表 16-11 所示。

表 16-11　1 项集的支持数

项　集	支　持　数	项　集	支　持　数
{A}	2	{D}	1
{B}	3	{E}	0
{C}	3	{F}	3

得到频繁 1 项集,如表 16-12 所示。

表 16-12　频繁 1 项集

项　集	支　持　数	项　集	支　持　数
{A}	2	{C}	3
{B}	3	{F}	3

把频繁 1 项集自连接,得到项目数为 2 的 2 项集,并计算支持数,如表 16-13 所示。

表 16-13　2 项集的支持数

项　集	支　持　数	项　集	支　持　数
{A,B}	1	{B,C}	2
{A,C}	2	{B,F}	3
{A,F}	1	{C,F}	2

得到频繁 2 项集,如表 16-14 所示。

表 16-14　频繁 2 项集

项　集	支　持　数	项　集	支　持　数
{A,C}	2	{B,F}	3
{B,C}	2	{C,F}	2

把频繁 2 项集自连接:

$$\{\{A,C\},\{B,C\},\{B,F\},\{C,F\}\} \times \{\{A,C\},\{B,C\},\{B,F\},\{C,F\}\}$$
$$= \{\{A,C\} \bigcup \{B,C\},\{A,C\} \bigcup \{B,F\},\{A,C\} \bigcup \{C,F\},\{B,C\} \bigcup$$
$$\{B,F\},\{B,C\} \bigcup \{C,F\},\{B,F\} \bigcup \{C,F\}\}$$
$$= \{\{A,B,C\},\{A,B,C,F\},\{A,C,F\},\{B,C,F\}\}$$

剔除项目数大于 3 的项集:

$$= \{\{A,B,C\},\{A,C,F\},\{B,C,F\}\}$$

计算支持数,如表 16-15 所示。

表 16-15　3 项集的支持数

项　集	支　持　数	项　集	支　持　数
{A,B,C}	0	{B,C,F}	2
{A,C,F}	1		

得到频繁 3 项集,如有 16-16 所示。

表 16-16　频繁 3 项集

项　　集	支　持　数
$\{B,C,F\}$	2

得到频繁 3 项集后,可通过性质 1 和性质 2 剪枝:

$\{A,B,C\}$ 的 2 项子集 $\{A,B\}$ 不是频繁的,删除。

$\{A,C,F\}$ 的 2 项子集 $\{A,F\}$ 不是频繁的,删除。

$\{B,C,F\}$ 的 2 项子集 $\{B,C\}$、$\{B,F\}$ 和 $\{C,F\}$ 都是频繁的,保留。

在找到了事务数据库中的所有频繁项集后,利用这些频繁项集可以产生关联规则。产生关联规则的步骤如下:

(1) 对于每个频繁项集 L,产生其所有非空子集。

(2) 对于每个非空子集 M,如果 $\text{support}(L)/\text{support}(M) \geqslant \min\_\text{conf}$,则输出规则 “$M \Rightarrow (L-M)$”。

【例 16-15】 假设置信度的阈值为 0.8,根据上例中产生的频繁 3 项集计算关联规则。

上例计算出的频繁项集只有一个,是 $L=\{B,C,F\}$。L 的非空子集有 $\{B,C\}$、$\{B,F\}$、$\{C,F\}$、$\{B\}$、$\{C\}$ 和 $\{F\}$,遍历每个子集并计算置信度:

令 $M=\{B,F\}$,计算 $\{B,F\} \Rightarrow \{C\}$ 的置信度:0.667。

令 $M=\{B,C\}$,计算 $\{B,C\} \Rightarrow \{F\}$ 的置信度:1。

令 $M=\{B,C\}$,计算 $\{C,F\} \Rightarrow \{B\}$ 的置信度:1。

令 $M=\{B\}$,计算 $\{B\} \Rightarrow \{C,F\}$ 的置信度:0.667。

令 $M=\{C\}$,计算 $\{C\} \Rightarrow \{B,F\}$ 的置信度:0.667。

令 $M=\{F\}$,计算 $\{F\} \Rightarrow \{B,C\}$ 的置信度:0.667。

若置信度的阈值为 0.8,则关联规则为 $\{B,C\} \Rightarrow \{F\}$ 和 $\{C,F\} \Rightarrow \{B\}$。

【例 16-16】 把表 16-10 中的 4 个事务存入一个文本文件 basket.txt 中。

在 R 中进行关联规则挖掘。

```
> library(arules)
> tr<-read.transactions("basket.txt",format="basket",sep=",")
> inspect(tr)
  items
1 {B, C, F}
2 {A, C, D}
3 {B, F}
4 {A, B, C, F}
> rules <- apriori(tr, parameter= list(supp=0.5, conf=0.5))
Parameter specification:
confidence minval smax arem  aval originalSupport support minlen maxlen
       0.5    0.1    1 none FALSE          TRUE     0.5      1     10
target   ext
  rules FALSE

Algorithmic control:
```

```
filter tree heap memopt load sort verbose
   0.1 TRUE TRUE  FALSE TRUE   2    TRUE

apriori - find association rules with the apriori algorithm
version 4.21 (2004.05.09)      (c) 1996-2004   Christian Borgelt
set item appearances ...[0 item(s)] done [0.00s].
set transactions ...[5 item(s), 4 transaction(s)] done [0.00s].
sorting and recoding items ... [4 item(s)] done [0.00s].
creating transaction tree ... done [0.00s].
checking subsets of size 1 2 3 done [0.00s].
writing ... [15 rule(s)] done [0.00s].
creating S4 object  ... done [0.00s].


> inspect(rules)
    lhs      rhs   support confidence    lift
1  {}   => {A}     0.50   0.5000000  1.0000000
2  {}   => {F}     0.75   0.7500000  1.0000000
3  {}   => {B}     0.75   0.7500000  1.0000000
4  {}   => {C}     0.75   0.7500000  1.0000000
5  {A} => {C}      0.50   1.0000000  1.3333333
6  {C} => {A}      0.50   0.6666667  1.3333333
7  {F} => {B}      0.75   1.0000000  1.3333333
8  {B} => {F}      0.75   1.0000000  1.3333333
9  {F} => {C}      0.50   0.6666667  0.8888889
10 {C} => {F}      0.50   0.6666667  0.8888889
11 {B} => {C}      0.50   0.6666667  0.8888889
12 {C} => {B}      0.50   0.6666667  0.8888889
13 {B,F} => {C}    0.50   0.6666667  0.8888889
14 {C,F} => {B}    0.50   1.0000000  1.3333333
15 {B,C} => {F}    0.50   1.0000000  1.3333333
```

16.11　序列模式挖掘

表 16-17 是两名驾驶人在不同计分周期的交通违法记录,由表可以发现驾驶人通常先"不按导向行驶"再"逆行"。

表 16-17　两名驾驶人交通违法记录

驾　驶　人	交通违法行为
驾驶人甲	不按导向行驶、逆行、闯红灯、超速
	不按导向行驶、逆行
驾驶人乙	不按导向行驶、逆行
	超速、逆行

一般地,把一次交通违法行为称为一个项,事件(event)是一个非空无序的项集 $\{i_1,i_2,\cdots,i_k\}$。具有先后次序的事件构成事件序列。序列 α 是若干有序的事件: $<e_1,e_2,\cdots,e_m>$。序列 $\alpha=<a_1,a_2,\cdots,a_m>$ 是序列 $\beta=<b_1,b_2,\cdots,b_n>$ 的子序列当且仅当存在事件集 $\{b_{i1},b_{i2},\cdots,b_{im}\}$ 使得 $1\leqslant m\leqslant n$ 而且 $a_1\subseteq b_{i1},a_2\subseteq b_{i2},\cdots,a_m\subseteq b_{im}$。即对于序列 α 和 β,如

果存在着一个保序的映射,使得 α 中的每个事件都被包含于 β 中的某个事件,则称 α 被包含于 β(α 是 β 的子序列),例如序列 $\{B,AC\}$ 是序列 $\{AB,E,ACD\}$ 的子序列。

给定一个序列数据库 $\{\alpha_1,\alpha_2,\cdots,\alpha_n\}$,序列 α 的支持度是以 α 为子序列的频数。如果序列 α 的支持度大于给定阈值(min_support),那么 α 称为频繁序列。

【例 16-17】 给定序列数据库,如表 16-18 所示。

表 16-18 序列数据库

SID	EID	项
1	1,2,3	$\{A,B\},\{C\},\{D\}$
2	1,2	$\{B\},\{C\}$
3	1,2	$\{B\},\{D\}$

假定 min_support=2,计算频繁序列。

第一次迭代项数为 1 的序列 $<A>$、$<B>$、$<C>$、$<D>$,列出它们在序列数据库中每次出现的位置(序列,事件),如表 16-19 所示。

表 16-19 项数为 1 的序列在序列数据库中每次出现的位置

$<A>$		$<B>$		$<C>$		$<D>$	
SID	EID	SID	EID	SID	EID	SID	EID
1	1	1	1	1	2	1	3
		2	1	2	2	3	2
		3	1				

计算它们的支持度:

$<A>$:1

$<B>$:3

$<C>$:2

$<D>$:2

保留支持度不小于 min_support=2 的项:

$<B>$:3

$<C>$:2

$<D>$:2

然后自连接,计算项数为 2 的序列的支持度:

$<B,B>$:0

$<B,C>$:2

$<B,D>$:2

$<C,B>$:0

$<C,C>$:0

$<C,D>$:1

$<D,B>$:0

$<D,C>:0$

$<D,D>:0$

以$<B,C>$为例，B 有 3 个出现位置，即$(1,1)$、$(2,1)$、$(3,1)$，而 C 有两个出现位置，即$(1,2)$、$(2,2)$，那么，相同序列的且 C 在 B 之后出现的有两项，即可以得到$<B,C>$的出现位置如下：

```
SID  EID  EID
1    1    2
2    1    2
```

所以$<B,C>$的支持度为 2。

保留不支持度小于 min_support＝2 的项：

$<B,C>:2$

$<B,D>:2$

由于$<B,C>$去掉第一项得到$<C>$，与$<B,D>$去掉最后一项得到$<B>$，序列并不相同，因此不能进行连接，算法终止。最终得到的频繁序列为

$<B,C>$、$<B,D>$

【例 16-18】 假设支持度阈值为 0.4，使用 arulesSequences 包中的 SPADE 算法挖掘该包中 zaki 序列数据库中的频繁序列。

```
install.packages("arulesSequences")
library(arulesSequences)
data(zaki)
as(zaki, "data.frame")
       items sequenceID eventID SIZE
1       {C,D}          1      10    2
2     {A,B,C}          1      15    3
3     {A,B,F}          1      20    3
4   {A,C,D,F}          1      25    4
5     {A,B,F}          2      15    3
6         {E}          2      20    1
7     {A,B,F}          3      10    3
8     {D,G,H}          4      10    3
9       {B,F}          4      20    2
10    {A,G,H}          4      25    3
s <- cspade(zaki, parameter = list(support = 0.4), control = list(verbose = TRUE))
summary(s)
as(s, "data.frame")
          sequence support
1            <{A}>    1.00
2            <{B}>    1.00
3            <{D}>    0.50
4            <{F}>    1.00
5          <{A,F}>    0.75
6          <{B,F}>    1.00
7       <{D},{F}>    0.50
8     <{D},{B,F}>    0.50
```

9	<{A,B,F}>	0.75
10	<{A,B}>	0.75
11	<{D},{B}>	0.50
12	<{B},{A}>	0.50
13	<{D},{A}>	0.50
14	<{F},{A}>	0.50
15	<{D},{F},{A}>	0.50
16	<{B,F},{A}>	0.50
17	<{D},{B,F},{A}>	0.50
18	<{D},{B},{A}>	0.50

第 17 章

离群点检测

Hawkins(1980 年)给出了离群点(outlier)的定义：离群点是在数据集中与众不同的数据，使人怀疑这些数据并非随机偏差，而是产生于完全不同的机制。

"An outlier is an observation which deviates so much from the other observations as to arouse suspicions that it was generated by a different mechanism."

数据集中的离群点扭曲了均值和标准差，阻碍拟合回归模型，并且显著影响了聚类效果，需要对其进行检测和处理。离群点检测和处理是数据清洗转换任务中的重要环节。

与噪声不同，离群点总是以某个概率存在，例如总有人的身高超出常人；而噪声则是不感兴趣的、强行介入的，并妨碍对感兴趣的数据进行分析的数据，例如高速公路上的高速行驶的汽车胎噪、一张照片上的划痕等。噪声并不总是存在。

离群现象有三大类：个体离群(point outlier)、上下文离群(contextual outlier)和集体离群(collective outlier)。如果对某个体的观测相对于其他观测被认为是离群者，那么该离群者属于个体离群。例如，在学生体质检测数据集中，某大学生的体重 150kg 属于个体离群。存在于某上下文中的离群称为上下文离群，也称为条件离群(conditional outlier)。例如，在对华北某地气温进行观测形成的时间序列数据中，夏季某日的气温观测值为 0℃ 被认为是离群者；而在冬季则是正常观测。如果相对于整个数据集来说，其某个子集离群，则称为集体离群。例如，在某学校 2000 名学生的体质检测数据集中，某 30 名学生的教学班每名学生的肺活量都是 3000，该班属于集体离群。对于这 30 名学生中的每个个体，肺活量 3000 是正常观测；而一个班全体学生的肺活量都是 3000 的概率太低了。目前大多数研究关注个体离群，并称该单点为"离群点"。

把离群观测与正常观测分离开来称为离群检测。离群检测按照离群现象可分为个体离群检测、上下文离群检测和集体离群检测；按照观测的变量数量，可分为单变量离群(点)检测和多变量离群(点)检测；按照训练方式，可分为有监督检测、半监督检测和无监督检测。如果使用数据标签训练模型，则称为有监督检测；否则称为无监督检测。有监督的方法把离群检测作为分类问题：把观测分为正常和离群两类。由于一般离群观测很少，因此离群检测为不平衡分类问题。半监督检测则仅使用正常观测训练模型，偏离模型的观测视为离群者。一般地，由于只使用正常观测，半监督的最近邻技术要比基于分类的技术更加有效。术语"离群点"通常用于无监督的检测框架，它在有监督的不平衡分类问题中称为异常(anomaly)。

离群识别技术可划分为基于统计的技术，如 3σ、HBOS(Histogram-Based Outlier Score)等；基于最近邻(nearest neighbor-based)的技术，如 KNN、局部异常因子(Local Outlier Factor，LOF)算法等；基于划分的技术，如隔离森林(isolation forest)等；基于聚类

(clustering-based)的技术、基于分类(classification-based)的技术以及基于密度的技术。其中,基于最近邻的技术属于无监督的技术,无需任何关于数据分布的假设。基于聚类的技术中存在不同的假设:有的聚类技术假设离群点距离最近簇的中心点最远;而有的聚类技术假设小而且稀疏的簇里都是离群点;DBSCAN 假设不属于任何簇的数据点是离群点。基于密度的技术则假设离群点是在低密度区域中的观测。一种密度定义为一个观测到 K 个近邻的平均距离的倒数,如果该距离小,则密度高,反之亦然;另一种密度定义是一个观测周围的密度等于该对象在距离 d 内对象的个数。如果分类任务中的正常观测又有几种类别,则称为多类别分类(multi-class classification)问题;相反,所有正常观测都属于同一类的分类问题称为单类别分类(one-class classification)问题。贝叶斯网络(Bayesian network)用于解决多类别分类问题;支持向量机(SVM)则用于单类别分类问题。神经网络和基于规则的技术既可用于多类别分类问题,也可用于单类别分类问题。

回归模型具有一定的稳定性,若加入和移出某个观测对模型有着巨大影响,则该观测是离群点。度量这种强影响的指标有库克距离(Cook's distance)、Leverage 值(hatvalues)等。car::influence.measures() 可用来计算强影响度。car::outlierTest()支持线性回归、广义线性回归、线性混合模型。

KNN 适用于全局任务;而 LOF 适用于局部任务。但如果很难找到合适的距离度量,那么可以应用基于统计的技术和基于分类的技术。如果特别关注计算时间,HBOS 是个很好的选择,特别是对于较大的数据集。使用归一化数据集进行离群点检测的性能要比使用未归一化数据集好些。

一些用于离群点检测的 R 包有:用于单变量异常检测的 univOutl(包含处理偏态分布的方法)、GmAMisc(mean-base、median-based、boxplot-based)、outliers(多种检验方法)、funModeling(top/bottom X%、Tukey's boxplot 和 Hampel 方法等)、alphaOutlier(常见概率分布的 Alpha-Outlier 区域)等;用于多变量异常检测的 DDoutlier(基于距离、基于密度)、DescTools(LOF 和 Tukey's boxplot)、dbscan(基于密度)、bigutilsr(处理大数据,包括 LOF 和基于直方图的方法)、mvoutlier(基于稳健方法)、HDoutliers(处理类别和连续数据混合)、Routliers(基于 Median Absolute Deviation 的稳健方法和基于 Mahalanobis-Minimum Covariance Determinant 的稳健方法)、kmodR(基于聚类)、DMwR2(基于层次聚类)、outliertree(可解释)、bagged.outliertrees(稳健)、isotree(支持混合数据类型,实现了 Extended Isolation Forest、Fair-Cut Forest、Split-Criterion iForest 和 regular Isolation Forest)、outForest(基于 random forest)、anomalize(时间序列离群点)等。

在寻找到离群值之后,根据实际问题来对它们进行处理,常用的方法有插值和封顶等。插值就是使用均值、中位数或者众数把离群点替换。封顶就是对于那些取值超过 1.5 倍四分位距的数值,可以分别用该变量 5% 和 95% 分位数替代原数据。假设有一组体重数据:

```
x <- c(70, 78, 75, 80, 78, 74, 82, 300, 68, 65)
```

计算四分位数:

```
qnt <- quantile(x, probs=c(.25, .75), na.rm = T); qnt
```

结果为

```
25%  75%
71.0 79.5
```

计算 5% 和 95% 分位数：

```
caps <- quantile(x, probs=c(.05, .95), na.rm = T); caps
```

结果为

```
5%     95%
66.35  201.90
```

计算 1.5 倍四分位距：

```
H <- 1.5 * IQR(x, na.rm = T)
```

封顶：

```
x[x < (qnt[1] - H)] <- caps[1]; x[x> (qnt[2] + H)] <- caps[2]; x
```

结果为

```
[1]  70.0  78.0  75.0  80.0  78.0  74.0  82.0  201.9  68.0  65.0
```

17.1 基于统计的检测

基于统计的检测假设正常观测出现在随机模型的大概率区域；而离群点则出现在小概率区域。如果进一步假设数据服从高斯分布，则称为基于参数的统计技术；如果没有对数据分布的假设，则称为无参数统计技术。3σ 技术、箱线图属于基于参数的统计技术。

3σ 技术假设给定的数据集服从正态分布，把 3 倍标准差外的观测视为离群点。在正态分布模型中，$(\mu-\sigma,\mu+\sigma)$ 中的观测占 0.6827；$(\mu-2\sigma,\mu+2\sigma)$ 中的观测占 0.9545；$(\mu-3\sigma,\mu+3\sigma)$ 中的观测占 0.9973。这表明只有 0.27% 的数据会落在均值的 $\pm3\sigma$ 之外，这是小概率事件。为了避免极值影响模型整体的鲁棒性，常将其判定为离群点。

箱线图则把 1.5 倍四分位距外的观测视为离群点。四分位距是 0.25 分位数和 0.75 分位数的差。箱线图中在轴须以外的点就是离群点。箱线图技术等价于 3σ 技术。对于多变量的情形，则用箱线图离群点的并集来检测离群值。

当样本容量 $n>6$ 且服从正态分布时，可使用 Grubb 检验。Grubb 检验用于识别单变量数据集中的最大值或最小值是否是离群值。Grubb 检验的原假设为最大值或最小值不是离群值；备选假设为最大值或最小值是离群值。

【例 17-1】 假设有 10 个由两个连续变量 x 和 y 形成的观测：

```
dt <- data.table(x = c(1:9,29), y = c(11:18,47,58));dt
    x  y
1:  1 11
2:  2 12
3:  3 13
4:  4 14
5:  5 15
```

```
 6:  6 16
 7:  7 17
 8:  8 18
 9:  9 47
10: 29 58
```

应用相对于每个变量的箱线图离群点的并集检测离群值。

函数 boxplot.stats 输出结果中的 out 属性是离群点向量。首先在关于变量 x 的箱线图中查找离群点：

```
outlierX <- dt[x %in% boxplot.stats(x)$out,x]; outlierX
```

结果为

```
[1] 29
```

然后从关于变量 y 的箱线图中查找离群点：

```
outlierY <- dt[y %in% boxplot.stats(y)$out,y]; outlierY
```

结果为

```
[1] 47  58
```

查找离群点：

```
dt[x %in% outlierX | y %in% outlierY, ]
```

结果为

```
    x  y
1:  9 47
2: 29 58
```

可视化全部观测：

```
ggplot()+
  geom_point(data = dt, aes(x = x, y = y), size = 3) +
  theme_bw()
```

结果如图 17-1(a)所示。

标记离群点：

```
ggplot()+
  geom_point(data = dt, aes(x = x, y = y), size = 3) +
  geom_point(data = dt[x %in% outlierX | y %in% outlierY, ],
    aes(x = x, y = y), size = 4, shape = 4) +
  theme_bw()
```

结果如图 17-1(b)所示。

如果有两个变量 X 和 Y，X 是类别变量，而 Y 是连续变量，可以绘制在 X 的不同类别上 Y 的箱线图来检测离群值。

```
>boxplot(Y ~ X, data=inputData)
```

如果 X 和 Y 都是连续变量，可以将 X 离散化：

```
>boxplot(Y ~ cut(X, pretty(inputData$X)),
        data=inputData, main="Boxplot for X (categorial)", cex.axis=0.5)
```

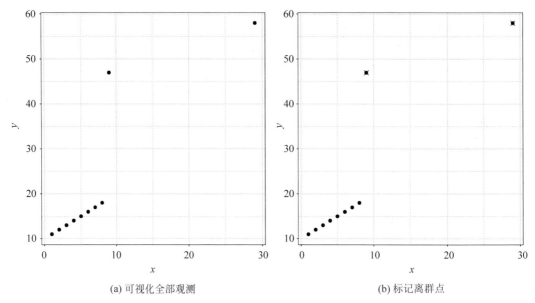

(a) 可视化全部观测　　　　　　　　　　　　(b) 标记离群点

图 17-1　离群点

通过数据可视化也能够观察到离群点,一般会调整可视化的尺度。

【例 17-2】　以 diamonds 为数据集,根据钻石长度查找离群点。

首先可视化。把钻石长度变量 y 映射到 x 轴:

```
ggplot(diamonds) +
  geom_histogram(mapping = aes(x = y), binwidth = 0.5)+
  theme_bw()
```

结果如图 17-2(a)所示。分组中的钻石数量差异很大,导致在图中无法看到数量很小的分组。调整 y 轴的尺度,例如只观察钻石数量为 $0\sim50$ 个的分组,就把分组中观测的数量从 $[0,12\,000]$ 调整到 $[0,50]$:

```
ggplot(diamonds) +
  geom_histogram(mapping = aes(x = y), binwidth = 0.5) +
  coord_cartesian(ylim = c(0, 50)) +
  theme_bw()
```

结果如图 17-2(b)所示。这样就能够从图中观察到长度为 0、长度小于 40、长度近于 60 的分组。查询数据集,可看到以下观测:

```
    price    x      y      z
1   5139     0      0      0
2   6381     0      0      0
3   12800    0      0      0
4   15686    0      0      0
5   18034    0      0      0
6   2130     0      0      0
7   2130     0      0      0
8   2075     5.15   31.8   5.12
9   12210    8.09   58.9   8.06
```

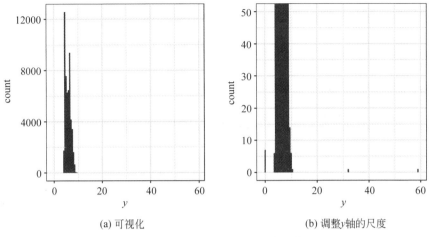

(a) 可视化   (b) 调整 y 轴的尺度

图 17-2　通过尺度变化观察离群点

长度、宽度和深度均为 0 的钻石显然不存在，所以这些观测属于离群点；长度为 31.8 毫米和 58.9 毫米的观测属于"异形"，极不寻常，价格应该不菲，但是数据中的价格并不高，所以也是离群点。

应用 3σ 技术计算离群点：

```
dy <- sd(diamonds$y)
diamonds[which(diamonds$y < 3 * dy),]
```

结果为

```
#A tibble: 7×10
   carat  cut        color  clarity  depth   table  price   x       y       z
   <dbl>  <ord>      <ord>  <ord>    <dbl>   <dbl>  <int>   <dbl>   <dbl>   <dbl>
1  1      Very       Good H VS2      63.3    53     5139    0       0       0
2  1.14   Fair       G      VS1      57.5    67     6381    0       0       0
3  1.56   Ideal      G      VS2      62.2    54     12800   0       0       0
4  1.2    Premium    D      VVS1     62.1    59     15686   0       0       0
5  2.25   Premium    H      SI2      62.8    59     18034   0       0       0
6  0.71   Good       F      SI2      64.1    60     2130    0       0       0
7  0.71   Good       F      SI2      64.1    60     2130    0       0       0
```

diamonds[which(diamonds $ y $>3 *$ dy),]返回了 53 923 个观测。

基于直方图（histogram-based）的离群检测技术是一种无参数统计技术。HBOS 是一种基于直方图的算法，计算速度较快，对大数据集友好。HBOS 算法假设各个特征独立。对于类别特征，统计每个值出现的频数，并计算相对频率。对于连续特征，有两种方法：

（1）将值域分成 K 个等宽的桶，落入每个桶的值的频数作为密度的估计（桶的高度）。

（2）先将所有值排序，然后将连续的 N/k 个值装进一个分箱里，其中 N 是观测数，k 是分箱个数；柱形图的面积对应分箱中的观测数。因为分箱的宽度是由分箱中第一个值和最后一个值决定的，而所有分箱的面积都一样，所以每个分箱的高度可以被计算出来。这意味着跨度大的分箱的高度低，密度小。这种方法适用于极差大的情形，尤其是适用于长尾分布的情形。

假设观测 o 共有 d 个变量，第 i 个变量的概率密度为 P_i，则观测 o 的概率密度 $P(o)$ 为

$$P(o) = P_1(o)P_2(o)\cdots P_d(o)$$

两边取对数：

$$\log(P(o)) = \log(P_1(o)P_2(o)\cdots P_d(o))$$
$$= \sum_{i=1}^{d} \log(P_i(o))$$

为了让概率密度越大，离群评分越小，则两边乘以"-1"：

$$-\log(P(o)) = -1\sum_{i=1}^{d} \log(P_i(o)) = \sum_{i=1}^{d} \frac{1}{\log(P_i(o))}$$

得

$$\text{HBOS}(o) = -\log(P(o)) = \sum_{i=1}^{d} \frac{1}{\log(P_i(o))}$$

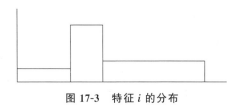

图 17-3　特征 i 的分布

假设特征 i 的数据点分布如图 17-3 所示。矩形表示分箱。离群点和正常点关于特征 i 的概率密度估计可以用特征 i 在相应分箱上的高度来近似。

HBOS 在单个特征上的离群检测效果很好。

17.2　基于最近邻的方法

LOF 算法是一种基于最近邻的无监督检测方法。LOF 算法的关键是使用数据点的相对密度计算离群点的分数。具有 k 个邻居的数据点 x 的相对密度由以下公式给出：

$$x\text{ 的相对密度} = \frac{x\text{ 的密度}}{k\text{ 个邻居的平均密度}}$$

其中，x 的密度是其到最近 k 个数据点的平均距离的倒数。一个数据点的密度明显低于它的邻居的密度时就表明对其邻居而言，该点是离群点。LOF 算法只对连续数据有效。

DMwR 包中的 lofactor() 函数使用 LOF 算法计算局部异常因子，参数 k 是用于计算局部异常因子的邻居数量。

【例 17-3】　应用 DMwR2 包检测鸢尾花数据集中的离群点。

```
library(DMwR2)
```

选取前 50 行（setosa 类）并删除类别标签：

```
myiris <- iris[1:50,1:4]
```

按照 5 近邻评分：

```
outlier.scores <- lofactor(myiris, k=5); outlier.scores
 [1] 0.9979707 1.0215881 1.0545295 0.9936177 1.0049730 1.2288344 1.0280724
 [8] 0.9149297 1.1680734 0.9987918 1.1439846 1.1231084 0.9438872 1.2837610
[15] 1.2589051 1.2842448 1.1261694 1.0008192 1.3052801 1.1607787 1.4638963
[22] 1.1258939 1.9591426 1.3696650 1.5286564 1.0145495 1.2355033 0.9211779
[29] 0.9247702 0.9642619 0.9906144 1.3933552 1.2619762 1.1154607 1.0223231
[36] 1.2609826 1.3538518 1.2436175 1.1680734 1.0030391 0.9960430 2.4799601
[43] 1.0180067 1.4517724 1.2570896 0.9683073 1.2026102 1.0553704 1.0896507
[50] 1.0853880
```

把前 5 个分数最高的鸢尾花作为离群点：

```
outliers <- order(outlier.scores, decreasing=T)[1:5];outliers
[1] 42  23  25  21  44
myiris[outliers,]
     Sepal.Length Sepal.Width Petal.Length Petal.Width
42     4.5          2.3         1.3          0.3
23     4.6          3.6         1.0          0.2
25     4.8          3.4         1.9          0.2
21     5.4          3.4         1.7          0.2
44     5.0          3.5         1.6          0.6
```

在散点图中使用叉号标识离群点：

```
ggplot()+
  geom_point(data = myiris, aes(x = Sepal.Length, y = Sepal.Width), size = 3) +
  geom_point(data = myiris[outliers,], aes(x = Sepal.Length, y = Sepal.Width),
    size = 5, shape = 4) +
  theme_bw()
```

结果如图 17-4 所示。

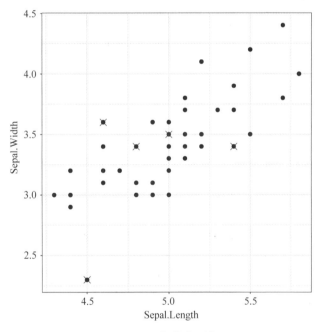

图 17-4　可视化离群点

17.3　基于划分的算法

假设离群点数量相对于正常观测很少而且与正常观测不同，简称"少而不同"，给定存在离群点的数据集，随机选择观测的一个特征，然后在该特征的取值范围内随机地选择任意一个值，并根据是否高于或低于该值将所有观测分为两组，则离群点更可能出现在较小分组中。隔离就是对数据集中的数据点按照某个特征进行二分,每次二分就是一次分叉,把数据点分到了二叉树的左子树和右子树中,这棵二叉树称为隔离树(isolation tree)。某个特征的离群点越少,那么在该特征的随机均匀划分(random uniform split)中离群点被划分到子树中的概率越高,隔离这样的离群点所需划分的次数也就越少,在隔离树中离群点的路径也就越短。

当然,离群点通常不是在某一个特征中仅有一个极值。一个好的离群点检测方法需要研究不同特征及其组合之间的关系。一棵隔离树的形状具有不可预期的可变性,通过对多棵隔离树的结果进行平均可得最终离群分数。

17.3.1　隔离森林算法

隔离森林算法分为训练和预测两个步骤。给定无重复的数据集 D,假设 D 的所有属性都是连续变量,在训练阶段通过随机子采样、随机选择特征和随机划分构造若干隔离树;在预测阶段,给定一个观测 o,遍历隔离树以查找 o,把 o 在每棵隔离树中的路径长度的平均值作为 o 是否为离群点的评分。

isotree 包中的 isolation.forest 用来训练隔离树。如果参数 df 是数据框,变量则应是数值类型('numeric'、'integer'、'Date'、'POSIXct'),或者是类别变量('character'、'factor'、'bool')。最大行数取决于.Machine\$ integer.max,一般是 $2^{31}-1$。其他参数及其含义说明如下:

column_weights:数据框中各个变量的权重,如果为 NULL,则具有相同权重(weight)。

sample_size:隔离树样本容量。推荐值是 256,默认值是数据框中的行数。

ntrees:森林中隔离树个数。推荐值是 100,默认值是 10。

ndim:用于产生分割的变量的数量。1 表示单变量。推荐值是 2。

max_depth:隔离树增长的最大深度。

sample_with_replacement:有放回取样(推荐)还是无放回取样。有放回取样产生重复行。

nthreads:并发线程数量。如果为负数,则使用最大可用数量。线程越多,所需内存就越大。

如果数据量较大,则建议为每棵树设置较小的样本规模。通常需要调节参数 prob_pick_pooled_gain,这个参数值越高,离群点的区分能力越高,对超出模型适用范围的变量输入值的一般化能力越差。参数 prob_pick_avg_gain 的值越高,更有可能把变量范围之外的值标记为离群点。

隔离森林算法默认返回 isolation_forest 对象,基于该对象可以预测某个观测是否是离群点。

output_score = TRUE 返回离群点评分向量;output_dist = TRUE 返回距离矩阵;output_imputations = TRUE 则返回对缺失值的插补情况。

【例 17-4】 使用鸢尾花数据集的花萼长度和花萼宽度两个特征训练不同的隔离森林模型,并预测花萼长度为 2、宽度为 2 的离群分数。

```
library(isotree)
```

训练单变量隔离森林:

```
modelA = isolation.forest(
    iris[,c("Sepal.Length","Sepal.Width")],
    ndim=1,
    ntrees=100,
    nthreads=1,
    prob_pick_pooled_gain=0,
    prob_pick_avg_gain=0)
predict(modelA, c(2, 2))
[1] 0.7460112
```

训练扩展的隔离森林模型：

```
modelB = isolation.forest(
    iris[,c("Sepal.Length","Sepal.Width")],
    ndim=2,
    ntrees=100,
    nthreads=1,
    prob_pick_pooled_gain=0,
    prob_pick_avg_gain=0)
predict(modelB,c(2,2))
[1] 0.6887719
```

训练 SCiForest 隔离森林：

```
modelC = isolation.forest(
    iris[,c("Sepal.Length","Sepal.Width")],
    ndim=2,
    ntrees=100,
    nthreads=1,
    prob_pick_pooled_gain=0,
    prob_pick_avg_gain=1)
predict(modelC, c(2,2))
[1] 0.6105002
```

训练 Fair-cut Forest 隔离森林：

```
modelD= isolation.forest(
    iris[,c("Sepal.Length","Sepal.Width")], ndim=2,
    ntrees=100,
    nthreads=1,
    prob_pick_pooled_gain=1,
    prob_pick_avg_gain=0)
predict(modelD, c(2,2))
[1] 0.6257695
```

隔离森林由多棵隔离树组成。一棵隔离树的目标是将某个观测与其余观测分离。隔离树本质是一棵二叉树，给定 n 个 d 维无重复观测的数据集 D，在训练隔离森林时，首先在 D 上进行随机子采样（X，采样数一般为 256 个），采样后随机选择一个特征 i 和该特征范围内的一个值把 X 二分为两个子集，分别称为左孩子结点和右孩子结点。对于孩子结点继续按上述方法二分，直到满足以下条件之一终止迭代：

- 孩子结点中只有一个观测。
- 树的高度达到限制高度。

假设所有观测无重复，一棵二叉树需要 n 个叶子结点，$n-1$ 个内部结点，共 $2n-1$ 个结点。

对于一个含 n 个观测的数据集 X，其构造的隔离树的高度至少为 $\log_2 n$，至多为 $n-1$。但是，使用 $\log_2 n$ 和 $n-1$ 进行归一化不能保证有界，所以对评分使用归一化公式：

$$s(x,n) = 2^{\left(-\frac{E(h(x))}{c(n)}\right)}$$

其中，n 表示数据集 X 中观测的个数，$E(h(x))$ 表示目标观测 x 在隔离森林中各个隔离树的路径长度 $h(x)$ 的均值，$c(n)$ 为给定观测数 n 时路径长度的均值（平均查找长度）。之所以选择此公式进行归一化，是因为隔离树等价于二叉搜索树（BST），外部结点终止（external node termination）的平均 $h(x)$ 估计与 BST 中不成功的搜索（unsuccessful search）估计相同。

被预测数据点的路径平均长度与树的平均路径长度相近时，不能确定其是否是离群点；当离群分数接近 1 时，其被判定为离群点；当离群分数接近 0 时，其被判定为正常点。

在某个局部数据集中可能绝大多数是离群点而个别几个是正常点，这使得将"正常"观测误认为"离群"观测，称为淹没（swamping），因为"正常"观测被离群点所包围。例如 50 个被测对象中有 49 个的肺活量是 5000，只有 1 个是 4000，虽然 4000 很正常，但根据异常定义却被算法认为异常。把离群观测误认为正常观测则称为掩蔽（masking）。隔离树的独有特点使得隔离森林能够通过子采样建立局部模型，减小淹没和掩蔽对模型效果的影响，因为子采样可以控制每棵隔离树的数据量；每棵隔离树专门用来识别特定的子样本。

在使用隔离森林进行实际离群点检测的过程中，若训练样本中离群样本的比例较高，可能会导致最终结果不理想，因为这违背了该算法的"少而不同"假设；离群检测与具体的应用场景紧密相关，因此算法检测出的"离群点"不一定是实际场景中的真正离群点，所以在特征选择时，要尽量过滤不相关的特征。隔离森林适合检测全局离群点，不适合检测局部离群点。

可以从以下四个角度对隔离森林进行进一步增强：

（1）相对于随机选择的超平面进行划分，而不是仅进行轴平行划分。

（2）根据与标准差或密度相关的度量，更仔细地选择划分点。

（3）根据极差、方差、峰度等更仔细地选择特征而不是随机选择。

（4）使用子树中更多的信息改进评分方法。

17.3.2　扩展的隔离森林算法

隔离树根据一个随机选取的特征和一个来自该特征的随机值进行划分；而扩展的隔离森林则根据超平面划分。一个随机斜率（slope）和一个在数据集可用值范围内随机选择的截距（intercept）即可确定一个随机超平面。

对于二维平面上的点 $P(x,y)$，从原点 O 出发，连接点 P，就是向量 $\boldsymbol{OP}$。法向量（normal vector）就是与 $\boldsymbol{OP}$ 垂直的非零向量。一个点 (x_0,y_0) 和一个法向量 (A,B) 就唯一确定一条直线，从而有点法式直线方程：

$$(A,B) \cdot ((x-x_0),(y-y_0)) = 0$$

即

$$A(x-x_0) + B(y-y_0) = 0$$

证明　若 (x_0, y_0) 与 $(x, y)(x \neq x_0)$ 都是直线 $Ax + By + C = 0$ 上的点,则有

$$\begin{cases} Ax + By + C = 0 \\ Ax_0 + By_0 + C = 0 \end{cases}$$

两式相减得

$$A(x - x_0) + B(y - y_0) = 0$$

而 $(x - x_0, y - y_0)$ 是直线的方向向量,所以 (A, B) 是直线的法向量。

在三维空间中,方程:

$$Ax + By + Cz = d$$

确定了一个平面,其中 A、B、C 和 d 是常数,A、B、C 不都为零,写成点法式方程:

$$\boldsymbol{\omega}^{\mathrm{T}} \boldsymbol{x} + \omega_0 = 0$$

向量 $\boldsymbol{\omega} = [A, B, C]^{\mathrm{T}}$ 是平面的法向量;常数 $d = -\omega_0$。在图 17-5 中,平行四边形表示一个平面,该平面可由法向量 $\boldsymbol{\omega}$ 和一个点 (x_0, y_0, z_0) 决定。法向量决定了平面的方向,点决定了平面的位置。平面与坐标轴的交点称为截距。

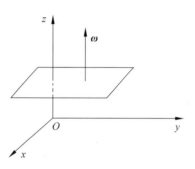

图 17-5　超平面

这样,在三维空间中,确定一个方向(法向量)和一个点(位置),便能唯一确定一个平面。设该平面过点 $P: (x_0, y_0, z_0)$,且平面的法向量为 (A, B, C),则平面上任意一点与 P 构成的直线与法向量垂直,写成内积为 0 的形式便得到

$$A(x - x_0) + B(y - y_0) + C(z - z_0) = 0$$

超平面指的是 N 维空间的 $N-1$ 维子空间。超平面的方程式:

$$A_1 x_1 + A_2 x_2 + A_3 x_3 + \cdots + A_n x_n = d$$

写成点法式方程:

$$\boldsymbol{w}^{\mathrm{T}} \boldsymbol{x} + \omega_0 = 0$$

扩展的隔离森林构造单棵树的过程如下:

(1) 从训练数据中随机选择 $\boldsymbol{\Psi}$ 个点作为子样本,放入一棵隔离树的根结点。

(2) 根据数据集的维度 N,随机选择一个 N 维的法向量 $\boldsymbol{n}$(从标准正态分布 $N(0,1)$ 为法向量的每个分量取一个随机数即可实现);根据样本子集的数据范围,随机选择一个截距 $\boldsymbol{p}$。法向量和截距便确定了一个进行划分的超平面。

(3) 根据公式 $(\boldsymbol{x} - \boldsymbol{p}) \cdot \boldsymbol{n} \leqslant 0$ 进行划分。若数据点 $\boldsymbol{x}$ 满足此公式,则将会被划分到左分支;否则将会被划分到右分支。

(4) 在结点的左分支和右分支结点递归步骤(2)和(3),不断构造新的叶子结点,直到叶子结点上只有一个数据(无法再继续划分)或树已经生长到了所设定的高度。

训练得到 t 个隔离树后,就形成隔离森林。对于给定目标观测 x,对其综合计算每棵树的评分。

【例 17-5】 从体重和肺活量识别异常体测记录。已知在大学生年度体测中有 7 个体重-肺活量观测:

```
weight <- c(67, 47, 76, 90, 65, 76, 60)
capacity <- c(4349, 3813, 3228, 4494, 500, 2629, 4484)
myframe <- data.frame(weight, capacity)
```

使用下面的脚本绘制这 7 个观测的散点图：

```
ggplot()+
  geom_point(data = myframe, aes(x = weight, y = capacity), size = 3) +
  theme_bw()
```

结果如图 17-6 所示。

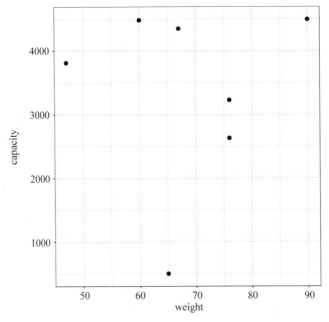

图 17-6　体测观测散点图

随机选择一个法向量和一个截距，如图 17-7 所示，假设选择经过 $(0,3000)$ 和 $(80,0)$ 的直线 $Ax+By+C=0$，那么该直线的方程为

$$3000x + 80y - 240\ 000 = 0$$

写成点法式方程：

$$3000(x-0) + 80(y-3000) = 0$$

法向量 n：$(3000,80)$ 和截距 p：$(0,3000)$ 决定了超平面。

训练隔离树，根据公式 $(x-p)\cdot n \leqslant 0$ 把 7 个观测划分到两个子结点中去：负数放在左分支；正数放在右分支。

$$(67-0, 4349-3000)^{\mathrm{T}} \times (3000,80) = 308\ 920$$
$$(47-0, 3813-3000)^{\mathrm{T}} \times (3000,80) = 206\ 040$$
$$(76-0, 3228-3000)^{\mathrm{T}} \times (3000,80) = 246\ 240$$
$$(90-0, 4494-3000)^{\mathrm{T}} \times (3000,80) = 389\ 520$$
$$(65-0, 500-3000)^{\mathrm{T}} \times (3000,80) = -5000$$
$$(76-0, 2629-3000)^{\mathrm{T}} \times (3000,80) = 198\ 320$$
$$(60-0, 4484-3000)^{\mathrm{T}} \times (3000,80) = 298\ 720$$

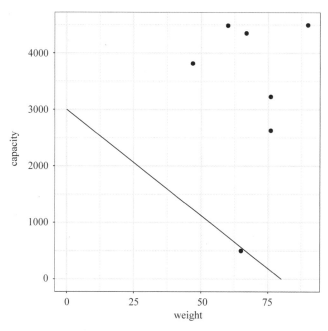

图 17-7 随机选一个法向量和截距

继续随机选择超平面,划分右结点,直到每个结点中只有一个观测为止。

训练成隔离树后,进行预测。在所有观测中,(65,500)的路径长度为 1,最短,所以该数据点是离群点。

17.4 基于聚类的方法

假设距离最近簇的中心点最远的观测是离群点。可使用 K 均值等聚类算法,把观测划分到 K 个簇,然后计算每个观测到簇中心的距离,选择前 N 个观测作为离群点。

【例 17-6】 基于 K 均值算法在 iris 数据集上检测离群点。

首先把类别变量删除:

```
myiris<-iris
myiris$Species <- NULL
```

设置聚类的初始个数为 3,在数据集 myiris 上调用 kmeans 聚类函数:

```
result <- kmeans(myiris,3) ; result
K-means clustering with 3 clusters of sizes 62, 38, 50

Cluster means:
  Sepal.Length Sepal.Width Petal.Length Petal.Width
1     5.901613    2.748387     4.393548    1.433871
2     6.850000    3.073684     5.742105    2.071053
3     5.006000    3.428000     1.462000    0.246000

Clustering vector:
```

```
  [1] 3 3 3 3 3 3 3 3 3 3 3 3 3 3 3 3 3 3 3 3 3 3 3 3 3 3 3 3 3 3 3 3 3 3 3 3
 [37] 3 3 3 3 3 3 3 3 3 3 3 3 3 1 2 1 1 1 1 1 1 1 1 1 1 1 1 1 1 1 1 1 1 1 1 1
 [73] 1 1 1 1 1 2 1 1 1 1 1 1 1 1 1 1 1 1 1 1 1 1 1 1 1 1 1 1 2 1 2 2 2 2 1 2
[109] 2 2 2 2 1 1 2 2 2 2 1 2 1 2 1 2 2 1 1 2 2 2 2 2 1 2 2 2 2 1 2 2 2 1 2
[145] 2 2 1 2 2 1

Within cluster sum of squares by cluster:
[1] 39.82097 23.87947 15.15100
(between_SS / total_SS =   88.4 %)

Available components:

[1] "cluster"       "centers"        "totss"          "withinss"
[5] "tot.withinss" "betweenss"      "size"           "iter"
[9] "ifault"
> result$cluster
  [1] 3 3 3 3 3 3 3 3 3 3 3 3 3 3 3 3 3 3 3 3 3 3 3 3 3 3 3 3 3 3 3 3 3 3 3 3
 [37] 3 3 3 3 3 3 3 3 3 3 3 3 3 1 2 1 1 1 1 1 1 1 1 1 1 1 1 1 1 1 1 1 1 1 1 1
 [73] 1 1 1 1 1 2 1 1 1 1 1 1 1 1 1 1 1 1 1 1 1 1 1 1 1 1 1 1 2 1 2 2 2 2 1 2
[109] 2 2 2 2 1 1 2 2 2 2 1 2 1 2 1 2 2 1 1 2 2 2 2 2 1 2 2 2 2 1 2 2 2 1 2
[145] 2 2 1 2 2 1
> result$centers
  Sepal.Length Sepal.Width Petal.Length Petal.Width
1    5.901613    2.748387     4.393548    1.433871
2    6.850000    3.073684     5.742105    2.071053
3    5.006000    3.428000     1.462000    0.246000
```

可视化聚类结果，使用实心圆标识中心点：

```
ggplot() +
  geom_point(data = myiris, aes(x = Sepal.Length, y = Sepal.Width), shape =
result$cluster) +
  geom_point(data = as.data.frame(result$centers), aes(x = Sepal.Length, y =
Sepal.Width),
    pch = 16, cex=4)+
  theme_bw()
```

结果如图 17-8 所示。

计算每个观测到中心点的距离。首先计算每个观测对应的中心点，把每个观测的簇号作为行号，从中心点向量 centers 中查询每个观测对应的中心点：

```
centerids <- result$centers[result$cluster,]
```

计算距离：

```
distances <- sqrt(rowSums((myiris - centerids)^2))
```

查找前 5 个距离：

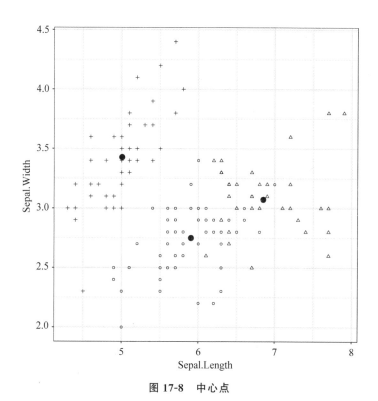

图 17-8　中心点

```
outliers <- order(distances,decreasing=T)[1:5]; outliers
[1]  99 58 94 61 119
```

查询离群点：

```
myiris[outliers,]
    Sepal.Length Sepal.Width Petal.Length Petal.Width
99           5.1         2.5          3.0         1.1
58           4.9         2.4          3.3         1.0
94           5.0         2.3          3.3         1.0
61           5.0         2.0          3.5         1.0
119          7.7         2.6          6.9         2.3
```

可视化离群点，使用正方形标识离群点：

```
ggplot() +
  geom_point(data = myiris, aes(x = Sepal.Length, y = Sepal.Width), shape =
result$cluster) +
  geom_point(data = as.data.frame(result$centers), aes(x = Sepal.Length, y =
Sepal.Width), pch = 16, cex=4) +
  geom_point(data = myiris[outliers,], aes(x = Sepal.Length, y = Sepal.Width),
    pch = 22, cex = 5) +
  theme_bw()
```

结果如图 17-9 所示。

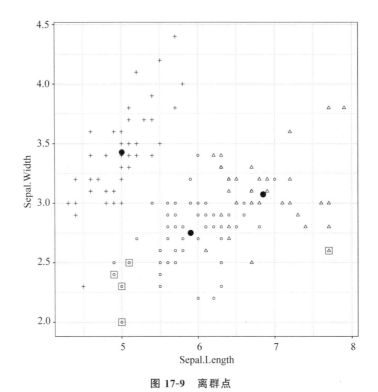

图 17-9   离群点

DMwR2 包的函数 outliers.ranking（）基于层次聚类来计算观测的离群概率及排名。

【例 17-7】   在鸢尾花数据集中查找离群概率排前五的离群点并查询其离群概率。

```
>r <- outliers.ranking(iris[,1:4])
> r$rank
  1   2    3   4   5   6   7   8   9   10  11  12  13  14  15  16  17  18  19
 36  42  107  58  61  94  99   5  23  38 115  69  88 109 135   7  14  30  31
 20  21  22  23  24  25  26  27  28  29  30  31  32  33  34  35  36  37  38
 45  63  65  74  78  80 101 112 120 150  52  57  86   6  19  12  15  16  17
 39  40  41  42  43  44  45  46  47  48  49  50  51  52  53  54  55  56  57
 24  25  27  33  34  44   1   2   3   4   8   9  10  11  13  18  20  21  22
 58  59  60  61  62  63  64  65  66  67  68  69  70  71  72  73  74  75  76
 26  28  29  32  35  37  39  40  41  43  46  47  48  49  50  60  68  70  71
 77  78  79  80  81  82  83  84  85  86  87  88  89  90  91  92  93  94  95
 73  77  79  83  87  89  93 103 104 105 106 108 110 111 116 118 119 123 125
 96  97  98  99 100 101 102 103 104 105 106 107 108 109 110 111 112 113 114
126 130 131 132 136 147 148 113 117 121 129 133 137 138 140 141 142 144 145
115 116 117 118 119 120 121 122 123 124 125 126 127 128 129 130 131 132 133
146 149  66  76  95 100  54  56  67  81  82  85  90  91  96  97 124 127  51
134 135 136 137 138 139 140 141 142 143 144 145 146 147 148 149 150
 53 128 139  55  59  84 102 114 122 134 143  62  64  72  75  92  98
>
>r$rank.outliers[1:5]
  1   2   3   4   5
 36  42 107  58  61

> sort(r$prob.outliers, decreasing = TRUE)[1:5]
       36         42        107         58         61
0.8181818  0.8000000  0.8000000  0.6923077  0.6923077
```

17.5　多变量离群点检测

利用多个变量来判断观测是否是离群点称为多变量方法（multivariate approach）。基于库克距离的离群点识别就是一种多变量方法。对于每个观测 o，库克距离度量包含 o 与不包含 o 时，因变量 Y 的拟合值的变化，这样就知道了 o 对拟合结果的影响。一般地，如果观测 o 的库克距离比平均距离大 4 倍，就认为 o 是离群点。库克距离公式：

$$D_i = \frac{\sum_{j=1}^{n}(\hat{Y}_j - \hat{Y}_{j(i)})^2}{p \times \text{MSE}}$$

其中，$\hat{Y}_j$ 是包含所有观测的拟合值，$\hat{Y}_{j(i)}$ 是除了观测 i 以外的其他观测的拟合值。 MSE 是均方误差，p 是回归模型中系数的个数。

【例 17-8】 已知 7 个大学生年度体测中的体重-肺活量观测：

```
weight  capacity
   67    4349
   47    3813
   76    3228
   90    4494
  200     500
   76    2629
   60    4484
```

应用库克距离检测离群观测。

下面的脚本读入 7 个观测，建立线性回归模型，计算库克距离并可视化：

```
data <- "weight capacity
   67    4349
   47    3813
   76    3228
   90    4494
  200     500
   76    2629
   60    4484"
dt <- fread(data)
mod <- lm(capacity~ weight, data = dt)
cooksd <- cooks.distance(mod)
plot(cooksd, cex=2, main="Cook's distance")
abline(h = 4 * mean(cooksd))
```

可视化结果如图 17-10 所示。

从图 17-10 看到，第 5 个观测在 4 倍的库克距离均值以外，是离群观测。

car 包中的 outliers() 返回与均值相比后最极端的观测。scores() 函数有两大功能：一是计算规范化分数，诸如 z 分数、t 分数、chisq 分数等；二是基于上述分数，返回那些得分在相应分布指定百分位数之外的观测。

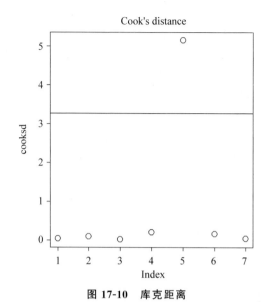

图 17-10　库克距离

【例 17-9】 已知 7 个大学生年度体测中的体重-肺活量观测:

```
weight capacity
   67     4349
   47     3813
   76     3228
   90     4494
  200      500
   76     2629
   60     4484
```

使用 car 包检测离群观测。

与例 17-9 做法一样,应用 outlier() 函数查找距离均值最远的观测:

```
outlier(dt)
  weight capacity
   200      500
```

应用 z 分数 $\dfrac{x - \text{mean}}{\text{sd}}$ 计算观测的概率,超过标准正态分布的 0.95 分位数的观测显示为 TRUE:

```
scores(dt, type="z", prob = 0.95)
  weight capacity
1 FALSE   FALSE
2 FALSE   FALSE
3 FALSE   FALSE
4 FALSE   FALSE
5  TRUE    TRUE
6 FALSE   FALSE
7 FALSE   FALSE
```

应用 chisq 分数计算观测的概率,超过 chisq 分布的 0.95 分位数的观测显示为 TRUE:

```
scores(dt, type="chisq", prob=0.95)
  weight capacity
1 FALSE    FALSE
2 FALSE    FALSE
3 FALSE    FALSE
4 FALSE    FALSE
5 TRUE     TRUE
6 FALSE    FALSE
7 FALSE    FALSE
```

树状图（dendrogram）根据关联程度对变量聚类生成树状变量分组，是一种多变量可视化分析工具。

马氏距离（Mahalanobis distance）是一个有效的多变量距离度量，它测量点（向量）和分布之间的距离。常用的欧几里得距离是两点之间的直线距离，适用于变量权重相同而且彼此独立的情形。如果变量相关，那么欧几里得距离就不能准确表达数据点到一簇数据点（分布）的距离。

假设有两个变量 X 和 Y，X 的均值为 0，方差为 0.1；Y 的均值为 5，方差为 5。那么数据点 2 属于的 X 的概率大还是属于 Y 的概率大？ 如果计算欧几里得距离，则应该是 X；但是直觉上显然是 Y，因为 X 不太可能有 2。所以，如果变量的方差较小，那么欧几里得距离很小的数据点就有可能成为离群点。使用鸢尾花数据集的 setosa 类的 50 个观测，展示鸢尾花的花萼长度和宽度的散点图，如图 17-11 所示。使用欧几里得距离度量，数据点 A 和 B 到中心点具有相似的距离；但是，看起来数据点 A 比数据点 B 更像离群点。

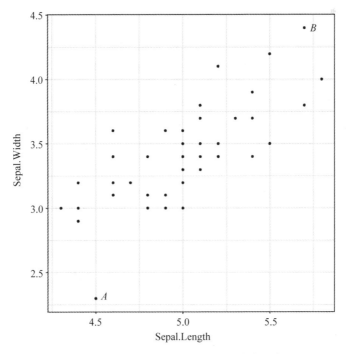

图 17-11　数据点 A 比数据点 B 更像离群点

马氏距离将变量转换为不相关的变量,然后变换尺度以使其方差等于 1,最后计算欧几里得距离。公式如下:

$$D^2 = (x - m)^{\mathrm{T}} \cdot C^{-1} \cdot (x - m)$$

其中,x 是观测(数据集中的一行);m 是变量的均值向量(数据集的列均值);C 是变量的协方差矩阵,C^{-1} 是其逆矩阵。可以认为马氏距离使用数据集的形状(协方差)调整了数据点到中心点的欧几里得距离。

马氏距离的一个主要问题是需要计算协方差逆矩阵,要求满秩,如果没有可以考虑先进行主成分分析。由主成分分析可知,主成分就是特征向量的方向,每个方向的方差就是对应的特征值,所以按照特征向量的方向旋转,然后按照特征值缩放就可以得到独立同分布的变量了。

为了检测异常值,将马氏距离与卡方(χ^2)分布进行比较,其自由度等于相关(结果)变量的数量,α 水平为 0.001。使用函数调用 qchisq(0.999, df)确定多变量异常值的阈值,其中 df 是自由度(计算中使用的因变量的数量)。

【例 17-10】 应用马氏距离检测钻石数据集中的离群点。

安装和装入 rstatix 包:

```
install.packages(rstatix)
library(rstatix)
```

装入 ggplot2 包中的 diamonds 数据集:

```
data(package="ggplot2","diamonds")
head(diamonds)
```

检测钻石在三个变量 carat、depth、price 上的离群点:

```
md <- mahalanobis_distance(diamonds[,c("carat","depth","price")])
md[md$is.outlier,]
```

结果发现钻石(53 930 个)数据集中有 1134 个离群点。

17.6　单变量离群点检测

单变量离群点检测的方法有 3σ 法、箱线图法、百分位数法等。3σ 法的详细介绍参见 17.1 节。

箱线图的主要应用之一就是识别离群点。以数据的上下四分位数(Q_1, Q_3)为界画一个矩形框,50%的中间数据落在框内,矩形框的长度就是四分位距 $IQR = Q_3 - Q_1$。1.5 倍四分位距外的观测被视为离群点,也就是轴须之外的点被认为是离群点。这种方法称为箱线图法。

百分位数法则基于百分位数,所有落在某两个百分位数构成区间之外的数据都被认为是离群点,通常其区间为(2.5, 97.5)。

包 univOutl 用于检测单变量离群点(detection of univariate outliers)。其中,函数 boxB 实现了基于箱线图的离群点检测;函数 HBmethod 实现了基于 Hidiroglou-Berthelot 过程的周期性数据离群点检测。

函数 boxB 的主要参数有 3 个：数值向量 x、确定须长度的常数 k 和检测方法 method。k 的默认值是 1.5，通常也会是 2 或 3。当函数调用形如 $\mathrm{boxB}(\cdots,\mathrm{method}=\text{"resistant"})$ 时，假设 x 正态分布，离群点位于以下闭区间外：

$$[Q_1 - k \times \mathrm{IQR}, Q_3 + k \times \mathrm{IQR}]$$

其中，Q_1、Q_3 分别是第一四分位数和第三四分位数。$\mathrm{IQR}=Q_3-Q_1$ 是四分位距。

当函数调用形如 $\mathrm{boxB}(\cdots,\mathrm{method}=\text{"asymmetric"})$ 时，适度考虑了偏态分布，离群点位于以下闭区间外：

$$[Q_1 - 2k \times (Q_2 - Q_1), Q_3 + 2k \times (Q_3 - Q_2)]$$

其中，Q_2 是中位数。

【例 17-11】　随机生成正态分布的 30 个数据点，通过更改若干数据点的值调整为偏态。然后应用函数 boxB，对比 resistant 方法和 asymmetric 方法检测离群点的结果。

首先安装和加载包：

```
>install.packages("univOutl")
>library(univOutl)
>??univOutl
```

设置随机种子以便重现实验结果：

```
>set.seed(3407)
```

生成 30 个数据点，这些数据点的均值为 50，标准差为 10：

```
>alpha <- rnorm(30, mean=50, sd=10)
```

设置离群点：

```
>alpha[10] <- 97 ; alpha[20] <- 85
```

可视化，结果如图 17-12 所示。

```
ggplot(data = data.frame(alpha),aes(x=alpha))+
  geom_histogram(bins = 20) +
  theme_bw()
```

使用箱线图，基于偏态分布检测离群点：

```
> out <- boxB(x = alpha, k = 1.5, method = 'asymmetric')
No. of outliers in left tail: 1
No. of outliers in right tail: 1
> out$fences
   lower     upper
27.99174   87.30857
> out$outliers
[1]   6 10
> alpha[out$outliers]
[1] 26.52974 97.00000
```

使用箱线图，基于正态分布检测离群点：

```
> out <- boxB(x = alpha, k = 1.5, method = 'resistant')
No. of outliers in left tail: 0
No. of outliers in right tail: 2
> out$fences
```

```
     lower      upper
  22.23562    81.55245
> out$outliers
[1] 10 20
> alpha[out$outliers]
[1] 97 85
```

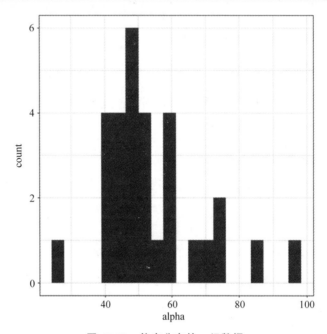

图 17-12　偏态分布的一组数据

结果发现,如果考虑数据的正偏态分布,就能在右尾标识更多的离群点。

可通过两个时刻的数据增长比例来识别离群点。包 univOutl 的函数 HBmethod 实现了该方法。

【例 17-12】　生成 30 个周期数据模拟 t_1 时刻的数据和 t_2 时刻的数据,识别离群点。

首先生成 30 个数据点的向量作为 t_1 时刻的数据,让其含有 NA;再生成 30 个数据点的向量作为增长比例来计算 t_2 时刻的数据。使用这两组数据作为 HBmethod 参数 y_{t_1} 和 y_{t_2} 的实际参数。

生成 30 个数据点的向量作为 t_1 时刻的数据:

```
set.seed(3407)
alpha <- rnorm(30, 50, 5)
alpha[1] <- NA
```

生成 30 个数据点的向量作为增长比例:

```
set.seed(17)
ratio <- runif(30, 0.9, 1.2)
```

设置异常比例:

```
ratio[10] <- 2
```

根据增长比例(ratio)来计算 t_2 时刻的数据：

```
beta <- alpha * ratio
beta[20] <- 0
```

从两组数据中检测离群点：

```
> out <- HBmethod(yt1 = alpha, yt2 = beta, return.dataframe = TRUE)
MedCouple skewness measure of E scores: 0.0212
Outliers found in the left tail: 0
Outliers found in the right tail: 1
> out$excluded
  id       yt1 yt2
1  1        NA  NA
2 20 51.92051   0
> out$data[out$data$outliers==1,]
  id      yt1      yt2 ratio   sizeU   Escore outliers
9 10 45.64926 91.29852     2 9.555026 8.016179        1
>
```

从输出可以看到，HBmethod 函数排除了含有 NA 和 0 的两个观测，找到了一个离群点（id＝10）。

17.7　贡献分析

贡献分析(contribution analysis)首先通过卡方检验评估交叉表中的行变量和列变量是否统计上存在显著关联(statistically significantly associated)，然后应用标准化残差计算各个变量的贡献度。

令 o 表示观测值(observed value)，e 表示期望值(expected value)，卡方统计量为

$$\chi^2 = \sum \frac{(o-e)^2}{e}$$

原假设 H_0：交叉表中的行变量和列变量无关联。

备选假设 H_1：交叉表中的行变量和列变量有关联。

对交叉表中每个行列交叉单元格计算原假设下的期望值：

$$e = \frac{\text{row.sum} \times \text{col.sum}}{\text{grand.total}}$$

设 r 表示行数，c 表示列数，自由度 $df = (r-1)(c-1)$，根据自由度和计算得到的卡方统计量计算 p 值。若 p 值小于 0.05，则拒绝原假设，接受备选假设。

【例 17-13】 已知某门课的期末考试共 13 道题(Task1, Task1, …, Task13)，有 A、B、C、D 四组考生，每组考生在每道题目上的失分人次统计在交叉表 tasks 中，如下所示。分析哪组考生对哪些题目的失分贡献最大。

```
data <-  "
task      A     B     C     D
Task1    156   14    2     4
Task2    124   20    5     4
Task3    77    11    7     13
Task4    82    36    15    7
```

```
Task5    53    11    1    57
Task6    32    24    4    53
Task7    33    23    9    55
Task8    12    46    23   15
Task9    10    51    75   3
Task10   13    13    21   66
Task11   8     1     53   77
Task12   0     3     160  2
Task13   0     1     6    153"
tasks <- fread(data)
```

首先使用散点图可视化。使用 reshape2 包中的 melt 函数对交叉表进行变换,把行变量和列变量表达的值变换成关系。脚本如下:

```
install.packages("reshape2")
library(reshape2)
```

行变列:

```
tasks_melted <- melt(tasks, id.vars = c("task"), measure.vars = c("A","B","C",
"D"), variable.name="name")
     task name value
1    Task1    A    156
2    Task2    A    124
3    Task3    A    77
4    Task4    A    82
5    Task5    A    53
...
```

可视化:

```
ggplot(data = tasks_melted) +
  geom_point(aes(x = name, y = task, size = value), shape = 16) +
  theme_bw()
```

结果如图 17-13 所示。直观上看,在 Task12 上 C 组考生与其他组考生失分人数差异明显;在 Task13 上,D 组考生与其他组考生失分人数差异明显。

函数 chisq.test 用来实现卡方检验:

```
> chisq <- chisq.test(tasks[ , -1]); chisq
        Pearson's Chi-squared test
data:  tasks
X-squared = 1944.5, df = 36, p-value < 2.2e-16
```

结果显示,在 $\chi^2 = 1944.5$、自由度 df 为 36 情形下的 p 值约等于 0,小于 0.05,说明行变量和列变量之间存在关联。

查询交叉表中的观测值:

```
> chisq$observed
        A    B    C    D
[1,]    156  14   2    4
[2,]    124  20   5    4
[3,]    77   11   7    13
[4,]    82   36   15   7
```

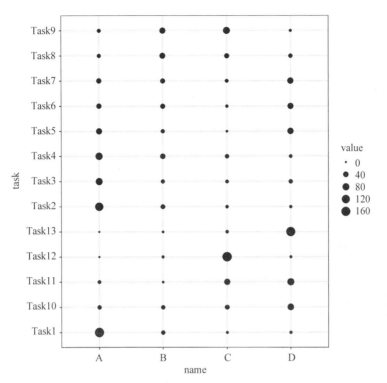

图 17-13 交叉表的可视化

```
[5,]    53    11    1    57
[6,]    32    24    4    53
[7,]    33    23    9    55
[8,]    12    46    23   15
[9,]    10    51    75   3
[10,]   13    13    21   66
[11,]   8     1     53   77
[12,]   0     3     160  2
[13,]   0     1     6    153
```

查询交叉表中的期望值：

```
> round(chisq$expected, 2)
        A       B       C       D
[1,]    60.55   25.63   38.45   51.37
[2,]    52.64   22.28   33.42   44.65
[3,]    37.16   15.73   23.59   31.52
[4,]    48.17   20.39   30.58   40.86
[5,]    41.97   17.77   26.65   35.61
[6,]    38.88   16.46   24.69   32.98
[7,]    41.28   17.48   26.22   35.02
[8,]    33.03   13.98   20.97   28.02
[9,]    47.82   20.24   30.37   40.57
[10,]   38.88   16.46   24.69   32.98
[11,]   47.82   20.24   30.37   40.57
[12,]   56.77   24.03   36.05   48.16
[13,]   55.05   23.30   34.95   46.70
```

下面计算对总卡方得分贡献较大的单元格。每个单元格的卡方统计量：

$$r = \frac{o - e}{\sqrt{e}}$$

这个统计量称为皮尔逊残差（Pearson residual），也称为标准化残差。

```
> round(chisq$residuals, 2)
        A       B       C       D
 [1,]  12.27   -2.30   -5.88   -6.61
 [2,]   9.84   -0.48   -4.92   -6.08
 [3,]   6.54   -1.19   -3.42   -3.30
 [4,]   4.88    3.46   -2.82   -5.30
 [5,]   1.70   -1.61   -4.97    3.59
 [6,]  -1.10    1.86   -4.16    3.49
 [7,]  -1.29    1.32   -3.36    3.38
 [8,]  -3.66    8.56    0.44   -2.46
 [9,]  -5.47    6.84    8.10   -5.90
[10,]  -4.15   -0.85   -0.74    5.75
[11,]  -5.76   -4.28    4.11    5.72
[12,]  -7.53   -4.29   20.65   -6.65
[13,]  -7.42   -4.62   -4.90   15.56
```

使用百分比表示各个单元格的卡方统计量对总卡方得分的贡献：

$$\text{contrib} = \frac{r^2}{\chi^2}$$

```
> contrib <- 100 * chisq$residuals^2/chisq$statistic
> round(contrib, 3)
        A       B       C       D
 [1,]  7.738   0.272   1.777   2.246
 [2,]  4.976   0.012   1.243   1.903
 [3,]  2.197   0.073   0.600   0.560
 [4,]  1.222   0.615   0.408   1.443
 [5,]  0.149   0.133   1.270   0.661
 [6,]  0.063   0.178   0.891   0.625
 [7,]  0.085   0.090   0.581   0.586
 [8,]  0.688   3.771   0.010   0.311
 [9,]  1.538   2.403   3.374   1.789
[10,]  0.886   0.037   0.028   1.700
[11,]  1.705   0.941   0.868   1.683
[12,]  2.919   0.947  21.921   2.275
[13,]  2.831   1.098   1.233  12.445
```

由输出结果可观察到：行变量 1 和行变量 2 与列变量 A 存在较强的正关联。行变量 12 与列变量 C 存在很强的正关联；行变量 13 与列变量 D 存在很强的正关联。

统计量：

$$\phi^2 = \frac{\chi^2}{\text{grand.total}}$$

表示数据的总惯性（total inertia）。其平方根称为迹（trace），trace＞0.2 表明行变量和列变量间存在显著关联。

第 18 章

文 本 挖 掘

18.1 文本挖掘简介

文本挖掘是从大量文本中抽取隐含的、未知的、可能有用的信息和知识的过程,涉及文本预处理、文本特征提取、文本过滤、关联分析、分类、聚类、话题检测跟踪、文本情感分析等技术。

文本挖掘首先要收集语料(corpus),例如报告、电子邮件、即时通信消息等。然后进行文档分词、标注词性、识别实体等预处理。其他预处理还有去除停用词(stop word)、还原词根(stemming)、识别短语、解析词元(tokenization)等。解析词元就是将一段文本分割成词元,单词、标点符号、数字、运算符、专有名词等都是词元。经过以上准备后就可以提取特征了,例如提取关键词,生成包含词频的结构化的文档-项矩阵(Document-Term Matrix,DIM)等。最后完成分类、聚类等挖掘任务。

如果某个词在文档中出现的频率高,那么该词可能具有更好的代表性。词在文档中出现的频率称为词频(term frequency)。但是,如果某个词在很多文档中出现,那么该词就不能有效地区分文档,也就降低了其代表性。词在多个文档中出现的频率称为文档频率(document frequency),可使用这个度量调整词频。

常见的文档模型有布尔模型、向量空间模型、概率模型、统计语言模型(statistical language model)等。其中,布尔模型仅考虑每个词在文档中是否出现(真/假),这样文档检索问题就成为布尔逻辑运算问题。向量空间模型假设词是独立的,以词作为空间的维,那么一篇文档就可以表示为向量空间中的一个矢量文档的相似度,相似度计算方法有向量内积、夹角余弦、Jaccard 系数(coefficient)等。大量计算两个文档相似度的方法都是先对文档进行向量单位化。

夹角余弦相似度(cosine similarity)度量文档的内容相似的程度。把每篇文档看作无序、可以重复的一袋单词(a bag-of-words),那么每篇文档可表示为一个稀疏的向量。相似的程度定义为文档向量的夹角余弦:

$$\text{similarity}(\mathbf{doc}_1, \mathbf{doc}_2) = \cos(\theta) = \frac{\mathbf{doc}_1 \cdot \mathbf{doc}_2}{|\mathbf{doc}_1| \, |\mathbf{doc}_2|}$$

余弦距离(distance)定义为

$$\text{distance}(\mathbf{doc}_1, \mathbf{doc}_2) = 1 - \text{similarity}(\mathbf{doc}_1, \mathbf{doc}_2)$$

假设两个文档向量分别为$(1,1,1,1,1,0,0)$和$(0,0,1,1,0,1,1)$。首先计算两个向量的内积:

$$1 \times 0 + 1 \times 0 + 1 \times 1 + 1 \times 1 + 1 \times 0 + 0 \times 1 + 0 \times 1 = 2$$

然后计算向量的长度：

$$\sqrt{1^2+1^2+1^2+1^2+1^2+0^2+0^2}=\sqrt{5}$$

$$\sqrt{0^2+0^2+1^2+1^2+0^2+1^2+1^2}=\sqrt{4}$$

代入余弦相似度公式：

$$\frac{2}{\sqrt{5}\times\sqrt{4}}=\frac{2}{\sqrt{20}}\approx 0.447$$

Jaccard 把两个文档共同的单词和全部单词之比作为两个文档相似的简单而且直观的度量：

$$\mathrm{Jaccard}(\mathbf{doc}_1,\mathbf{doc}_2)=\frac{\mathbf{doc}_1\bigcap\mathbf{doc}_2}{\mathbf{doc}_1\bigcup\mathbf{doc}_2}$$

这种度量对于重复检测(duplication detection)特别有效。

Jaccard 距离或者 Jaccard 不相似(dissimilarity)定义为 $1-\mathrm{similarity}(\mathbf{doc}_1,\mathbf{doc}_2)$。

统计语言模型通过统计学和概率论对自然语言建模，从而捕获自然语言的规律和特性以解决语言信息处理中的特定问题。该模型认为语言就是其字母表上的某种概率分布，该分布反映了任何一个字母序列成为该语言的一个句子或短语的可能性。

18.2　语篇分析

一条新闻、一部英文小说、一首英文歌曲、一部影视剧、一段对话、一首诗歌都是语篇实例。语篇可以是纯文字形式，也可以附带插图、表格等其他内容。语篇单位有大小之分。大的语篇可以是整部小说、整部电影，甚至全集；小的语篇(也称作迷你语篇，mini-text)可以是一个段落、一组/帧镜头、几句连在一起的有意义的话，甚至单个词语。例如，"一年之计在于春，一日之计在于寅。一家之计在于和，一生之计在于勤。"(《增广贤文·上集》)就是语篇。作为术语的"语篇"是舶来品，从英文 discourse、text 翻译而来。

《文心雕龙·章句》中说："夫人之立言，因字而生句，积句而为章，积章而成篇。"所以从形式结构上看，语篇是由一些更小的语法单位组成的。当把自然语言中的语篇收集在一起进行研究时，则称这些语篇为语料。一个语篇也称为一个文档(document)。

《法言·问神》中说："故言，心声也。书，心画也。声画形，君子小人见矣。"这就是说，语篇不仅是字符的序列，而且含有语义(semantics)和情感(sentiment)。

分析(analyse)是一种认知活动。教育学家布鲁姆和他的学生提出了著名的"布鲁姆学习目标分类"，如图 18-1 所示。

图 18-1　布鲁姆学习目标分类

来自 KRATHWOHL D R. A revision of Bloom's taxonomy: An overview. Theory into Practice, 2002,41:4, 212-218.

图 18-1 中自下而上第四层就是"分析"。识别整体与部分、解释关系和规律就是分析活

动。在 WIDS(wids.org)归纳的认知领域动词(cognitive domain verbs)中,分析类的动词如下:

accept	classify	discriminate	file	manage	prove
administer	compare	dissect	group	maximize	query
allow	confirm	distinguish	identify	minimize	reconcile
analyze	contrast	document	illustrate	moderate	relate
audit	correlate	ensure	infer	monitor	resolve
blueprint	corroborate	establish	interrupt	negotiate	select
breadboard	delegate	examine	inventory	optimize	separate
breakdown	detect	explain	investigate	order	subdivide
characterize	diagnose	explore	isolate	outline	summarize
chart	diagram	extract	layout	point out	train
check	differentiate	extrapolate	limit	prioritize	transform
chunk	direct	figure out	link	proofread	troubleshoot

其他动词还有 arrange、assess、assort、categorize、catalog(或 catalogue)、codify、connect、divide、enumerate、evaluate、focus、index、inspect、scrutinize、schematize、sort、reduce、segment、tabulate 等。

情感分析是语篇研究关心的问题。例如,分析体育报道对某球队的态度(attitude)。另外还提出"情绪保持"的翻译问题:在英文语篇中表达了愤怒的情绪(emotion),这种情绪应该在其中文翻译语料中同样表达出来。情感分析是计算语言学和文本挖掘的核心研究分支,是指从文本文档中提取态度、观点(opinion)、立场、情绪的正负面极性等。

目前基本用两类方法进行情感分析:基于情感字典的方法和基于机器学习的方法。基于情感字典的方法首先建立情感字典,字典中的词条就是单词的极性;然后将文档中单词的情感组合作为情感评分。这种方法允许从结果来进一步分析导致结果的因素。追求高预测性能时首选基于机器学习的方法,例如可以把情感分析看作分类问题,通过训练模型来预测语料的类别。

R 中 SentimentAnalysis 包允许针对特定领域定制情感字典。与纯字典相比,情感字典提高了预测性能,并具有可解释性。

18.3　词　嵌　入

词嵌入(embedding)就是形成一种能够表达语义关系的单词表示形式,使得机器对单词的理解与人类对单词的理解类似。embedding 还可翻译成"向量映射"。例如 boy 和 age 相关,两个语义相关的词的向量表示也相似,这使得两个向量在向量空间中非常接近。

假设某词汇表只有 4 个单词:girl、woman、boy、man。从人口学特征考虑这四个概念,很容易想到性别(gender)和年龄(age)两个特征。这样,就需要找到一个映射,把一维词汇表中的单词映射成二维空间中的一个向量,如图 18-2 所示。

把词汇表中的单词(word)或者短语(phrase)映射成向量的方法有 One-Hot、Word2Vec、Item2Vec 等。

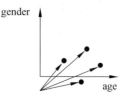

图 18-2   词嵌入

One-Hot 方法将离散特征的取值扩展到了欧几里得空间。假如在三个特征,即性别、年龄组和参赛项目上观测。这三个特征都是类别变量:性别的取值为男、女;年龄组的取值为青年、中年和老年;参赛项目有 50 米跑、立定跳远等八项。那么 One-Hot 向量如下。

性别有 2 个取值,使用 2 位:

男→01

女→10

年龄组有 3 个取值,使用 3 位:

青年→001

中年→010

老年→100

参赛项目有 8 个取值,使用 8 位:

50 米跑→0000 0001

立定跳远→0000 0010

…

那么某个观测"男,青年,50 米跑"的 One-Hot 向量为 01 001 00000001。

再比如分析句子"I am a Chinese and I love China"。如果把每个单词表示为 One-Hot 向量,则步骤如下。

第一步,建立一个全零向量,长度为词汇表长度。假设词汇表为这个句子中全部单词的集合,则向量、索引和单词的对应如表 18-1 所示。

表 18-1   向量、索引和单词的对应

向量	0	0	0	0	0	0	0
索引	0	1	2	3	4	5	6
→	a	am	and	China	Chinese	I	love

第二步,将每个单词在词汇表中对应的索引位置置为 1,其他元素保持 0 不变,就能得到最终的 One-Hot 向量。例如,单词 and 的向量就是 001000。

如果将"现居住地",即城镇名称作为语料库,因为城镇名称可能有上万个,那么 One-Hot 向量会过于稀疏。而且,One-Hot 是一种简单的具有数值"标识"功能的编码,几乎没有语义。例如 Chinese 和 China 语义相似,但是二者的 One-Hot 向量无法体现。

Word2Vec(Word to Vector)是一种把单词映射到向量的模型,这种映射保持了一些语义。例如 woman 的词向量可以用下面的运算得出:

$$\text{Embedding(woman)} = \text{Embedding(man)} + [\text{Embedding(queen)} - \text{Embedding(king)}]$$

用中心单词去预测周边单词称为 Skip-Gram 模型；用周边单词去预测中心单词称为 Continuous Bag of Words（CBOW）。Skip-Gram 精度高些，但 CBOW 训练时间短些。

从语料库中抽取一个句子，选取一个长度为 $2c+1$（目标词前后各选 c 个词）的滑动窗口，将滑动窗口由左至右滑动，每滑动一次，窗口中的单词就形成了一个训练样本。Skip-Gram 模型的输入是样本的中心词，输出是所有的周边词。如果有句子"Embedding 技术对深度学习推荐系统的重要性"，则分词、去除停用词后的词序列为

Embedding｜技术｜深度学习｜推荐系统｜重要性

再选取大小为 3 的滑动窗口从头到尾依次滑动生成训练样本：

样本 1：Embedding｜技术｜深度学习
样本 2：技术｜深度学习｜推荐系统
样本 3：深度学习｜推荐系统｜重要性

然后把中心词"技术"、"深度学习"和"推荐系统"作为模型的输入，产生周边词：

样本 1：Embedding，深度学习
样本 2：技术，推荐系统
样本 3：深度学习，重要性

微软于 2015 年提出了 Item2Vec 方法，它是对 Word2Vec 方法的推广，使 Embedding 方法适用于几乎所有的序列数据。

18.4 影评分类案例

对语料分类的一般过程是首先建立从词到向量空间（vector space）的映射。词统称为"项"。从语料构造文档-项矩阵（DTM），或者项-共现矩阵（Term-Co-occurrence Matrix，TCM）就是向量化的过程。DTM 一般是一个稀疏矩阵（sparse matrix）。然后在 DTM 上拟合（fitting）、调优（tuning）和验证（validating）模型，包括文本分类、话题相似查找等。最后在目标语料上应用模型进行预测。

text2vec 包有一个影评数据集（movie_review）。该包包含 5000 个影评，每个影评都有正负（positive/negative）标签表示情感的正负极性。

表 18-2 是数据集中的 5 个影评（reviews[nchar(review)<150,]）。

表 18-2 影评

sn	id	sentiment	review
1	11950_2	0	This is without a doubt the worst movie I have ever seen. It is not funny. It is not interesting and should not have been made.
2	10018_3	0	The characters are unlikeable and the script is awful. It's a waste of the talents of Deneuve and Auteuil.
3	4518_9	1	Adrian Pasdar is excellent in this film. He makes a fascinating woman.
4	8716_10	1	I thought this was a quiet good movie. It was fun to watch it. What I liked best where the 'Outtakes' at the end of the movie. They were GREAT.
5	825_1	0	I can't believe they got the actors and actresses of that caliber to do this movie. That's all I've got to say - the movie speaks for itself!!

直观上看,如果含有 worst、not funny、awful 等负面单词,则是差评(分类标签为 0);如果含有 quiet good、GREAT、excellent,则是好评(分类标签为 1)。如何让计算机学习到这个人类"直观"看到的规则?把这个问题看作一个二分类问题。可抽取一部分语料训练一个 Logistic 回归模型来预测情感。

首先把数据集分成训练集和测试集:

```
library(text2vec)
library(data.table)
```

装入影评数据集:

```
data("movie_review")
```

创建数据表:

```
reviews <- data.table(movie_review)
```

设置键列:

```
setkey(reviews, id)
```

查看影评总数(数据表的行数):

```
reviews[,.N]
[1] 5000
```

从所有 5000 个影评 ID 中随机抽取 4000 个作为训练集,先从所有 ID 中抽取 4000 个 ID,形成字符向量:

```
set.seed(2017L)
train_ids = sample(reviews[,id], 4000)
```

把剩余 ID 作为测试集,形成字符向量:

```
test_ids = setdiff(reviews[,id], train_ids)
```

根据影评 ID 得到训练集和测试集:

```
train = reviews[train_ids,]
test = reviews[test_ids,]
```

18.4.1　基于词汇表的向量化

把一个影评称为一个文档,使用一个向量表示一个文档的过程称为向量化。所有文档中所有可能的词的集合称为词汇表(vocabulary)。词汇表中的词汇称为"项"。

首先使用 create_vocabulary()函数建立词汇表,然后基于词汇表创建文档-项矩阵 DTM,把语料(文档的集合)表示为一个稀疏矩阵:每一行是一个文档;每一列是一个项。

create_vocabulary()函数需要对文档进行"预处理"。例如,把所有单词转换为小写、解析词元等,然后得到词汇表:

```
it_train = itoken(train[,review],
          preprocessor = tolower,
```

```
            tokenizer = word_tokenizer,
            ids = train[,id],
            progressbar = FALSE)
vocab = create_vocabulary(it_train)
```

其中，tolower 是转换为小写的函数，例如使用该函数把 8716_10 号影片的影评转为小写：

```
> tolower(reviews[id=="8716_10",review])
[1] "i thought this was a quiet good movie. it was fun to watch it. what i liked best
where the 'outtakes' at the end of the movie. they were great."
```

word_tokenizer 是从文档中解析出各个词元的函数，例如解析出 8716_10 号影片的影评中的各个词元：

```
> word_tokenizer(reviews[id=="8716_10",review])
[[1]]
[1]  "I"       "thought"  "this"      "was"    "a"       "quiet"
[7]  "good"    "movie"    "It"        "was"    "fun"     "to"
[13] "watch"   "it"       "What"      "I"      "liked"   "best"
[19] "where"   "the"      "Outtakes"  "at"     "the"     "end"
[25] "of"      "the"      "movie"     "They"   "were"    "GREAT"
```

create_vocabulary()函数生成了词汇表，每个词元一行，计算了该项在语料中出现的频数（term_count）和出现该词元的文档数（doc_count）。这两个数在后面的计算中可能会用到。4000 个影评共有 38 461 个词元，其中 the 在 3970 个文档中出现 54 281 次，是出现次数最多的单词。

有了词汇表，接下来就可以使用 create_dtm()函数基于词汇表构造 DTM 了：

```
dtm_train = create_dtm(it_train, vocab_vectorizer(vocab),
type = "RsparseMatrix")
> str(dtm_train)
Formal class 'dgRMatrix' [package "Matrix"] with 6 slots
  ..@ p       : int [1:4001] 0 258 361 452 515 608 923 986 1105 1190 ...
  ..@ j       : int [1:572417] 5048 7434 13475 13614 17359 17500 17659 ...
  ..@ Dim     : int [1:2] 4000 38454
  ..@ Dimnames:List of 2
.. ..$ : chr [1:4000] "5832_4" "4167_2" "4342_1" "1664_4" ...
.. ..$ : chr [1:38454] "0.02" "0.3" "0.48" "0.5" ...
  ..@ x       : num [1:572417] 1 1 1 1 1 1 2 1 1 1 ...
  ..@ factors: list()
```

现在有了 DTM，验证 DTM 中行数与文档数相同：

```
> dim(dtm_train)
[1]  4000 38454
> identical(rownames(dtm_train), train_ids)
[1] TRUE
```

验证列数就是词汇表中词汇的个数：

```
>identical(colnames(dtm_train), vocab[ ,"term"])
[1] TRUE
```

例如 6748_8 影评在 DTM 中的情形（只显示 38 400 列到 38 445 列）为：

```
>dtm_train["6748_8",38400:38445]
   no   she   up    very  when  more  what  good  there  some  out   it's
   0    0     3     0     2     0     1     0     0      1     0     0
   has  if    just  about or    her   who   from  so     like  they  an
   5    1     0     2     0     6     4     0     1      0     0     1
   by   at    all   one   he    be    have  are   his    you   not   on
   6    2     2     1     8     1     2     0     15     0     1     4
   film movie but   for   with  as    was   that  this   i
   0    0     1     5     13    5     1     12     4     0
```

下面就可以拟合模型了。使用 glmnet 包拟合 Logistic 回归模型,使用 L1 惩罚和 4 折交叉验证,并使用 AUC 作为模型效果的度量:

```
library(glmnet)
glmnet_classifier = cv.glmnet(x = dtm_train, y = train[['sentiment']],
                    family = 'binomial',
                    alpha = 1,
                    type.measure = "auc",
                    nfolds = 4,
                    thresh = 1e-3,
                    maxit = 1e3)
```

AUC 被定义为 ROC 曲线下与坐标轴围成的面积,由于 ROC 曲线一般都处于对角线上方,因此 AUC 的取值范围为 0.5~1。AUC 越接近 1.0,模型越好;等于 0.5 时,则最差。查询 AUC:

```
> paste("Max AUC =", round(max(glmnet_classifier$cvm), 4))
[1] "Max AUC = 0.9162"
```

现在根据 DTM 拟合 Logistic 回归模型成功。

下面使用测试集测试模型的性能。首先把影评测试集转换为词元:

```
it_test = itoken(word_tokenizer(tolower(test[, review])), ids = test[, id],
progressbar = FALSE)
```

然后把词元表示的影评使用词汇表转换为 DTM:

```
dtm_test = create_dtm(it_test, vocab_vectorizer(vocab))
```

接下来使用训练的模型对每个测试集中的影评进行分类:

```
preds = predict(glmnet_classifier, dtm_test, type = 'response')[,1]
```

评价分类效果:

```
glmnet:::auc(test$sentiment, preds)
[1] 0.9164517
```

18.4.2 修剪词汇

通过去掉一些词汇(pruning vocabulary),可以减少训练时间并大幅提高分类准确性。例如,冠词 a、the,介词 in、on,代词 I、you 等在所有文档中都有,"都有"就等于"都没有"。还有一些词仅仅在几个文档出现。下面删去预定义的停用词、常用词(common word)和生僻词(very unusual term)。

```
stop_words = c("i", "me", "my", "myself", "we", "our", "ours", "ourselves",
"you", "your", "yours")
it_train = itoken(train[, review],
          preprocessor = tolower,
          tokenizer = word_tokenizer,
          ids = train[, id],
          progressbar = FALSE)
vocab = create_vocabulary(it_train, stopwords = stop_words)
```

修剪词汇表，去掉常用词和生僻词：

```
pruned_vocab = prune_vocabulary(vocab,
          term_count_min = 10,
          doc_proportion_max = 0.5,
          doc_proportion_min = 0.001)
```

把词汇表转换为向量：

```
vectorizer = vocab_vectorizer(pruned_vocab)
```

重建 DTM：

```
dtm_train = create_dtm(it_train, vectorizer)
```

查看维数，发现减少到了 6542 个项：

```
>dim(dtm_train)
[1] 4000 6542
```

创建用于测试的 DTM：

```
it_test = itoken(word_tokenizer(tolower(test[, review])), ids = test[, id],
progressbar = FALSE)
dtm_test = create_dtm(it_test, vectorizer)
```

查看维数：

```
>dim(dtm_test)
[1] 1000 6542
```

重新拟合 Logistic 回归模型并执行 4 折交叉验证：

```
library(glmnet)
glmnet_classifier = cv.glmnet(x = dtm_train, y = train[['sentiment']],
                  family = 'binomial',
                  alpha = 1,
                  type.measure = "auc",
                  nfolds = 4,
                  thresh = 1e-3,
                  maxit = 1e3)
>paste("Max AUC =", round(max(glmnet_classifier$cvm), 4))
[1] "Max AUC = 0.9201"
```

18.4.3　N-grams

下面使用 2-grams 模型并比较其与 Logistic 回归模型在时间上的性能：

```
vocab = create_vocabulary(it_train, ngram = c(1L, 2L))
vocab = prune_vocabulary(vocab, term_count_min = 10,
        doc_proportion_max = 0.5)
bigram_vectorizer = vocab_vectorizer(vocab)
dtm_train = create_dtm(it_train, bigram_vectorizer)
glmnet_classifier = cv.glmnet(x = dtm_train, y = train[['sentiment']],
        family = 'binomial',
        alpha = 1,
        type.measure = "auc",
        nfolds = 4,
        thresh = 1e-3,
        maxit = 1e3)
paste("Max AUC =", round(max(glmnet_classifier$cvm), 4))
[1] "Max AUC = 0.9222"
```

将 2-grams 模型用于测试集：

```
dtm_test = create_dtm(it_test, bigram_vectorizer)
preds = predict(glmnet_classifier, dtm_test, type = 'response')[,1]
glmnet:::auc(test$sentiment, preds)
[1] 0.9247585
```

经比较，发现 2-grams 模型在时间上的性能更好。

18.4.4　特征哈希

词袋模型使用高维稀疏矩阵来表示文档。特征哈希(feature hashing)模型则使用哈希函数把单词映射到一个整数上，这样就可以使用向量表示文档。例如，创建如下哈希函数，可以将单词映射成 0：4：

```
h("It") mod 5 = 4
h("is") mod 5 = 0
h("not") mod 5 = 2
h("funny") mod 5 = 0
```

其中，函数 h 返回字符串的哈希码。由于字符串在机内表示为字符数组，字符串"funny"等价于字符数组 char s[]＝{'f','u','n','n','y'}；长度为 n 的字符数组 s 的哈希码计算公式为

$$s[0] \times 31^{n-1} + s[1] \times 31^{n-2} + \cdots + s[n-1]$$

那么，h("It")＝73×31＋116＝2379。"It is not funny"就可以使用向量(4,0,2,0)表示。下面使用特征哈希来训练影评的 Logistic 回归模型：

```
h_vectorizer = hash_vectorizer(hash_size = 2 ^ 14, ngram = c(1L, 2L))
dtm_train = create_dtm(it_train, h_vectorizer)
glmnet_classifier = cv.glmnet(x = dtm_train, y = train[['sentiment']],
            family = 'binomial',
            alpha = 1,
            type.measure = "auc",
            nfolds = 4,
            thresh = 1e-3,
            maxit = 1e3)
```

```
paste("Max AUC =", round(max(glmnet_classifier$cvm), 4))
[1] "Max AUC = 0.8949"
dtm_test = create_dtm(it_test, h_vectorizer)
preds = predict(glmnet_classifier, dtm_test, type = 'response')[, 1]
glmnet:::auc(test$sentiment, preds)
[1] 0.9030
```

在大规模语料上,特征哈希的优势会更加明显。

18.4.5 变换 DTM

dtm_train_l1_norm＝normalize(dtm_train,"l1")的含义是使 DTM 每行的累积和为 1。这种尺度变换可提高数据质量。另外一种变换是 TF-IDF。TF-IDF 不仅规范了 DTM,还在增加了与文档相关的项的权重的同时降低了多数文档都有的项的权重。

定义 tfidf 模型:

```
tfidf = TfIdf$new()
dtm_train_tfidf = fit_transform(dtm_train, tfidf)
dtm_test_tfidf = fit_transform(dtm_test, tfidf)
glmnet_classifier = cv.glmnet(x = dtm_train_tfidf, y = train[['sentiment']],
            family = 'binomial',
            alpha = 1,
            type.measure = "auc",
            nfolds = 4,
            thresh = 1e-3,
            maxit = 1e3)
paste("Max AUC =", round(max(glmnet_classifier$cvm), 4))
[1] "Max AUC = 0.8876"
preds = predict(glmnet_classifier, dtm_test_tfidf, type = 'response')[,1]
glmnet:::auc(test$sentiment, preds)
[1] 0.9033
```

参 考 文 献

[1]　KABACOFF R I. R 语言实战[M]. 王韬,译. 3 版. 北京:人民邮电出版社,2023.

[2]　CARROLL J. R 数据加工与分析呈现宝典[M]. 蒲成,译. 北京:清华大学出版社,2019.

[3]　GRAVETTER F J,WALLNAU L B. 行为科学统计[M]. 王爱民,李悦,译. 北京:中国轻工业出版社,2008

[4]　WITTEN I H,FRANK E,HALL M A. 数据挖掘:实用机器学习工具与技术(英文 3 版)[M]. 北京:机械工业出版社,2012.

[5]　程乾,刘永,高博. R 语言数据分析与可视化从入门到精通[M]. 北京:北京大学出版社,2020.

[6]　MURREL R. R 绘图系统[M]. 刘旭华,译. 3 版. 北京:人民邮电出版社,2020.

[7]　汪浩,李莹. 大数据/人工智能背景下 IT 专业基于 R 的概率论与数理统计教学改革[J]. 计算机教育,2021,315(3):180-184.

[8]　李吟. 相对似真性理论及其对我国的借鉴意义[J]. 证据科学,2021,29(1):54-72.

[9]　WICKHAM H,ÇETINKAYA-RUNDEL M,GROLEMUND G. R for Data Science(2e)[M/OL]. [2023-8-14]. https://r4ds.hadley.nz/.

[10]　KASSAMBARA A. Correspondence analysis:Theory and practice[EB/OL]. (2017-8-10). [2023-4-6]. http://www. sthda. com/english/articles/31-principal-component-methods-in-r-practical-guide/120-correspondence-analysis-theory-and-practice/.

[11]　BLACK K. R Tutorial[EB/OL]. [2022-10-1]. https://www.cyclismo.org/tutorial/R/.

[12]　BOBBITT Z. Statology[EB/OL]. [2022-8-15]. https://www.statology.org/tutorials/.

[13]　HAWKINS D M. Identification of outlier[M]. London:Chapman and Hall,1980.

[14]　梅林,张凤荔,高强. 离群点检测技术综述[J]. 计算机应用研究,2020,37(12):7.

[15]　BOUKERCHE A,ZHENG L,ALFANDI O. Outlier detection:Methods,models,and classification [J]. ACM Computing Surveys,2020,53(3):1-37.

[16]　SINGH K,UPADHYAYA S. Outlier detection:Applications and techniques[J]. International Journal of Computer Science Issues,2012,9(3):307-323.

[17]　SMITI A. A critical overview of outlier detection methods[J]. Computer Science Review,2020,38:1-11.

[18]　DOMINGUES R,FILIPPONE M,MICHIARDI P,et al. A comparative evaluation of outlier detection algorithms:Experiments and analyses[J]. Pattern Recognition:The Journal of the Pattern Recognition Society,2018,74:406-421.

图书资源支持

感谢您一直以来对清华版图书的支持和爱护。为了配合本书的使用，本书提供配套的资源，有需求的读者请扫描下方的"书圈"微信公众号二维码，在图书专区下载，也可以拨打电话或发送电子邮件咨询。

如果您在使用本书的过程中遇到了什么问题，或者有相关图书出版计划，也请您发邮件告诉我们，以便我们更好地为您服务。

我们的联系方式：

清华大学出版社计算机与信息分社网站：https://www.shuimushuhui.com/

地　　址：北京市海淀区双清路学研大厦 A 座 714

邮　　编：100084

电　　话：010-83470236　　010-83470237

客服邮箱：2301891038@qq.com

QQ：2301891038（请写明您的单位和姓名）

资源下载：关注公众号"书圈"下载配套资源。

书圈

清华计算机学堂

观看课程直播